大规模组织 DevOps 实践
（第 2 版）

陈能技　金宗杰　编著

電子工業出版社
Publishing House of Electronics Industry
北京•BEIJING

内 容 简 介

DevOps 是开发运维一体化的软件工程思想，它尝试打破部门墙，构建一个协同的 IT 建设运行环境，通过工具链形成数据关联的规范化、规模化的软件持续交付流水线，从而助力企业业务的敏捷发展。

本书结合项目实战案例和业界主流工具，从思想、技术、工具、案例等方面阐述了 DevOps 在传统规模化 IT 组织中实施落地的方法。

本书适合 IT 主管、项目经理及开发、测试、配置管理、运维等 IT 从业人员参考借鉴并付诸实践。

未经许可，不得以任何方式复制或抄袭本书之部分或全部内容。
版权所有，侵权必究。

图书在版编目（CIP）数据

大规模组织 DevOps 实践 / 陈能技，金宗杰编著．—2 版．—北京：电子工业出版社，2023.12

ISBN 978-7-121-46629-8

Ⅰ．①大… Ⅱ．①陈… ②金… Ⅲ．①软件工程 Ⅳ．①TP311.5

中国国家版本馆 CIP 数据核字（2023）第 215237 号

责任编辑：李　冰　　　特约编辑：田学清
印　　刷：天津嘉恒印务有限公司
装　　订：天津嘉恒印务有限公司
出版发行：电子工业出版社
　　　　　北京市海淀区万寿路 173 信箱　　　邮编：100036
开　　本：787×1092　1/16　印张：17.25　字数：392 千字
版　　次：2018 年 10 月第 1 版
　　　　　2023 年 12 月第 2 版
印　　次：2023 年 12 月第 1 次印刷
定　　价：90.00 元

凡所购买电子工业出版社图书有缺损问题，请向购买书店调换。若书店售缺，请与本社发行部联系，联系及邮购电话：（010）88254888，88258888。

质量投诉请发邮件至 zlts@phei.com.cn，盗版侵权举报请发邮件至 dbqq@phei. com.cn。

本书咨询联系方式：libing@phei.com.cn。

前言

DevOps 代表了 IT 领域最新的发展趋势，传统企业的 IT 部门在尝试 DevOps 转型过程中产生各种问题和诸多误区。我们在 DevOps 领域深耕多年，结合金融、运营商等企业实际问题进行各类探索与实践，提出从流水线设计、自动化、度量等维度进行 DevOps 体系建设，从而形成企业 IT“专业化交付”能力的实践方法，构建全生命周期双模软件自动化生产发布与智能化运维的 BTO（Build - Test - Operation，构建-测试-操作）蓝图。

我们将这几年在传统企业落地实施敏捷、DevOps 的经验集结成册，并分享给大家，希望能够帮助大家在进行 DevOps 转型时少走一些弯路。

在本书即将出版之际，我想谈谈这几年从事 DevOps 领域业务的一些感悟，不管是帮助某运营商企业规划设计 DevOps 体系，还是在某科技公司作为架构师设计 DevOps 工具平台，或者是现在所专注的工作——DevOps 解决方案咨询和售前，我始终在思考一个问题，如何将先进的 DevOps 思想和理念成功地引入国内的传统企业。

不管是否敏捷、是否 DevOps，始终要解决以下几个核心问题。

1．流程

如何使流程更加精益，以及通过杜绝浪费提高效率。

2．工具

如何利用工具实现流程的自动化改进，使其具有可重复性及可扩展性，同时减少错误发生。

3．平台及环境

如何为从需求到生产上线全过程中各应用的交付流水线搭建更弹性、更灵活、可伸缩、可配置的平台及环境。

4．文化

尤其是如何塑造信任、沟通、协作的文化氛围。

DevOps 的实施一定要有业务目标，通常业务线对 IT 部门的要求包括：快速交付、敏捷、创新、优质、低成本。因此 IT 部门需要想办法具备以下能力：

- 价值交付时间。

- 部署速度。
- 成本节约 / 交付时间。
- 成本节约 / 测试时间。
- 提高测试覆盖率。
- 提高环境利用率。
- 最大限度地缩短部署所需的停机时间。
- 最大限度地缩短部署所花费的时间。
- 尽可能地减少部署应用的回滚。
- 提高再现与缺陷修复能力。
- 最大限度地缩短产品问题的平均修复时间。
- 缩短缺陷周期。

本书分为思想篇、实践方法篇、工具技术篇、案例篇四部分，把传统企业实施 DevOps 会碰到的困惑，在开发、测试、运维三大领域各有哪些 DevOps 最佳实践，以及如何结合开源或商业工具打造交付流水线工具链，分别进行了阐述，希望对您在实施 DevOps 转型过程中实现上述业务目标有所帮助。

本书第 1 版出版之后，我们一直关注 DevOps 行业的发展，包括 DevOps 相关会议的各类议题，发现从前几年的大谈概念为主，到近期大家纷纷聚焦在落地实践方法、工具链的打造、各种探索实验总结、国内外不同行业的实践案例等，这表明 DevOps 已经开始深入人心，在逐步地帮助企业解决 IT 过程的各类问题，在走向更高级的发展阶段。

在出版本书的过程中，得到了新维数联（北京）科技有限公司（前身为“天维科技”）的大力支持，书中提炼的很多实践经验及工具平台设计理念来源于该公司的项目交付团队及产品团队。

本书“双模发布管理平台的设计与应用”的内容主要来自该公司的 DevOps 产品线经理付勇多年的实战经验总结，该公司的产品 AutoChain 已经处于业界领先地位，尤其是获得了传统金融行业（银行、保险等）客户的认可，知名度比较高，其设计理念值得大家参考借鉴。

本书关于“软件工厂”的先进软件工程思想来源于王杰先生，他是一个能深入思考和洞察软件行业发展趋势及传统 IT 行业各类问题的人，他一手创办了中国领先的专业金融软件测试服务提供商——北京捷科智诚科技有限公司，提出“软件工厂”思想并创办了隆正互联公司。该公司的负责人吴向东老师也是我非常敬佩的人，在落地实施“软件工厂”的建设方面不遗余力，我也有幸在两位老师的指导下，基于 DevOps 的理念设计了“软件工厂”的生产流水线。书中不少案例实践经验的总结提炼来源于我们所服务的客户，如中国银行、中信银行、安邦保险、青岛银行等，在此也感谢我们的客户，给予我们这么宝贵的实践机会和项目上的协助，让我们在产品设计和理论方法上都能更上一个台阶。

本书关于软件标准化生产、IT CT 化的思想来源于我与福建某运营商高管的交流过程中的领悟，在此表示感谢，获益匪浅；本书关于技术债务的处理实践方法来源于浙江某运营商的项目经验，在此表示感谢，该运营商之前就在业界率先引入敏捷、DevOps 思想，并建设了相关的 DevOps 平台，我有幸参与该平台的建设过程并负责相关规划设计工作，获益匪浅。

本书关于持续集成的部分案例来自深圳某政府单位的研发过程管控项目的实践，在此表示感谢，从这个项目的实践中我们探索了中等规模企业对 DevOps 的需求与实践方法，提炼出不少有用经验。

本书关于敏捷、规模化敏捷的思考受到北京光环国际教育科技股份有限公司李建昊的启发，其所属公司是国内知名的 PMP、敏捷项目培训、咨询服务公司。

本书关于 API 全生命周期解决方案方面，得到了合作伙伴云流科技（广州）有限公司的支持，作为国内知名的 API 服务商，其产品已经在众多国内外企业中得到了广泛应用，其先进的文档与测试驱动开发理念已经在多家大型企业得到了验证和认可，感谢 EoLink 的首席执行官刘昊臻、首席运营官徐超、产品总监梁佳宝等多位老师的支持。

本书关于云原生技术应用相关的内容得到了合作伙伴中移信息技术有限公司的帮助，其磐基 PaaS 平台基于微服务架构进行设计和开发，并提供操作简便的一键式服务自动化部署、统一配置管理、应用弹性扩缩容、微服务管控、DevOps 工具链、资源/服务/容器等多维度综合监控、安全管控等功能，感谢架构师魏宝辉、研发总监周颖、研发总监于顺治等给予的帮助，以及对本书内容提出的宝贵建议！

本书关于持续集成过程中整合性能测试的内容得到了合作伙伴北京臻云科技有限责任公司的帮助，该公司创始人金发华、王凡基于开源的 JMeter 发展了业界领先的性能测试平台 XMeter。

本书关于研发效能度量的内容得到了合作伙伴北京思码逸科技有限公司的帮助，该公司为研发团队提供一站式效能度量分析平台及配套解决方案，感谢咨询总监关钦杰、产品经理张开云、DevOps 专家郭铁心几位老师的帮助。

本书关于精准测试的内容得到了合作伙伴苏州三同星云测试的帮助，精准测试所倡导的通过代码覆盖率度量测试充分度、关联测试用例进行精准回归测试的做法与 DevOps 的协同、自动化理念非常吻合！

本书成书过程中还得到了公司同事的帮助，如付勇、彭菲、陈强、彭伟国、黄凯、李翅展、李雪等，他们在各自的领域都非常资深，包括 Scrum、配置管理、自动化测试等，他们在并肩作战的各类项目中提炼总结的经验为书稿提供了素材，在此表示衷心感谢！

陈能技

目录

第一部分　思想篇

第二部分 实践方法篇

第三部分 工具技术篇

第四部分 案例篇

第一部分

思想篇

软件行业的发展至今不足百年的时间，相比传统行业，尤其是工业，成熟度还不算高，软件工程的学者和从业人员一直在摸索成熟的行业解决方案。

中国人讲究“道法术器”，如果不能从“道”的思想高度层面分析软件行业的各种问题，则无法从根本解决问题。

第 1 章 软件工厂

1.1 软件的生产力

软件行业的发展至今不足百年的时间，相比传统行业，尤其是工业，成熟度还不算高，软件工程的学者和从业人员一直在摸索成熟的行业解决方案。从早年的软件质量工程、CMMI（Capability Maturity Model Integration，能力成熟度模型集成）到 2018 年流行的敏捷、精益等方法，无不在尝试解决软件行业的诸多痛点，但效果不是非常理想，这印证了 Fred Brooks 所说的“没有银弹”。

“没有银弹”是 Fred Brooks 在 1987 年发表的一篇关于软件工程的经典论文。该论文强调真正的银弹并不存在，而所谓的没有银弹则是指没有任何一项技术或方法可以让软件工程的生产力在十年内提高十倍。

Fred Brooks 的理念触碰到了软件行业的本质问题之一：软件工程的生产力。

生产力是衡量某行业发展水平的重要指标，当今软件行业生产力低下，多为手工作坊模式的生产过程，例如，某移动运营商客户的 BOSS 系统因为规模庞大、业务复杂、业务流程关联性强、业务步骤多，致使新需求无法快速、高效、准确地得到满足，往往一个需求需要经过 2～3 个月的开发才能上线。加之软件行业衍生出来的所谓外包行业，价格无序竞争及管理混乱导致的质量逆向选择，致使国内的软件生产力极端低下。

生产力的三要素包括劳动力、劳动工具和劳动对象，其中劳动力是最活跃的因素，劳动工具的变化即代表技术进步的快慢。

以银行软件外包行业的现状来看劳动力，我们认为人员（劳动力）这个最活跃的因素并未被有效激活。某银行外包开发测试，通常采用招投标并派驻人员的方式进行，在国内缺乏行会结构的商业模式下，价格无序竞争，导致供应商以低于成本价的方式取得订单，以被迫提供低于软件生产质量水平要求的方式提供人力。而派驻到甲方场所的劳动力，在甲方不成熟的软件生产过程管理下，无法高效发挥生产力，缺乏归属感。甲方原本就不是专业的软件生产商，只能提供笨拙的生产管理规范和约束，加之生产场所往往处于租金昂贵的商务区，大规模生产软件所需的劳动力只能在拥挤不堪的环境中工作。《人件》一书中所提倡的得到高效项目团队的条件（管理人力资源、创建健康的办公环境、雇用并留用正确的人、高效团队形成、改造企业文化和快乐工作等）就无从谈起了。

思考和管理软件开发的最大问题是人（而不是技术），为了得到工作高效的项目和团队，这是软件行业必须考虑的问题。我们倡导软件行业要摒弃软件作坊的工作方式，转向成熟的工厂生产模式，以解放劳动力，在专业化、标准化的流水线上才能有效地释放劳动者的生产力。

不可否认，软件生产与传统工业生产很大的一个区别在于，软件生产过程中相当大的一部分劳动属于脑力劳动，如何激发脑力劳动者的积极性，让他们能在更舒适、更轻松的环境下工作，是必须考虑的问题之一。

我们认为，从根本上提升软件生产力，提高软件制作水平的方式是“软件工厂”。

只有在软件工厂规模化、大批量的软件生产过程中，才能提炼和总结各生产要素，以及生产要素的最佳实践。举一个简单的例子：村里成立了一个纳鞋作坊，把能纳鞋的老老少少都召集在一起，顶多能比比谁纳鞋快、谁纳鞋好，并不能从根本上提升鞋的工艺水平，更不要提促进鞋业的生产力了。

1.2　软件工厂——软件的标准化生产

最近在与某通信运营商的一位领导交流时，我得到一些启发。他认为 IT 领域之所以没有出现垄断性的软件生产商，根本原因是缺乏标准。通信运营商领域是从 CT（Communication Technology，通信技术）领域发展起来的，CT 领域是高度标准化的领域，国际行业标准非常完善，任何一家有志于进入 CT 领域的设备生产商，只要生产的设备满足行业规范标准，就能参与竞争，而 IT 领域并没有这样的标准化生产模式。因此，IT 领域要健康、有效地发展下去，需要像 CT 领域一样有统一的信息化体系标准，软件生产制作在整体信息化体系标准指导下进行，所有进入的生产商都按照标准做事，力求集成容易、配合简单，最终实现业务能力完全开放，快速整合投入运营。

信息化体系标准，即 IT 系统采用 CT 化思路建设，将整个 IT 架构、IT 基础设施视为一个整体，先考虑端到端，再界定其中的单元部分，以及每部分的功能、地位、与其他单元的关联性，每个单元可以按照生态域的逻辑进行工作，每个生态位必须满足两个基本条件：

（1）都是一个开放领域，都可以满足标准自由竞争，让最强者生存。

（2）可替换性。

只要满足以上两个基本条件，就能实现信息化系统快速整合上线，实现能力完全开放（对内、对外、对入口）。

1.2.1 标准化生产模式需要一个集成底座——PaaS

在上述理论指导下，标准化生产模式得以实现，我们可以借助 PaaS（Platform as a Service，平台即服务）提供生产要素集成的底座。具体来说，就是 PaaS 要实现什么目标。我们的 PaaS 将来一定是一个应用生态的平台，为了让应用生态更好地衔接，底层应包括以下关键要求。

（1）与外部资源的交换、通信，包括对外能力 API（Application Program Interface，应用程序接口）。

（2）内部支撑所有应用需要的功能，这些功能会以稳定的 API 层存在，成为移动业务所有应用标准化的基础，如 RESTful、OSLC、Linked Data。

（3）数据层是一系列数据容器，支撑移动业务的所有数据。数据容器必须是抽象的结构，和底层数据库（Database，DB）无关。

1. 与外部的交互设计

与外部的资源交换、通信交互必须采用统一的 API，这种信息交换方式类似于细胞膜的物质交换方式。对于外部来说，内部是一个封闭的未知领域，不管内部怎么变化、更改，通过 API 调用就能得到想要的结果。

例如，当你需要一个地图查找功能时，一般来说是实现一个地图应用，如高德地图、百度地图等，但如果这个地图应用出现问题就找不到需要的结果。如果 PaaS 通过 API 形成统一的对外能力（地图能力），那么业务系统只需要调用地图 API。至于内部是使用高德地图、百度地图还是其他地图，都没有关系，无须固定，可以随时切换。对外能力 API 固定之后，与外部的所有交互都是透明的，用户可以随时获取想要的结果。

2. 数据容器设计

PaaS 管理的数据必须是以非数据库方式存储的，必须是面向实体的。

采用 RDF（Resource Description Framework，资源描述框架）进行业务实体的序列化（Data Serialization），当把对象从一个地方传输到另一个地方时，中间必然存在一种形式，比如文本。把一个对象变成一个半结构化文本的过程就是序列化过程。实体的序列化包括一系列对象的序列化，账户、用户、客户等都是对象，对象要序列化，数据容器的存储基础应该是对象的序列化，而不是现在的关系型数据库。数据存储最终要采用混搭模式（如 SQL+NoSQL），实现这种模式的关键是序列化。

这样改造之后，PaaS 管理的数据层就变成了一系列数据容器，数据容器都变成微服务结构必须满足 OSLC、Linked Data、序列化等标准，这样数据和应用就可以随时像 Docker 封装好的集装箱一样移动。

3. 能力开放设计

能力开放不仅指对内的能力开放，还包括对外（合作伙伴）的能力开放，争夺生态入口的能力开放。具体设计需要从以下三个角度考虑。

（1）通过构建应用生态中稳定的“冻土层”，以 API 层的形式存在，支撑所有信息化建设和业务应用的快速功能整合开发、上线。

（2）以可插拔的架构设计模式对外暴露生态位，合作伙伴可以随时竞争生态位，可以随时替换，可以随时部署上线运营。

（3）通过标准化的 IT 流程管控设计、成本模型设计、结构化的架构设计，形成开放的通信运营商 IT、CT 化管理、建设、运营能力，在 C（Customer，消费者）端或 B（Business，商家）端的入口争夺中（如园区生态圈、金融生态圈等）应用强有力的 IT、CT 化开放能力。

1.2.2 标准化软件生产流水线

生产力发展的主要标志是生产工具，社会发展的各个阶段就是以生产工具的发展水平来划分的。

软件行业处于发展的初级阶段，从生产工具的发展水平就可以看出。

高阶的软件制作生产模式应该是将业务需求和设计作为生产线的原材料输入，生产线先自动产生所需软件，然后部署上线并投产使用。

而现在的软件生产模式是：软件需求无法精确表达，设计与代码脱节无法直接映射，缺乏高级的生产工具，依赖人工编程的方式进行软件生产，这样必然导致软件生产严重依赖程序员的“创造性智力劳动”，以及程序员的工艺水平。

由于软件生产过程高度依赖人，而人又是容易出错的，因此我们会看到程序员辛辛苦苦、信心满满地生产出来的产品，在传递给大量的测试人员进行大规模测试后，却发现大批量的缺陷，返工成本居高不下。更重要的是，测试人员也是人，他们也会出错，无法覆盖大规模复杂应用的所有代码执行路径，从而导致这些缺陷交付给最终的客户和用户，在产品上线之后才被发现。

高级的生产力应该依赖高水平的生产工具，但反观现在的软件生产过程，工具应用得好的少之又少，我们尝试分析了一下原因。

首先是不擅长生产软件的甲方不务正业地拉上几个人凑成一个所谓的软件研发部门，采用大量外包的方式，找了一批价格低廉的外包劳动力，在不管开发商采用何种方式、何种技术、何种工具的情况下，吭哧吭哧地琢磨起所谓的业务支撑系统，发现问题了再改造、升级。可想而知，在这种软件生产模式下，没有人会考虑如何利用工具，也没有人会考虑如何改造和升级工具。

其次是工具的价格与价值认可问题。有些专业的工具生产商，如 IBM、HP 等，在某些领域做出了比较专业的工具，但是这些工具通常价格高昂，甲方要么没钱采购；要么觉得软件生产者已经转为外包供应商，他们自然应该自带工具提供服务，结果是外包供应商能满足合同要求就不错了，若还要增加工具的成本，他们自然不乐意；要么采购的工具被束之高阁，因为某些工具是用来规范约束开发商的开发行为的，开发商存在抵触心理，工具自然不会被利用起来，有些工具是需要专业技术人员操作的，而无序低价竞争模式下提供的劳动力是无法及时、有效地掌握这些技术的，加之劳动力的流动率高，工具应用形成最佳实践的机会不大。

从本质上看，是小规模作坊式的生产软件模式导致对工具应用的需求不大。只有流水线作业的工厂，才会对工具应用带来的效率提升、生产力提高有迫切需求。

第 2 章 DevOps 思想

2.1 DevOps 思想与生产流水线

DevOps（Development 和 Operation 的组合词，开发运维一体化）软件工厂模式强调软件生产过程中的几个角色（如开发、测试、运维）之间的协作，强调在软件生产过程中通过自动化的工具链组成软件加工的流水线，例如，自动拉取开发代码版本进行编译构建、测试、部署等。目前看来，DevOps 软件工厂模式是最接近软件工厂生产流水线的模式。

2.1.1 DevOps 的起源

2007 年，比利时的独立 IT 咨询师 Patrick Debois 开始注意开发团队（Development）和运维团队（Operation）之间的问题。当时，他参与了比利时一个政府下属部门的大型数据中心迁移项目，他负责测试和验证，因此他不仅要和开发团队一起工作，还要和运维团队一起工作。他在开发团队中要保持敏捷的节奏，在运维团队中又要以传统方式维护这些系统，在这两种工作环境中的切换令他十分沮丧。他意识到开发团队和运维团队的工作方式和思维方式有巨大的差异：他们处于两种不同的环境，而彼此又坚守着各自的利益，同时在这两种环境下工作到处都有冲突。作为一个敏捷的拥趸，他渐渐明白如何改进自己的工作。

2008 年 6 月，在美国加州旧金山，O'Reilly 出版公司举办了首届 Velocity 技术大会，这个大会主要围绕 Web 应用程序的性能和运维展开，分享和交换构建、运维 Web 应用程序的性能、稳定性和可用性的最佳实践。大会吸引了 Austin 的几个系统管理员和开发人员，他们对大会中分享的内容十分感兴趣，于是记录下了所有演讲内容，并决定新开一个博客分享这些内容和他们自己的经验。他们也意识到敏捷在系统管理工作中的重要性，于是一个名为 the agile admin 的博客诞生了。

同年 8 月，Patrick Debois 也在加拿大多伦多的 Agile Conference 2008 上遇到了知音 Andrew Shafer，两人后来建立了一个名为 Agile System Administration 的 Google 讨论组。

2009 年 6 月，第二届 Velocity 技术大会在美国圣荷西召开，当时的 Flickr 技术运维资深副总裁 John Allspaw 和工程总监 Paul Hammond 一起在大会上做了一个题目为“10+ Deploys per Day：Dev and OpsCooperation at Flickr”的演讲，该演讲轰动了业界，也有力地证明了开发团队和运维团队可以有效工作在一起以提高软件部署的可能性。

受此大会的启发，Patrick Debois 在比利时发起了名为 DevOpsDays 的会议，大会出奇地成功，大家在 Twitter 上的讨论热情一直不减。由于 Twitter 有字数的限制，大家就把话题#DevOpsDays 简写成了#DevOps，因此 DevOps 一词便在社区中慢慢确立了。

2.1.2 DevOps 对软件工厂的启发

通过 DevOps 的发展历程我们得到了一些启发，软件工厂中有各类工种，他们进行各类生产要素的加工，如开发、测试、部署等，如果缺乏有效的沟通和协作，以及一条高效的生产流水线，则无法将这些工种的劳动过程有效地衔接起来，生产力必然无法提升。

2.1.3 从 DevOps 实践原则看软件生产工艺化水平的提高

我们再回顾一下 DevOps 的发展过程。

在 2010 年之前，DevOps 运动主要还停留在技术社区中，探讨的一些开源工具也很少受厂商和分析师的关注。直到 2011 年，DevOps 突然受到 Gartner 分析师 Cameron Haight 和 451 Research 公司 Jay Lyman 等人的注意，他们开始正式研究这个市场，同时，一些大厂商也开始进入 DevOps 领域。

DevOps 的发展也离不开另外一个领袖人物的推动，那就是知名公司 Tripwire 的创始人 Gene Kim。2012 年 8 月，Gene Kim 在他的博客上发表了 the three ways 的 DevOps 实践原则，即思考系统的端到端流程；增加反馈回路；培养一种不断实验，以及通过反复实践达到精通的文化。Gene Kim 为 DevOps 领域贡献了一个重要的理论基础。2015 年 9 月，Gene Kim、Kevin Behr 和 George Spafford 三人合著的《凤凰项目》一书出版，该书一度被誉为 DevOps 的“圣经”。

Gene Kim 的 DevOps 实践原则给我们最重要的启发是：在软件生产过程中，人的要素很关键，通过“培养一种不断实验，以及通过反复实践达到精通的文化”，我们可以在软件生产过程中积累大量的工艺数据，实验在不同软件规模、复杂度的条件下，生产工艺、生产工具、生产技术的优化配置。而这些实验是很难在一次合同项目或小规模作坊中进行的。

2.1.4 软件工厂模式对生产工具发展的促进作用

DevOps 被业界快速接受离不开相关技术的同步发展，特别是云计算技术和基础设施的成熟，以及新架构范式的出现。

2013 年，dotCloud 公司（后更名为 Docker）推出 Docker 项目，在容器技术的基础上引入分层式容器镜像模型、全局及本地容器注册表、精简化 REST。

同年，Google 推出开源项目 Kubernetes，提供了以容器为中心的部署、伸缩和运维平台。Kubernetes 支持 Docker、rkt 及 OCI 等容器标准，能够实现在各种云环境中快速部署 Kubernetes 集群。

2015 年，基于 Cloud Native（云原生）概念的逐步成熟，Google 联合其他 20 家公司宣布成立开源组织 Cloud Native Computing Foundation（CNCF，云原生计算基金会）。同年，O'Reilly 出版公司出版了 Pivotal 公司的产品经理 Matt Stine 写的 *Migrating to Cloud Native Application Architecture* 一书。书中，Matt Stine 对 Cloud Native 关键架构特征进行补充，也融入早在 2012 年由 Heroku 创始人 AdamWiggins 发布的"The Twelve-Factor"（十二要素）应用原则等重要理念。此书较完整地描述了 Cloud Native 的落地方法和实践。

2016 年，随着 DevOps 应用逐步深入，行业开始关注系统的安全性和合规性，出现了 DevSecOps（Development Security Operations，开发安全运维一体化）等细分探讨领域，开始倡导 Security as Code（安全即代码）、Compliance as Code（开源合规即代码）等新理念。

这几年是软件工厂需要的相关基础技术协同发展的阶段。有了 Docker，软件的开发、测试、部署过程得以标准化。有了云技术的发展，IaaS（Infrastructure as a Service，基础设施即服务）层技术帮助软件工厂解决资源供给问题；PaaS 层技术帮助软件工厂的劳动者更加敏捷地组装软件系统并交付使用、持续运维。

2.2 从瀑布到敏捷

DevOps 思想可以被认为是敏捷开发思想的延伸和扩展，因此我们再回顾一下敏捷开发思想的发展历程，以便更好地理解 DevOps 和软件工厂的理念。

谈敏捷开发思想就不得不谈瀑布模型，如图 2-1 所示。

瀑布模型的基本谬误在于：它假设项目只经历一个过程，而且架构是优于使用且易于使用的，对于实现的设计是合理且可靠的，编码实现在测试进行中是可修复的。

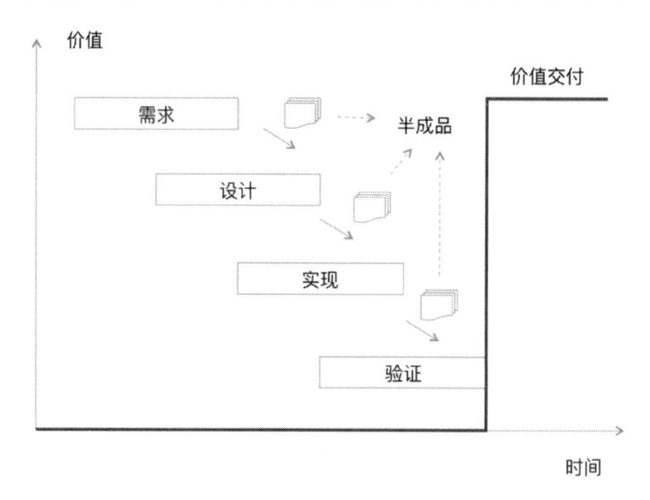

图 2-1　瀑布模型

换句话说，瀑布模型假设错误全发生在编码实现阶段，因此它们的修复可以很顺畅地穿插在单元测试和系统测试中。

特别是从项目管理的角度来看，瀑布模型将各种工作角色隔绝起来，他们无法看到各角色之间的关联，更侧重将工作扔到“瀑布后面的”下游团队。因此，各团队更像“我们与他们”式的独立团队，由此带来的后果就是，“现在的”工作是“我们的”，“以后的”工作是“他们的”。

2.2.1　传统项目管理问题

传统项目管理的核心领域主要为范围管理、时间管理、成本管理、质量管理和风险管理，如图 2-2 所示。

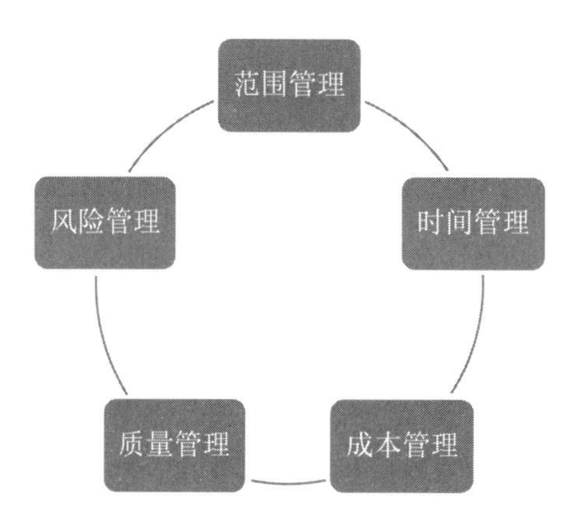

图 2-2　传统项目管理的核心领域

另外，在传统项目管理的思想下，每个领域会存在以下隐藏的假设。

1. 范围管理

- 范围可以完整定义。
- 范围定义可以在项目开始前完成。

2. 时间管理

- 软件开发由截然不同的活动组成。
- 可以对软件开发活动进行排序。
- 总会有一种方式产生有意义的估计。
- 项目团队的规模不会影响开发过程。

3. 成本管理

- 可以单独将活动分配给团队成员。
- 一位开发人员的成本与另一位开发人员相同。
- 能够获得可接受的准确估计。

4. 质量管理

指标足以用于评估软件的质量。

5. 风险管理

风险可以接受、转移、避免、缓解。

2.2.2 向互联网企业学习的敏捷

国内传统企业（如银行、运营商等）企图通过导入敏捷项目管理模式来改变软件生产模式，但是目前看来效果不是非常理想。因为国内最先推行敏捷开发思想的互联网企业居多，而国内传统企业是向互联网企业学习的，但是国内传统企业与互联网企业存在比较大的差异。差异体现在很多方面，例如：互联网企业可以使用清一色的 X86 机器，而国内传统企业背负了很多历史包袱，使用的有 X86 机器，有小机也有大机等；互联网企业可以快速地推出产品，找终端用户试错，而国内传统企业依赖第三方开发商的合同式开发，流程长、周期长、政策规范、监管严、试错成本高；互联网企业是小规模团队协同，而国内传统企业的部门众多……

这就导致国内传统企业向互联网企业的学习不起作用。

我们认为国内传统企业不能为了敏捷而敏捷，应该从敏捷的本质出发，去学习和掌握敏捷。

2.2.3 敏捷的起源

大部分人认识的敏捷，是 2001 年 17 位方法学家在 Utah-Snowbird 会晤，并进行大量的讨论后形成的“敏捷宣言”发展出来的软件工程方法，如图 2-3 所示。

图 2-3 敏捷宣言

而我认为敏捷的缘起要追溯到 20 世纪 20 年代。

20 世纪 20 年代，Frederick Taylor 的“科学管理理论”提出，由管理者为每个工人发送指令卡，工人按照指令卡执行，管理者比工人更了解工作状态（这和敏捷没关系，但为后续的“知识工人”做了铺垫）。

20 世纪 50 年代，美国国防部（DOD）和美国航空航天局（NASA）开始采用迭代式增量方法（IID）。

20 世纪 60 年代，随着科技发展，制造业岗位消减，“知识工人”产生，旧模式不再奏效，生产工具在人的头脑里，旧方法被提倡信息共享和劝导的新方法代替。同时，Thomas Gilb 提出演化项目管理的概念（EVO 方法）。

1970 年，Winston Royce 发表文章 *Managing the development of large systems*，阐述瀑布方法的概念，并注解说明“是危险的并且可能导致失败”的原因，因为它将测试放在了最后。

1986 年，Tankeuchi 和 Nonaka 发表白皮书 *The New New Product Development Game*，讨论了 Scrum 方法。

由此可见，很多国内传统企业向互联网企业学习敏捷是错误的，正统的敏捷早在互联网企业盛起之前就存在，我们不应该学习互联网式的敏捷，而应该回归正统敏捷。

真正有效的敏捷应该是自企业文化开始的敏捷，只有企业敏捷、组织敏捷，才能项目敏捷。互联网企业能轻易实施敏捷项目管理的根本原因是其自身的敏捷，互联网加速了人与人、企业与企业之间的沟通。为了快速应对市场变化，抢夺市场制高点，需要快速推出产品，抢占先机。在资本的推力下，甚至一个产品原型就可以被推向市场，形成焦点效应。而互联网普遍面向 C 端的特点导致迭代式开发、边用边改成为可能。

2.2.4 瀑布模型

众所周知，敏捷是针对传统研发过程采用的瀑布模型提出的，那么我们来看一看瀑布模型的起源。

在软件工程领域，Winston Royce 对于因采用“先写了再说”的方法而造成的大型软件项目失败深感震惊，于是独立地引介了一种由七个步骤组成的瀑布模型，以使流程更规范。事实上，Winston Royce 是将他的瀑布模型当作一个假想的批判对象提出来的，但是很多人引用并追随这个假想的批判对象，他提出的更复杂、精妙的模型反而被大家忽略了。

1．什么是瀑布模型

1970 年，Winston Royce 提出了著名的“瀑布模型”，直到 20 世纪 80 年代早期，它一直是唯一被广泛采用的软件开发模型。

2．瀑布模型的核心思想

瀑布模型的核心思想是按照工序将问题简化，将功能的实现与设计分开，便于分工协作，即采用结构化的分析与设计方法将逻辑实现与物理实现分开。瀑布模型将软件生命周期划分为制订计划、需求分析、软件设计、程序编写、软件测试和运行维护六种基本活动，并且规定它们相互衔接的固定次序，如同瀑布流水，逐级下落。

2.2.5 传统企业不可能全盘敏捷化

传统企业的 IT 形态有以下两类。

1．传统 IT（Predictable IT）

特点：

- ❑ 需求明确。
- ❑ 相比追求速度，更倾向稳定性、安全性和标准化。
- ❑ 瀑布开发模式。

- ❑ 记录型系统（SOR，System Of Record）。

2. 数字化 IT（Nonlinear IT）

特点：

- ❑ 追求和探索新业务设计、流程和模式。
- ❑ 相比追求可靠性，更倾向速度。
- ❑ 敏捷开发模式。
- ❑ 参与型系统（SOE，System Of Engagement）。

因此传统企业往往存在双模 IT。什么是双模 IT？这是 Gartner 在 2014 年提出的概念。

一方面，传统企业为了保障业务持续增长，安全生产运行依然是 IT 部门的首要工作。另一方面，云计算、移动化、社交化的技术浪潮极大地丰富了应用场景，依托于互联网架构的新应用不断出现，应用开发迭代周期从数月缩短为数天，秒杀、红包等突发性高并发应用需要更加弹性的技术架构。

如何同时运维、管理这两种不同的架构，成为传统企业 IT 部门的一个巨大挑战。

2.2.6 从版本上线过程管理看敏捷与瀑布

从版本上线过程来看，瀑布开发模式的上线周期更长，因为它强调一次上线成功，为了最终上线成功，前面分为若干个阶段严格把控质量，如需求阶段、设计阶段、开发阶段、测试阶段。

而敏捷开发模式的上线周期更短，因为它强调多次、高频率上线，每个上线周期内都或多或少地包含需求分析、设计、开发、测试的内容，如图 2-4 所示。

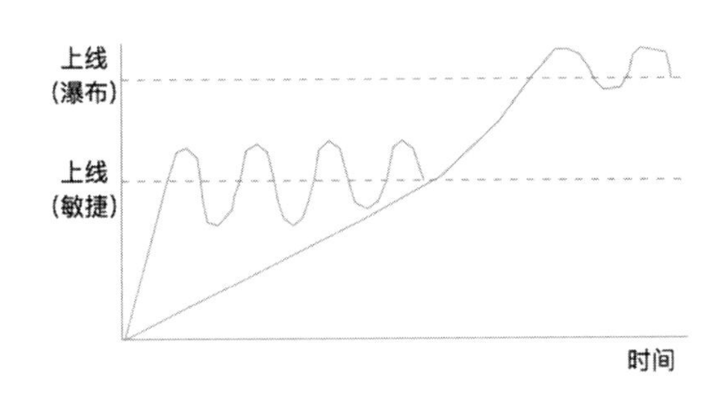

图 2-4 瀑布开发模式&敏捷开发模式的上线周期

传统企业（如银行）的应用系统，基本都采用传统开发模式。随着银行从产品销售向客户服务转型，并鉴于传统开发模式对推出产品及服务的局限和相关内部管理问题，可以预见，在不久的将来，某些应用系统（特别是服务型系统）将引入敏捷开发模式，而且这种趋势将逐渐加快。因为随着金融行业管制和市场参与主体的开放，尤其是借助电子平台及新技术的非金融企业（如互联网金融）的崛起，行业的格局将发生重大变化，竞争将加剧，各种金融创新将成为市场竞争的有效手段。这一变化反映在科技部门，将是产生大量、迅速变化的新需求、新产品，甚至会出现对部分产品线的反复重构。

2.2.7　敏捷的前提是“不敏捷”

在传统企业中，我们既会碰到 RUP（Rational Unified Process，统一软件开发过程）强调的“每个管理过程和工艺过程都需要详尽的书面表达”，也会碰到敏捷强调的“当面沟通”，我们需要一套新的管理方法帮助客户找到平衡。

我们尝试从银行的情况进行分析：敏捷开发模式适用于银行应用的某些系统，由于银行是特殊的风险经营类机构，应用系统有其特殊性，因此需要因地制宜，即并非所有的银行应用系统都适合敏捷开发模式。一般而言，敏捷开发模式的优势需要建立在以下条件之上。

- 需求持续变更。
- 版本交付迅速。
- 系统适当松耦合，适于拆分，以供一群小规模的团队相对独立地协同完成。

在银行内部的应用系统中，如果能够满足上述条件，则是一些打算进入高度竞争市场的新产品，或者是原有产品线中变更和改造比较活跃的成分，再或者就是正在使用传统开发模式但有必要被敏捷的项目。

双模 IT 模式造成了 IT 研发管理模式的分裂，导致某些号称采用敏捷方法的研发品质降低、管理结构混乱。因此我们需要在面向敏捷的架构下，采用“冻土层”模型，保持核心架构稳定，如图 2-5 所示。

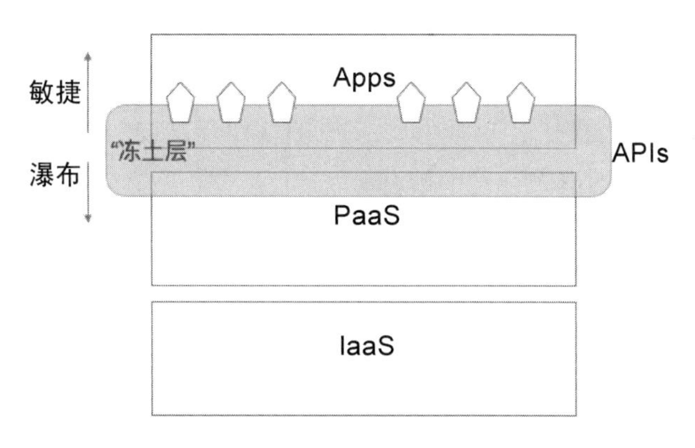

图 2-5　“冻土层”模型

除此之外，也需要统一采用“工艺化+工作室”的方法，如图 2-6 所示，帮助客户找到平衡点，实现企业组织级敏捷。

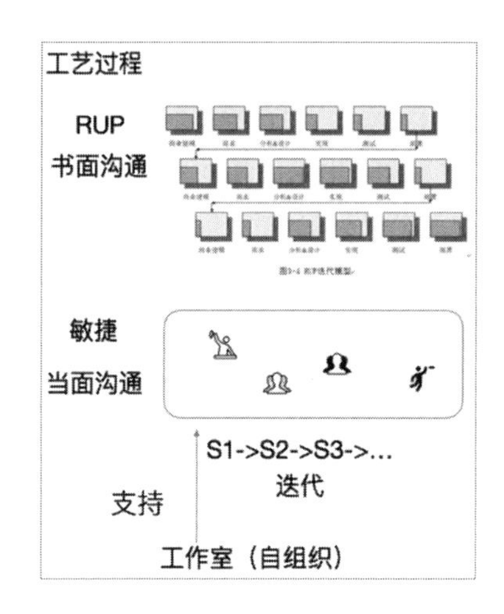

图 2-6　双模 IT 模式的工艺过程

2.3　敏捷与 DevOps 核心思想

2.3.1　增量开发与测试

软件开发就是调查研究。

软件开发是一个发现所选的软件是否能够扮演，以及如何扮演需要它承担的角色的过程。

毫无疑问，软件项目只是一个发现未知事物的过程：一旦未知事物变成已知事物，那么实际上项目就完工了。

迭代开发的定义：“需求定义、设计、实现和测试以重叠的、迭代的（而不是顺序的）方式发生，从而导致整个软件产品增量地完成的软件开发技术。”

迭代开发成为顺序的瀑布开发的解药。

2.3.2　持续集成与持续交付

比较有意思的一件事情是：无论是敏捷、SAFe（Scaled Agile Framework，大规模化敏捷框架），还是 DevOps，在谈到开发过程的时候，都会强调以持续集成（Continuous Integration，CI）作为最佳实践。

从成本效益、应对市场变化的速度来看，应用持续集成、持续交付（Continuous Delivery，CD）非常有必要。

1．成本效益

一般，越迟发现 Bug，修复的成本越高。如果当场对刚写的代码进行测试，那么即使发现 Bug，查明原因并进行修改也是比较容易的。如果不进行测试就直接提交代码，3 天之后才发现 Bug 会怎么样呢？2 周之后或 1 个月之后再发现呢？那时程序员对所写的代码可能已经记不太清楚了，其他开发人员也可能对该代码进行过提交了，修改 Bug 的难度将大大提高。

实现代码构建和测试的自动化，并且能够实施持续集成就能解决这个问题。通过实施持续集成，提交代码之后就能立即察觉是否有 Bug 产生，修改 Bug 的成本将大大降低。因此持续集成的实施能大大提高成本效益。

2．市场变化的速度

如今的市场瞬息万变，特别是网站和 App，一款产品的开发周期一般为 1～2 年。在产品开发期间市场很可能发生变化，导致开发出来的产品失去价值。而且，Web 之外的一些类似财务系统的业务系统，还会受到突然的政策修改等外部环境变化的影响。

如果每次都采用瀑布开发模式，从头开始全部实施，那么很难跟上市场的变化。如果只是单纯地提早发布日期、缩短开发流程，而不在持续集成等方面下功夫，那么只会造成 Bug 频发和功能退化，进而导致产品质量下降。

3．兼顾开发速度和质量

如何才能既保证具备应对市场变化的开发速度，又保证高质量？持续集成能起到重要作用。

例如，编写能确保产品 API 正常运行时最低限度的测试代码并持续集成，在保证代码正常运行的基础上优先在市场进行发布。这个阶段代码的可读性和可维护性较差，功能添加也不方便，只是能够运行并向用户提供价值而已。

确认产品能够正常使用之后，再用考虑了可读性和可维护性的代码来替代原来的代码（之前的代码牺牲了可读性和可维护性）。这是为了应对下一个阶段，即进一步添加功能所必需的。

也就是说，初期优先速度，致力于尽快上市，之后再对代码进行重构，以提高可维护性。而支持上述方式的正是持续集成，有了它上述方式才成为可能，既应对了市场的快速变化，又控制了确保可维护性所需的成本。

4．传统企业采用持续集成的趋势

随着企业对版本上线质量和速度的要求越来越高，迭代开发、敏捷开发模式的接受度越来越高，以互联网企业为首的企业开始广泛实践持续集成，并且结合运维前段工作向持续交付的方向发展。不管是从业界讨论焦点，还是从国内外出版的书籍来看，这都有比较明显的趋势。

持续集成更强调研发过程中的质量控制，持续交付的范围更广，可以认为它是“持续集成+自动发布”。

可以预见，互联网企业探索实践的这些方法论和相关技术，在传统 IT 领域会被逐渐引入和采纳。但是传统企业与互联网企业存在比较大的差异，会导致持续交付应用方式的差异。

1. 互联网企业

互联网企业持续交付应用的节奏快，版本发布频率高，上线出故障后的影响面广，影响度一般不高。通过完善的实时监控，发现故障后可以及时发布新版本进行修复。

2. 传统企业

第一类传统企业：持续交付应用的节奏慢，版本发布频率不高，上线出故障后的影响面不广，影响度不高。这类企业对持续集成的需求不太强烈，应用持续交付的目的更多的是希望开发过程规范化、透明化。

第二类传统企业：持续交付应用的节奏相对慢，版本发布频率不太高，上线出故障后的影响面广，影响度高。这类企业对持续集成和自动发布都有需求，应用持续交付的目的是希望把好版本发布的质量关，同时需要在研发过程中控制质量风险，因此需要持续集成。

第三类传统企业：持续交付应用的节奏快，版本发布频率高，上线出故障后的影响面广，影响度高。这类企业一般已经在应用迭代开发、敏捷开发模式，对持续交付、敏捷测试、自动化测试、自动发布都有强烈的需求。

2.3.3 自动化

尽量采用自动化的方式完成软件生产过程中的工作，如自动化部署。

所有与部署相关的作业都应该实现自动化，诸如把 WAR 包上传到 Tomcat 等容器上的行为，这一系列将开发代码以能够运行使用的状态放置到服务器上的行为都应该实现自动化。

自动化部署的好处有以下几点。

1. 细粒度、频繁地发布可以使风险可控

部署工作本身就不是一件轻松的事情，如果几个月才能实施一次部署，那么程序就会有多个部分产生大量的代码修改。所有的修改都能正常运行自然最好，但现实往往并

非如此。考虑到多个较大的故障同时发生造成的严重后果，这的确是一个棘手问题。而实现部署的自动化和简易化，就能够频繁地实施部署，对故障规模进行控制就成为可能。

2. 能尽快地获得用户反馈

部署越早就能获得越多的用户反馈，越快让用户体验新开发的功能，并将用户反馈反映到下个阶段的开发中。若能形成这样的良性循环，就能确立市场的优势地位。通过频繁地进行部署来回收开发的投资，才可能产生收益。

3. 团队的规模可控

如果有十个产品，那么采用十种不同的方法手动实施部署会怎么样？如果每个产品每个月至少有一次部署工作，那么负责部署的运维团队就需要专门的人员来实施部署。如果运维团队的人手不足，那么就可能发生新产品无法部署的情况。如果实现了自动化部署，那么就不必担心运维团队的人手不足问题，还能够推出新产品并获得用户反馈。借助自动化部署，团队的规模变得可控，因此可以放心地增加产品数量。

2.4 规模化的敏捷

2.4.1 从敏捷项目管理到敏捷项目群管理

纯粹的敏捷项目管理是以 Scrum 等为代表的敏捷方法，适合小规模、单一项目类型且偏互联网应用的项目管理，如图 2-7 所示。

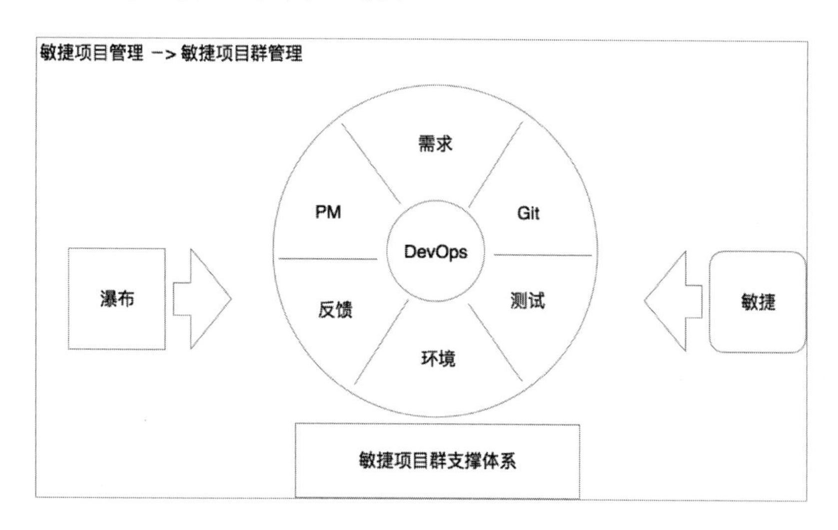

图 2-7　敏捷项目群支撑体系

而传统企业往往需要同时开展十几个到上百个项目管理，并且这些项目往往是“双模”的，因此需要一套以敏捷为基础的组织级项目群管理方法，如图 2-8 所示。

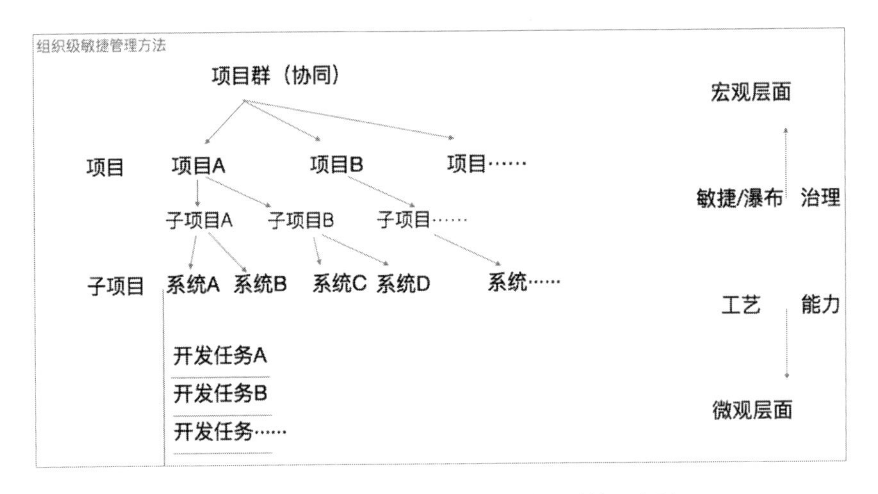

图 2-8　以敏捷为基础的组织级项目群管理方法

银行内部系统主要分为三大类：联机交易类、数据处理类、智慧银行类。

联机交易类系统关注客户资金处理和内部资金核算的准确、实时，尤其对资金安全的要求极高，因此对账户管理、资金汇划、信息服务、清算、对账、内部核算的全流程有严格的要求。而且出于风险和业务管理的要求，银行内部的管理流程是另外一条主线。以资金为主的主线和以业务管理为主的主线决定了联机交易类系统是高耦合系统，不适合全部采用敏捷模式，可以从中选择适合的系统进行尝试。

数据处理类系统主要指报表、数据集市、数据分析（含数据仓库）类应用，这类系统基于联机交易类系统的过程数据，典型的处理流程是：数据抽取、数据加载、数据处理、数据分析，这些关键步骤之间通过数据字典进行定义及关联，涉及的系统之间体现的是松耦合关系，而且这类应用大部分具备非标准化功能，用户经常会提出较多的需求，是典型的敏捷模式。这类系统推广敏捷模式的最大制约因素是缺少实时、统一、稳定的数据字典信息。

智慧银行类系统基于开放平台，面向新技术和新商业模式，对市场及客户群体的需求反应较快，始终关注客户体验，因此持续迭代成为常态，并且这类应用与联机交易类系统实现了适度隔离，与相关系统之间的耦合度较低，是最适合采取敏捷模式的。

2.4.2　企业规模化敏捷思想

关于“组织级敏捷项目群管理”，也就是“规模化敏捷”的话题，业界近几年已经有了积极的探索和实践。

现在的企业需要的不只是开发的敏捷，更需要企业的敏捷。

敏捷开发在过去十年间已经得到了广泛应用，软件开发团队利用它能够开发出更好的软件。之所以能取得这样的成果，主要是敏捷开发能够提高项目进展的**透明度**，用户还可以很早地预见产品的雏形，并与开发团队进行交流。然而，要达到商业目的远远不是开发出好软件这么简单，如果期望规模化敏捷，那么必须先关注以下几方面。

1. 团队规模

试想一下，将敏捷开发应用在超过 100 个人的开发团队中会产生什么效果？当这个开发团队需要与其他部门在质检、集成、项目管理、市场运营等方面进行合作和沟通，以保证产品顺利交付时，又会产生怎样的问题？通常极限编程这类敏捷开发只适用于 7～10 个人的小型团队，而大型团队则需要分为几个小型团队，同时需要和一些非开发人员进行配合。目前已经有人在研究如何更好地解决团队规模带来的协作问题了。

2. 系统复杂程度

在通常情况下，大型系统会包括较多的特性和新技术，还要与其他系统进行通信和集成，并且要照顾不同用户群的需求。因此需要清楚系统是否有实时性、可靠性和安全性的要求，以及相关利益者是谁。通常复杂的系统都需要经过严格的验证，这就使敏捷开发中的快速迭代变得复杂化了。

3. 项目规划

有多少时间用于系统开发？系统维护的周期多长？通常大型系统所需的开发时间和维护时间都比敏捷开发适用的系统长一些，而且需要关注可能的更改和重新设计，还可能会被要求交付不同的版本。弄清楚这些问题有助于决定项目成功的重要指标。

2.4.3 规模化敏捷方法——SAFe

传统行业从 CMMI 等重流程模式转向敏捷后，发现了敏捷的好处，也发现在规模化应用敏捷方法时存在的不足。下面以金融行业应用 SAFe 为例看一下规模化敏捷方法应该如何开展。

当前，互联网+快速发展，对金融行业产生巨大冲击。互联网金融的到来，更是使传统银行业面临如何尽快占领互联网金融市场的挑战。在互联网金融新特性的驱使下，实现传统银行业务电子化的科技手段成为先导及载体，其是否能快、好、准地实现业务价值，将是市场竞争的重要因素。

另外，软件开发方法从 17 世纪培根提出“假设、实验、评估”的迭代雏形，到 1971 年的瀑布开发方法，再到 21 世纪敏捷的诞生，根据其自身的需要不断优化与创新。到

2000 年年初，敏捷思想逐渐进入中国，为中国的软件开发产业尤其是与互联网相关的软件开发产业注入了新鲜血液。人们不断注意到敏捷在应对市场的灵活性及客户的高满意度方面表现出来的强大优势，面临着软件开发方法的不断变革，软件行业内部势必也要不断优化。

在如此内、外部压力下，传统领域的软件行业均迅速反应，在如何快速实现业务价值、如何不断优化自身开发方法等方面进行着敏捷尝试及创新。但银行业的软件开发也有特殊性，原有大型组织架构也是敏捷转型的一大障碍。如何在现有银行体系下进行本地化敏捷导入，以及进行敏捷适应性调整，将是转型及长久应用的关键。

1. SAFe 是什么

1）整体框架

SAFe 提供了三层管理模型，分别由项目组合、项目群、实施团队构成。

- 项目组合级别：主要通过史诗看板系统进行企业级业务、架构等战略决策的集中处理，并通过多趟发布火车进行分布式实施，此过程通过投资主题为各个版本的发布火车提供运营预算。
- 项目群级别：将关注同一个基本产品、解决方案或价值主题目标的产品，或团队工作的特性和组件之间有高度依赖关系的产品放在一辆发布火车中，通过项目群层面的节拍与同步化，多个团队在进度、范围方面产生对齐，帮助管理风险，并与组织价值流保持一致，实现企业级愿景。
- 实施团队级别：各实施团队利用现有的 Scrum、XP 实践实现增量交付，创建项目群的愿景、架构和用户体验。

2）需求管理模型

大型复杂需求在企业中是很常见的，这些需求特性可能来自多个产品团队，很多特性相互依赖，也存在优先级的冲突，这样拥有共同商业价值的需求会被放进一个共同的计划中，由多个团队紧密合作来实现。SAFe 为这个挑战提出了三层管理模型的解决方案。那么现在再来审视这个框架，这里对需求进行了层次化管理，从投资主题到篇章，再从篇章到特性，最后到故事及任务，如图 2-9 所示。

从项目组合开始，通过企业级的投资场景看板提取符合企业发展愿景的高优先级史诗，传递给项目群的产品管理团队来产生特性，以及通过优先级排序的特性待办列表。项目群的产品管理团队是由项目群的产品管理人员和各个项目团队的产品负责人（Product Owner，PO）组成的，最终由各个团队实现相关的故事，因此能够保证产品管理的一致性。

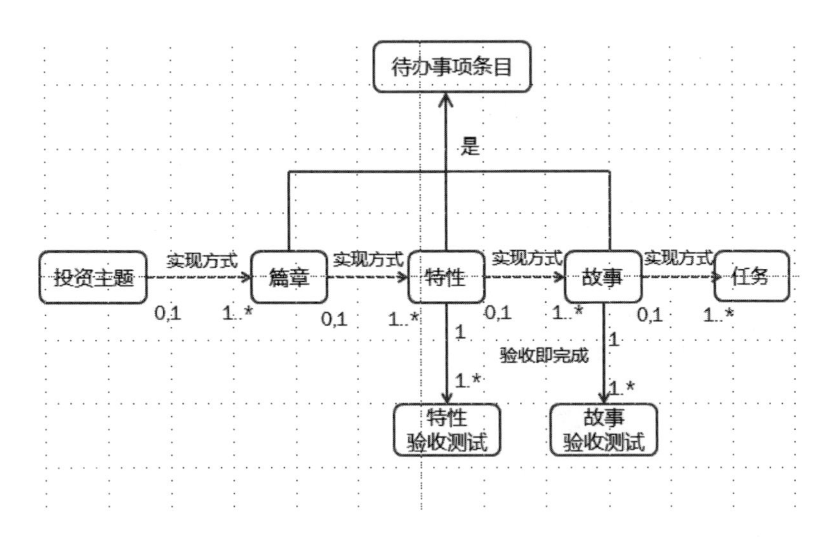

图 2-9　需求管理模型

3）架构管理模型

需求与架构如同硬币的两面，反映在需求表达中的“系统必须做什么”，以及反映在架构中的“为了满足需求，系统将如何构建”，因此它们不是孤立的。对于架构方面来讲，也应像需求一样存在从组织级大规模企业架构到项目群架构，最终到团队开发层级可控的架构层次。同时，系统本身也存在纯架构方面的大型调整，比如，影响多种产品和服务的技术变化、公共架构治理，以及通过基础设施与避免重复工作而进行的通用架构调整、结构创新等。虽然敏捷中未定义架构师这类角色，认为设计架构是涌现的，是全权由团队负责的，但当面对如上所述的全局或企业级、多产品级架构时，架构师或技术委员会必不可少。参考 SAFe 中提到的看板制度，具体如下。

- 由架构管理部门识别所有的大型架构需求，将满足决策准则的内容提升到待办事项队列中。
- 对投入到待办事项队列中的大型架构需要进一步评估，包括成本、价值、技术层面的调查。随着投入的增加，队列需要有 WIP（Work In Process，在制品）限制，以便限制过程中的活动条目数量。
- 到达分析阶段需要进一步分析架构，此时需要架构师负责并启动与开发部门的积极协作，在 WIP 限制下进行替代方案设计、建模、确定采购或内部开发之类的工作。
- 从分析到实现是一个重要的经济决策，因此需要产品/技术进行审批把控，最终实现层级的架构，需要架构师辅助团队直到其对所需完成的工作充分理解。

2. SAFe 带来什么

规模化敏捷方法——SAFe 能给我们带来什么？

首先，其引入了大型需求、架构如何从愿景到实施团队的层次化管理。

其次，业务师、架构师、项目管理、质量管理等人员可以考虑在各层级如何介入，比如，在项目组合级别、项目群级别如何介入；考虑需求及架构的识别、评估、分析、分割、排优等。

最后，对传统项目、传统管理方法的启发。比如，利用精益敏捷方法对传统需求价值评估、从“项目管理”到“持续内容管理”的转变、对传统单项目管理思维的优化、从里程碑治理到基于事实的治理等。

2.4.4 规模化敏捷开发的最佳实践

各个企业的情况不同，如何应用这些最佳实践需要判断其是否能够使企业获益。特别需要注意企业的商业目的、流程和企业文化，因为所有的实践都有局限性，不可能存在所谓的“万金油”。选择这些最佳实践时最好能让它们互相配合，而且要根据企业的实际情况做出一定调整。

1．团队协作乃第一要务

Scrum 方法是目前使用范围最广的敏捷项目管理方法。简单来说，Scrum 开发环境只需要一个 Scrum 团队。这个团队需要具备需求分析、架构设计、编码及测试所需的知识和能力。

然而，在项目的规模和复杂程度增加之后，单一的 Scrum 团队可能就不能满足开发需求了，这时就要根据系统特性和服务来划分不同的小型团队。对于一个已经决定了要使用 Scrum 方法的项目，可以对各个 Scrum 小型团队也使用 Scrum 方法进行管理。这就需要一个额外的协作团队，这个协作团队有以下两个责任：

一是确定团队之间需要交换的信息，解决团队之间的依赖性和沟通问题。

二是对团队之间的协作问题和潜在风险进行分析并解决。

协作团队的成员通常来自各个开发团队，他们能够了解整个项目所有的功能，也可能有一些用户界面设计、系统架构、测试和部署的专业人员参与。这一协作团队可以帮助各个开发团队实现目标、问题和风险的交流与共享。

2．使用架构跑道管理技术复杂性

严格的安全要求和任务关键需求会增加技术上的复杂性及风险。如果一项任务在一次迭代中无法完成，也无法分解成较小的任务交给多个小组并行，那么就说明这项任务有技术上的复杂性。要解决这个问题，管理员必须在项目早期就完成最重要的软件架构特性，有时甚至要将这个问题提升到整个企业的高度。在敏捷开发中把这种方法叫作“架

构跑道”（Architectural Runway），为以后的迭代提供一个相对稳定的基础，这对多个团队来说是很重要的。软件架构可以决定系统特性的重要性，从而决定它们在开发中的优先级。通过定义架构跑道，并在系统开发过程中对其进行扩展，开发团队可以优先开发架构跑道中的特性，以满足用户的需求。

架构跑道也可以帮助开发团队在项目早期发现技术上的风险，并避免技术复杂性问题。此外，系统质量上的要求，如安全性、可用性和性能也是越早确定越好，否则很可能有大的改动，或者造成项目延期。开发系统功能时如果需要的基础设施已经就位，那么也能增加需交付功能的确定性。

3. 特性开发与系统分解的结合

敏捷团队通常的做法是在系统的所有组件中实现一个特性，这使得开发人员能够专注于完成对用户有意义的特性，而不必等待其他人开发完才能进行，这种方法被称为“垂直对齐”（Vertical Alignment）。因为系统中每个实现这个特性的组件都在各个团队中独立开发，但系统的分解也可以是水平的，这主要基于系统架构。这种方法主要被用于一些通用服务商，因为它们可以被更多地复用。

无论是针对特性进行开发，还是针对系统进行水平分解，目的都是根据系统的分解来安排开发团队，并且解耦，以便保持进度。当需要在敏捷稳定性和进度上保持平衡时，可以采用的策略是先开发一个通用服务平台，再在此基础上以插件的方式快速进行基于特性的开发。

4. 使用质量评估决定架构上的需求

Scrum 方法注重的是解决用户面对的特性问题，这确实也对系统成功与否起到重要作用。但当将注意力完全放在功能特性上的时候，往往就会忽略架构上的需求。

建议在开发架构跑道时，收集、记录、沟通和确认潜在的系统质量上的要求。对于大型系统来说，其维护周期都比较长，这点尤为重要。在项目早期就应该对质量上的要求进行评估，以便决定哪些架构上的需求应该尽快满足，或者有哪些交付用户需求的捷径。

比如，一个系统要满足 100 万名用户的使用，那么它是立刻就满足 100 万名用户的使用，还是它其实只是一个测试产品呢？再比如，系统一般都会使用一些框架，理解系统质量要求可以帮助开发人员确定哪些架构上的需求已经被框架解决了。当需要解决安全和部署环境方面的需求变化时，架构上的需求必须给予最高的优先级。

5. 在整个生命周期中使用测试驱动理念

用一句话来概括就是“开发之前先写好测试”。如果在开发过程中只考虑正常情况，那么后期就会过度依赖测试来找出在开发过程中忽略的情况。为了避免这种情况，在开发过程中就要考虑到异常情况。如果能够先写好测试，再使用测试驱动开发或验收测试驱动开发的方法，那么将使我们推荐的其他实践更有成效。

2.5 企业规模化敏捷与软件工厂

如同敏捷开发一样，DevOps 在过去几年也是 IT 领域备受关注的方法论。DevOps 是针对开发团队和运维团队之间的协作矛盾提出来的，如果引入敏捷开发，看起来矛盾会进一步加深，因为敏捷的一个重点是满足需求频繁变更，强调持续交付，即多版本交付，减少大版本带来的风险和不灵活性。

DevOps 应该实现企业从愿景开始，到完成业务计划和需求，再到开发、测试、运维的端到端企业敏捷，这样才能有效地兼容敏捷开发的实践，发挥敏捷能效。

软件工厂采用标准化生产线的软件制作模式，企业规模化敏捷得以落地实施，是大规模集约化软件制造的必经之路。

2.5.1 软件生产环境

1. 传统模式下的软件生产环境管理

传统模式下的软件生产环境，也就是通常所指的开发测试环境，往往与发布上线的生产运维环境存在比较大的差异。这将导致很多隐蔽问题（如配置问题）引起生产运行故障，因为在差异化的开发、测试环境中，这些问题往往由于被忽略、无法模拟等原因而植入。

2. 云开发测试环境

随着虚拟化技术逐步普及，很多企业的运维部门开始采用虚拟化技术进行生产环境的管理，借助 OpenStack 等平台技术将 X86 机器组成资源池，也可以开辟一个区域作为开发测试环境。

下面来看一个例子：

国内一家核心金融机构的测试中心部门随着公司新业务的开展，以及大数据时代的到来，金融软件系统逐步趋向于分布式、高稳定性、高可用的架构。软件测试工作不再像过去一样只需要完成传统的系统测试即可，而是越来越趋向于高度自动化、快速反馈、环境真实及非功能测试。

由于之前该公司主要采用 VMware 为公司提供虚拟化软件服务，随着虚拟机数量的增加及部门的扩张，企业内部需要一个私有云环境来更好地规划、计算、存储网络资源等。通过对比 VMware 和 OpenStack，该公司决定采用 OpenStack 来搭建该私有云平台。

这就是一个典型的基于虚拟化技术发展出来的开发测试云。云测试平台主要有以下两个目标：

（1）为开发测试提供虚拟资源弹性管理。

（2）集成现有测试工具提供云测试服务。

3．云原生应用开发测试环境

企业应用正在从单体向服务化架构演进，云原生应用开发逐渐成为主流。相应地，基于 X86 虚拟化技术的云开发测试环境也在逐渐演进为云原生应用开发测试环境，以“Infrastructure as Code”（基础设施即代码）为口号的敏捷基础设施相关技术逐步成为采纳趋势，以 SaltStack、容器等面向应用层的基础设施管理技术为代表，如图 2-10 所示。

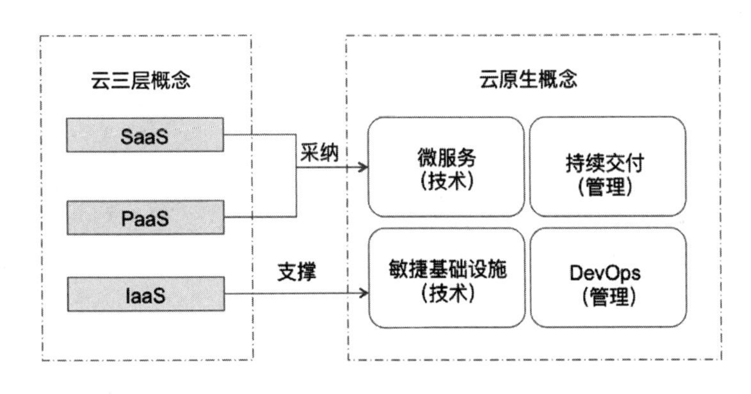

图 2-10 云原生关系图

在此敏捷基础设施的基础上，可以发展出更多适用于企业规模化敏捷的环境架构技术，例如，基于镜像封装应用的持续快速部署模式、弹性测试资源池、整合环境仿真等。

4．软件工厂生产环境

由于在软件工厂模式下生产的软件形态大部分是云生态应用，也就是以云原生应用为基础面向行业生态的应用，而云原生应用开发依赖云底座，很多开发行为是依赖云生态基础架构进行的，开发过程的协同也是基于云通信（Cloud Communication，CC）进行的，例如，需求的沟通、源代码管理、测试环境管理等。因此，云底座、整合环境仿真、DevOps 生产流水线、项目管理平台、需求表达与管理平台、云通信，甚至云桌面等诸多技术，共同构成了软件工厂的生产环境。

2.5.2 软件工厂生产环境管理——开发测试云

1. 基于虚拟化技术搭建开发测试云

表 2-1 所示是某金融机构基于 OpenStack 等开源技术搭建的开发测试云。

表 2-1 基于开源技术搭建的开发测试云

软件名称	功　能	版　本	备　注
OpenStack	为云测试平台提供基础设施服务	Liberty	目前社区的最新版本为 M 版，我们使用落后社区的一个版本，以保证稳定性
Zabbix	为云测试平台提供系统级监控	2.4.5	弥补 OpenStack Celimeter 不能对硬件资源进行监控的缺陷
ELK	日志分析平台	2.x	由 ElasticSearch、Logstash、Kibana 及 Nigix 组成，分布式日志收集平台

如图 2-11 所示，IaaS 层主要解决开发测试过程中的资源问题，在此之上还要发展出 TaaS（Test as a Service，测试即服务）层，主要用于解决开发测试过程中的配套服务，如测试环境申请、测试工具服务等。

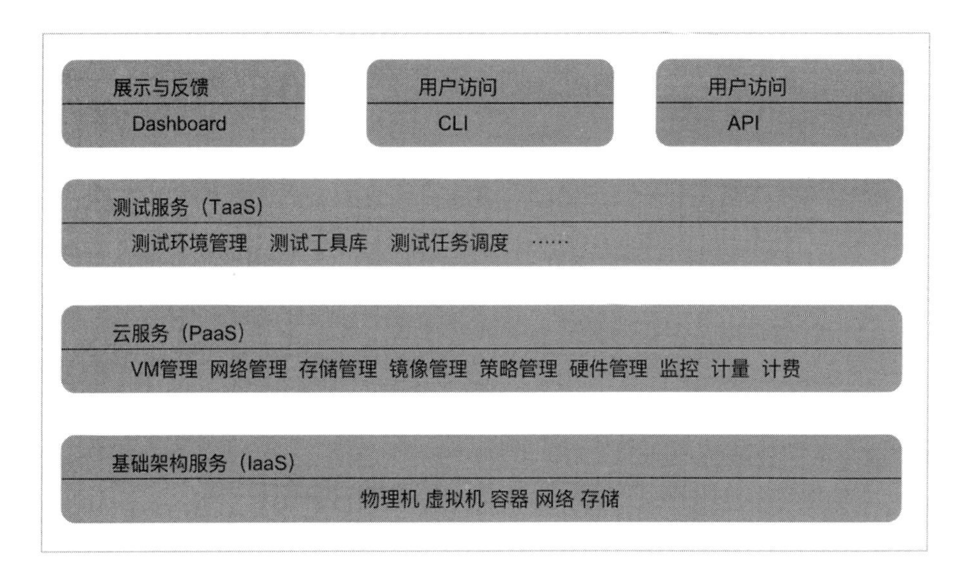

图 2-11 三层服务模型

2. 基于容器技术搭建开发测试云

Docker 是 PaaS 供应商 dotCloud 开源的一个基于 LXC 的高级容器引擎，Docker 项目始于 2013 年 3 月，尽管 Docker 项目很年轻，但它的发展势头之猛让很多人感叹不已。

Docker 的容器技术本身并不奇特，但是它具有的一些特性（见图 2-12），如轻量级虚拟化、秒级启动、镜像分层等，促使它可以应用在研发和运维的诸多场景中，并有效地推动 DevOps、持续集成等敏捷开发的发展与实施落地。

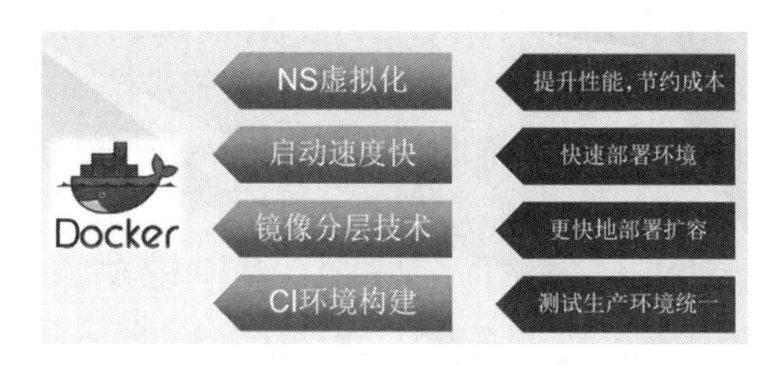

图 2-12　Docker 的容器特性

目前来看，Docker 至少有以下应用场景。

（1）测试：Docker 很适合用于测试发布，将 Docker 封装后可以直接提供给测试人员运行，进行环境搭建与部署，不再需要测试人员与运维、开发进行配合。

（2）测试数据分离：在测试过程中，经常由于测试场景变换而修改依赖的数据库数据，或者清空变动的 Memcache、Redis 中的缓存数据。Docker 相较于传统的虚拟机，更轻量与方便，可以很容易地将这些数据分离到不同的镜像中，根据不同需要随时进行切换。

（3）开发：开发人员共同使用一个 Docker 镜像，同时修改的源代码都被挂载到本地磁盘。不再因为不同环境使用不同程序而伤透脑筋，同时新人到岗时也能迅速建立开发、编译环境。

（4）PaaS 云服务：Docker 可以支持命令行封装与编程，通过自动加载与服务自发现，可以很方便地将封装于 Docker 镜像中的服务扩展成云服务。将类似 Word 文档转换预览这样的服务封装于镜像中，根据业务请求的情况随时增加或减少容器的运行数量，随需应变。

Docker 技术在测试领域的应用可以体现在以下三个方面。

（1）快速搭建兼容性测试环境。从 Docker 的镜像与容器技术特点可以预见，当被测应用要求在各类 Web 服务器、中间件、数据库的组合环境中得到充分验证时，可以快速利用基础 Docker 镜像创建各类容器，装载相应的技术组件并快速启动运行，测试人员省去了大量花在测试环境搭建上的时间。

（2）快速搭建分布式复杂测试环境。Docker 的轻量虚拟化特点决定了它可以在一台机器（甚至测试人员的笔记本电脑）上轻松搭建出成百上千个分布式节点的容器环境，从而模拟以前需要耗费大量时间和机器资源才能搭建出来的分布式复杂测试环境。

（3）持续集成。Docker 可以快速地创建和撤销容器，在持续集成的环境中频繁且快速地进行部署和验证工作。

既然 Docker 可以给测试工作带来诸多便利，那么在引入 Docker 之后，测试方式与传统模式会有哪些差异呢？

下面基于 Docker 的测试场景进行分析。

在开始测试之前，测试人员需要确保自己的测试机上已经安装了 Docker 并处于运行状态，必要时需要保证 Docker 的版本与最终生产环境一致。

测试环境搭建好之后，根据测试请求说明从镜像仓库拉取镜像，并且按照要求运行，根据镜像的目的测试实现的业务。

如果在测试过程中发现 Bug 或不符合的需求，应先尽快反馈给开发人员。开发人员修正内容后，重新将镜像推送到注册服务器，测试人员从镜像仓库拉取最新的镜像继续测试。反复进行操作直到能够发布。最后，测试人员发布测试合格报告，并注明最终的镜像版本。

如果多个测试人员同时测试，各自使用自己的测试容器，同时能保证测试之间不被干扰。

另外，引入 Docker 之后，开发、测试、运维的协作模式也发生改变。

下面以一个简单的开发、测试和发布来说明 Docker 在阿里云 ECS 上的运用，如图 2-13 所示。

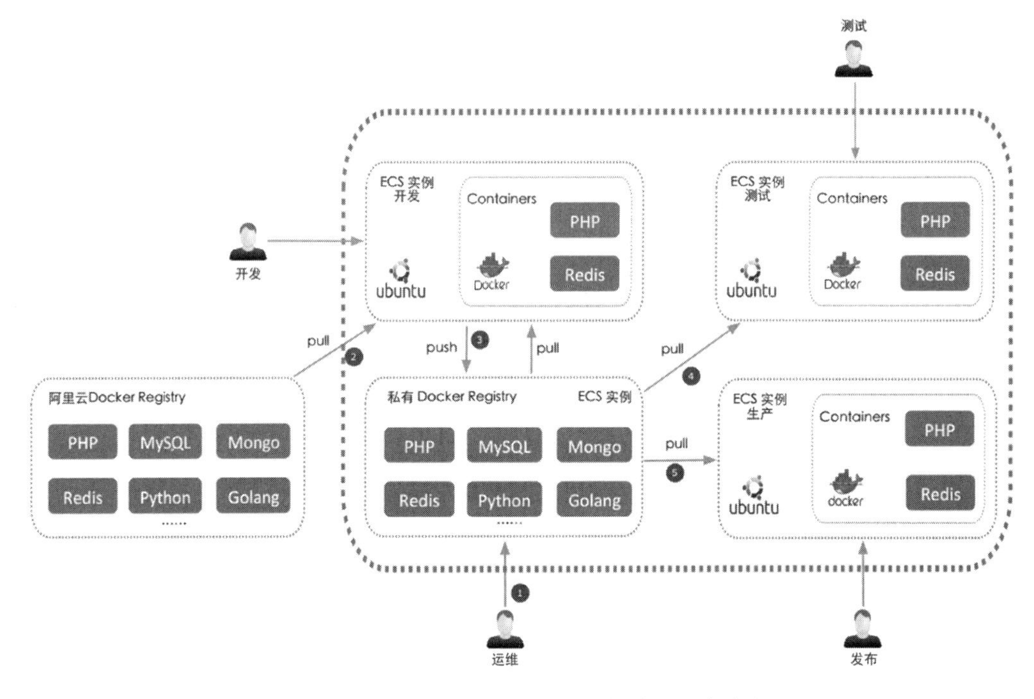

图 2-13　Docker 在阿里云 ECS 上的应用开发流程

（1）运维人员在 ECS 上搭建私有 Docker Registry。

（2）开发人员在开发 ECS 上从阿里云或私有 Docker Registry 获取应用需要的基础镜像。

（3）开发人员在开发 ECS 上构造应用容器，自测后提交容器为新镜像并推送到私有 Docker Registry，通知测试人员。

（4）测试人员在自己的测试 ECS 上启动容器并测试，有问题则通知开发人员修复，没有问题则交到私有 Docker Registry，准备发布。

（5）发布人员下载最新版本镜像，并在生产 ECS 上启动容器。

Docker 的引入给传统的开发、测试、运维协作模式带来一些改变，对测试方式和测试人员的技能也会带来一些影响。

（1）容器级测试。以后测试人员做的测试大多基于容器进行，因此对容器的一些技术特性必须了解和掌握，如容器的创建、使用、监控等。

（2）测试前移。在传统开发测试模式下，开发人员通常将整体系统版本提交给测试人员进行验证，通常到项目周期的后期才能开展测试工作。现在基于 Docker 采用微服务设计、功能模块的容器化实现，可以开发一个容器（功能），测试一个容器（功能），因此测试得以前移，跟上开发节奏，更符合敏捷开发思想。

（3）集成测试。基于容器开发后，系统功能被隔离到一个个容器中，那么容器间的联系和功能交互就会变得复杂，测试人员需要重点关注容器间集成的验证。由此带来的必然是容器级的打桩、模拟等技术的引入，目前还没有看到太多这方面的实践。

（4）自动化测试。给自动化测试带来的挑战则是：容器层面的自动化控制（启停）、数据的验证方式、非界面层的自动化测试方式。

当然，由于容器的天然隔离性和环境搭建的快速高效、资源优势，使得自动化测试的并行执行得以更方便地实施。

（5）可扩展性测试。基于容器的部署发布带来的问题是：从运维角度，希望在测试环境中充分验证系统的可扩展性，尤其是系统性能—容器资源的扩展曲线，以便后续实施容量规划。

2.5.3　整合环境仿真

随着敏捷的采用和发布周期的缩短，测试变成了瓶颈，这往往在于缺乏自动化测试及合适的测试环境。

目前来看，与测试环境相关的问题包括：

- 被测系统需要通过 REST APIs 等接口访问第三方在线服务（依赖第三方服务）。
- 测试需要集成各类 Web Services 组件。
- 使用到的测试数据不容易提供或不存在。
- 开发和测试不能访问生产环境的大机服务。
- 不容易访问已有的 ERP 等应用（不具备测试环境和测试数据）。

对于当前充满竞争力的业务环境来说，推出市场时间和客户使用体验是业务成功的关键。我们需要在软件生产环境中通过整合环境仿真技术，对传统虚拟化技术无法涉及的受约束系统，或者无法任意使用的系统进行模拟。

在开发测试过程中，通过自动捕获服务、主机、云或基于 SaaS 的 Web 应用类受约束系统，以及对其进行建模、仿真不可用或不完整系统的行为与数据，在整个软件生命周期中作为替代物，并且消除约束。

整合环境仿真平台有助于降低用于开发和测试的相关 IT 资源所带来的时延、成本和风险。通过采用整合环境仿真平台，多个团队可以进行并行开发，更好地管理测试数据和用例，并减少所需的实时环境数量。这种方案不仅可以显著降低成本和风险，大幅缩短周期，减少实验室在软、硬件方面的必要开销，还可以加快向客户交付关键功能的进程，整合后的环境仿真平台如图 2-14 所示

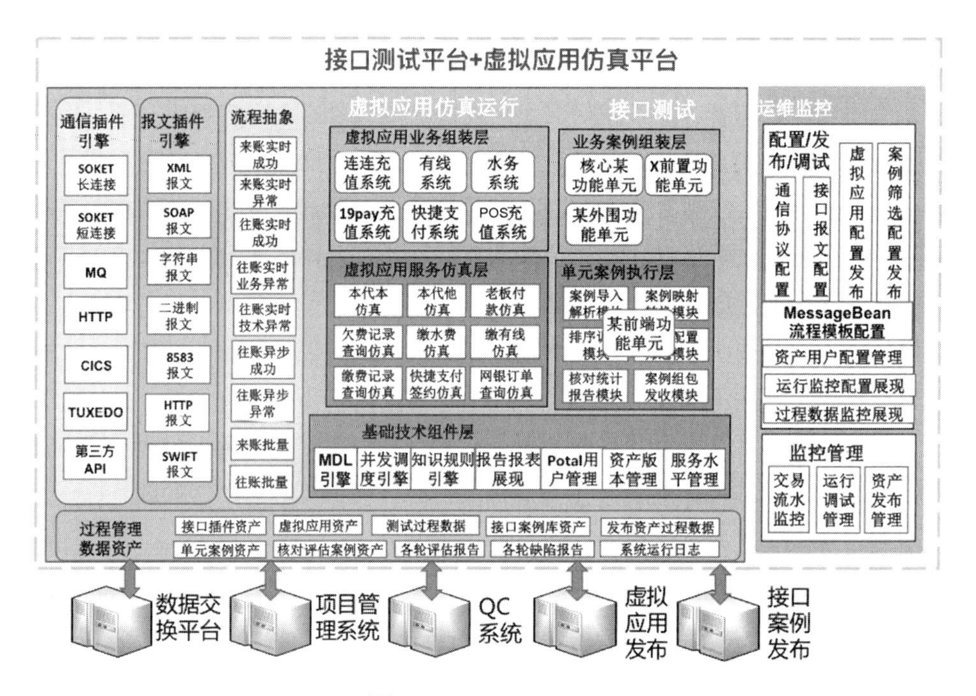

图 2-14 环境仿真平台

1. 测试环境虚拟化的需求分析

在传统企业，如银行，其业务信息系统需要随时追踪市场变化，不断创新和及时维护更新，每年会有数百个应用系统开发或项目更新，需要相对独立、完整的开发和测试环境。它们面临着以下难题。

- 有限资源下的充分真实测试：在有限的测试资源和有限的时间范围内，如何尽可能地为每个开发和测试项目独立、真实地模仿实际生产系统环境，进行充分测试。

- 测试资源的有效管理和高效利用：合理安排和分配有限的测试环境资源，避免特定开发或测试项目长期占用有限的IT设施资源。测试环境按需分配领用，快速、准确部署，及时备份环境数据信息，为了下轮次类似目的的进一步测试按需调出，将其迅速部署到新的测试环境中，实现测试环境和数据资产的高效复用。每次用完测试环境和数据及时备份后释放回收资源，提高资源利用率。
- 搭建虚拟环境，以节省IT资源和工作量，并减少相互影响：通常每个开发及测试项目都需要部署多个应用系统及配套数据，构成完整测试环境，如果100个项目平均每个需要部署3个应用及数据，那么完全独享测试环境模式共需要300个应用系统和数据部署工作量及对应的IT环境资源。这无疑是不现实的。传统做法是有相同应用环境需求的开发或测试项目尽量共享一套多应用测试环境资源和数据，但各测试项目之间相互干扰影响，只能错时分批分区使用，或者必须削减一些原本必要的测试，常常导致项目延期。事实上，并非每个项目都需要真实的多应用测试环境，有些基于SOA架构的应用采用虚拟仿真技术实现接口报文的服务模拟即可开展前期测试。因此，如果能有一整套方便、快速地生成应用仿真虚拟服务的工具，那么就可以节省很多被仿真的后台应用IT设施资源，为每个项目独立构造有虚拟应用服务的测试环境。
- 测试环境资产的积累和复用：每次测试环境的应用部署、仿真环境搭建、测试数据准备等实施和维护工作都非常琐碎、重复、易错，而且工作量极大，需要较高的技术水平和技能。通常的仿真应用开发缺少统一的规范，由各开发商自主开发实现。仿真水平和完成时间因人而异，需要局部修改或重复使用时协调难度大、时间周期长、维护成本高，大量重复或相似的环境部署和仿真工作没有形成银行自身的知识资产积累下来。能否制定一套统一的仿真环境构建规范，把仿真定制的请求服务和服务响应配对报文作为银行测试环境资产予以备份和保留，不断积累、补充、修正，并对不同目的需求的版本予以管理和调度，再根据不同测试场景的环境需求高效、准确地部署和复用，对于提高测试环境搭建准确性、加快部署进度、节约搭建维护成本，都是具有很高价值的最新需求和挑战。

2. 银行开发测试环境场景分析

场景一：内部系统数量庞大，多个团队并行工作，工作环境相互干扰，业务测试环境不完整。

- 内部系统之间的连接关系复杂，一个完整的业务需要多个系统协同，多个开发测试团队并行工作，各个团队之间对环境相互干扰，测试环境中始终有不稳定的系统存在，使得开发测试团队在上线以前很难得到一个稳定的开发测试环境，一些缺陷在上线之后才被出现。

- 内部系统由上百个子系统构成，盘根错节，连接关系非常复杂。
- 多个开发测试团队并行工作，环境难以完全隔离，程序调试、压力测试等对数据环境的不可控，造成共享环境的各团队之间相互干扰。
- 数据环境的重置只能由开发团队重新构建数据，不能继承或重用以前的成果。

场景二：测试环境搭建难、效率低、质量差、不可控，相互牵制影响。

某银行数百个应用测试项目同时展开，只能共享有限的几套测试环境。每个应用都需要与多个行内应用或行外应用（如人民银行、银联、财税、保险、水、电、气、通信商户等）联调测试，无论是 IT 设施资源需求量，还是环境搭建工作量、时间、成本方面，都很难为每个开发或测试团队独立准备一套测试环境，只能共享少量几套测试环境，有些应用只能用仿真环境模拟代替。因此常常遇到以下问题，致使测试环境管理成本很高。

- 搭建不同应用仿真环境需要协调多家开发商，没有统一规范要求，效率很低，成果在各开发商手中，容易丢失散落，银行没有积累，难以复用，质量、时间因人而异，很难控制。
- 多个测试小组共享一套测试环境和数据，容易相互干扰，需要等待，常常影响测试质量，拖延测试进度。
- 应用变更或仿真需求调整，测试环境或仿真环境不能同步跟进，受制于开发商。
- 协调开发商多次准备仿真环境，每次都很费事。
- 为了避免干扰，不许在共享测试环境为某个应用做专项测试（如性能测试、连续跳日跑批等）。
- 几套测试环境都需要同样的应用仿真，可能略有差别，缺少可复用、可定制工具。

场景三：专项测试环境 IT 资源独占需求太高，难以实现。

为构造专项测试环境（如性能测试、日终结息批处理、某应用紧急变更上线前回归测试等），需部署多个应用，每个应用占用大量 IT 资源。常常产生以下问题。

- 往往因资源不足，或者成本、时间等原因，不得不放弃此类测试，或者减少测试内容，或者降低仿真程度，结果是加大了上线后才暴露严重缺陷的风险。
- 有限 IT 资源难以安排环境做此类专项测试，轮流等待，进度必受影响。
- 满足专项测试需求的代价是 IT 资源的大量投入和占用。
- 频繁变换测试环境及仿真部署，缺乏统一、规范、准确、快捷的手段工具，大量重复工作只能手工操作，质量、时间因人而异，效率低，易出错，成本高，不及时，经验很难积累和复用。

场景四：联调测试需要各应用都开发完成才能开始，不能提前使用仿真环境来测试。

某应用 A 联调测试需要应用 B 的仿真环境，但应用 B 发生变更未开发完，应用 A

联调测试就无法开展，带来以下问题。

- 应用 A 联调测试进度计划受制于应用 B 变更开发进度，或者应用 B 的开发商是否愿意为应用 A 开发变更应用 B 的仿真版本。
- 仿真测试环境数据不合理，只能协调应用 B 的开发商，应用 A 测试不能自行调整，很不灵活。
- 直接部署应用 B 还需要专门的 IT 设施，应用 B 资源的需求如果太高、太多就难以实现。

3. 整合环境仿真技术的典型应用场景

以上描述的传统企业，如银行，存在的测试环境问题和场景，在软件工厂开发模式下也存在，通过整合环境仿真技术的应用可以解决这些问题。

1）提供完整、稳定、相互独立的测试开发环境

使用虚拟技术，在平时积累学习真实的系统环境，在有环境需求的时候，可以快速、高效地进行环境的复制，为每个开发与测试团队提供相互不干扰的独立环境，即使上百个内部系统也可以在一台机器上轻松虚拟，为开发测试提供一套完整的工作环境。

2）优化软件开发、测试流程

在软件开发设计和编码的前期，可以根据相关设计文档虚拟化出尚未完成的需要交互的所有接口（环境），让各开发小组在开发过程中就可以进行测试，更早地测试可以更早地发现问题，修复的成本也更低。由于在开发前期就进行了测试，因此在系统联调的阶段就会更快速，进而可以更有效地保证系统的上线时间。

3）提高功能测试的效率

通常是多个开发、测试团队并行进行测试，但是基础测试环境却远远不能满足这个要求，这样就出现了测试资源竞争的情况，极大地影响了开发、测试团队的工作效率。LISA（Language for Instruction Set Architectures，架构建模语言）可以快速虚拟出各个层面各种不同的应用，让每个开发、测试团队都有自己独享的测试环境，这样就可以做到并行测试，提高效率。

4）完成完整的性能测试

性能测试经常要和内部核心应用、尚未开发完成的应用、无法把控的第三方应用进行交互，而这些应用根本无法在同一时间提供，第三方（如银联）通常也不允许做性能测试，在这样的情况下是无法做到完整的性能测试的。LISA 可以快速模拟上述难以把控的应用系统，让应用可以快速完成完整的性能测试，在上线前就可以掌握应用的实际性能情况。

5）有效管理测试数据

通常在多个应用要和同一套核心应用交互的时候，核心应用要为不同的应用准备不

同的测试数据。即使同一套应用，在每次升级做回归测试的时候也要把数据恢复到初始状态，这些工作就产生很大的工作量。在使用 LISA 构建的虚拟化实例里面都可以配置独立的数据，这些数据也是稳定的，这就极大地减少了工作量，增强了测试数据的管理性。

2.5.4 不可忽略的办公环境因素

Tom DeMarco 在《人件》这本书中提到“也许……软件系统的主要问题不在于技术，而在于社会性因素”，耐人寻味。

在大多数项目中，社会性的复杂度远比技术上的挑战要难处理得多。而且，不可避免地，我们还要面临一个更加严峻的问题：即使我们意识到社会性因素比技术因素重要得多，但从来没有用这样的思维管理过团队。虽然我们也会不时地改善团队的协作环境，或者缓解团队的紧张情绪，但这些事情从来没有成为工作的核心。

如果我们早就知道人的因素重于技术因素，那么管理方式会有什么不同呢？

《人件》第二部分专门讲述了“办公环境”的问题。例如，家具警察：

“你应该不会感到诧异，管理你公司工作环境（特别是大型企业）的人不会花费太多时间来考虑上述问题。他们不收集任何原始数据，不花力气去理解产能这样的复杂问题。部分原因在于他们自己不会置身于这样糟糕的环境去开展工作。他们通常会组建家具警察（Furniture Police），采用的解决方案与你做的几乎背道而驰。”

家具警察的头儿会在员工进场前徘徊在新的办公环境里，边走边想：“看看这整齐划一的美丽环境！你都没法区分五层和六层！但是等员工进场了，一切都会被破坏掉。他们会在墙上挂照片，让自己待的那块空间变得更有个性，于是环境变得一团糟。他们可能想在我喜爱的地毯上喝咖啡，甚至在这里吃午餐（颤抖）。我的天哪，天哪，天哪……”这个家伙会规定大家到了晚上要清理每张桌子，除了公司日历啥都不允许挂。我们获知，有一家公司的家具警察甚至把咖啡洒出后的紧急处理号码印在每部电话机上。我们在那里时，从来不曾见过有人拨过那个号码。但你或许可以想象，一个穿戴如白领般的维护工开着电动清洁车，伴随着闪光灯和警报器的嗡嗡声在走廊做清洁。

Tom DeMarco 倡导企业要关注人文环境、工作环境，研究人们怎么使用空间、需要的桌子有多大、花多少时间独立工作、花多少时间和别人一起工作，调查噪声会在多大程度上影响大家的工作效率，毕竟大家都是脑力劳动者——需要大脑正常运转来完成工作，噪声会使大家不能集中注意力。

人们更喜欢在自然光下工作，靠窗户感觉会更好一些，这种良好的感觉能直接转换为更高质量的工作。

具有警察思维的规划者设计出来的工作环境就跟设计监狱一样：用最少的成本达到最好的封闭性。

IBM 通过观察和研究程序员、工程技术人员、质量控制人员和管理者的日常活动，得出了最低标准的安置计划：

- 每人 9 平方米的独立空间。
- 每人 3 平方米的工作平面。
- 用封闭的办公室或 2 米高的隔断来隔离噪声（他们的设计结果是，让超过一半的专业人士，每人均能工作在 1～2 人空间的办公室里）。

选择按照最低标准来建设办公场地的道理很简单：这些人需要这样的空间和安静的环境来高效工作。若因节省成本而造成办公环境达不到最低标准，将导致工作效率降低，从而抵消节省的成本。

瞥一眼会议室，你可能会发现有三个人在里边静悄悄地工作。倘若你在下午早些时候经过食堂，可能看到大家一人一桌地坐着，桌面上摊着他们的各种东西。有些人你压根儿就找不到，都躲起来工作去了。假如你的团队产生了上述现象，就是他们在对工作环境进行控诉。虽然你在环境上省了钱，却可能在其他方面损失一笔不小的财富。

2.5.5 软件工厂质量检测——深度自动化测试装置

前面讲到软件工厂生产环境需要一套开发测试云，而开发测试云除了提供测试资源的管理，还提供测试服务。在软件工厂模式下，我们探索出一套深度自动化测试装置，可以满足 DevOps 的需求，通过自动化的快速完整检测，实现软件出厂前的严格验证。

1. 人工测试的弊端

传统模式下的测试需要一轮一轮地进行人工检查，费时又费力，容易遗漏、出错，明显不满足 DevOps 消除浪费及尽量自动化的原则，也不符合敏捷测试的要求。

2. 传统自动化测试

传统模式下的自动化测试通常借助商业或开源的自动化测试工具，例如，QTP、Selenium 通过模拟人工测试的方式操作 GUI（Graphical User Interface，图形用户界面），控制应用程序按照测试用例执行并检查功能是否正常。这种方式存在一定的弊端，包括 GUI 对象识别问题、稳定性问题、脚本维护问题等。虽然除了录制回放的简单模式，还发展出了模块化、数据驱动、关键字驱动，甚至由模型驱动的自动化测试框架和平台，但是都没有从根本上解决上述问题。这类自动化测试方式的维护成本高，覆盖率不高，不能跟上敏捷迭代的速度。

3. 分层自动化测试

Google 早些年提出了分层测试理念，如图 2-15 所示。

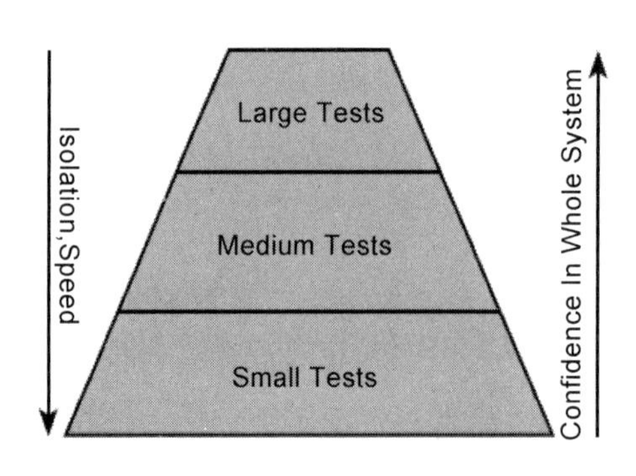

图 2-15　分层测试理念

Google 采用 70/20/10 原则，即 70%小、20%中、10%大。

其中，Large Tests 通常对应界面层自动化测试，Medium Tests 通常对应接口自动化测试，Small Tests 通常对应单元自动化测试。

实践证明，对接口测试进行自动化的性价比是最高的，如图 2-16 所示。

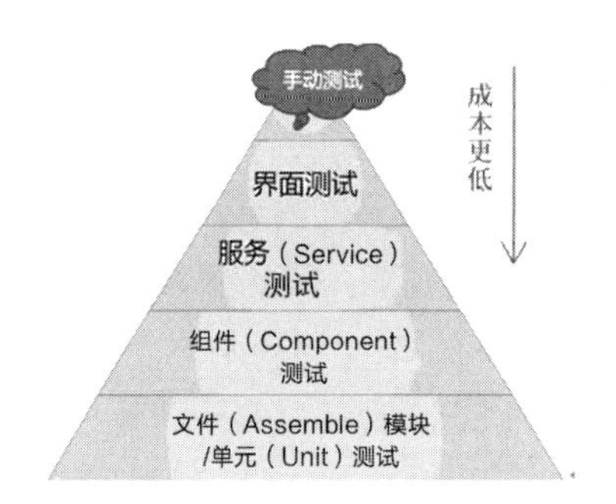

图 2-16　分层自动化测试的性价比

4．接口自动化测试

近年来，随着 SOA 架构的企业服务总线、微服务架构等的流行，面向 API 的应用越来越多，接口自动化测试逐渐成为企业测试的常态。

5．深度自动化测试

在软件工厂模式下，快速迭代流水线模式的软件生产，不能依赖大量的人工低效率测试，必须采纳自动化测试，而前面描述的 GUI 层面的自动化测试比较低效，因此我们发展出了一套深度自动化测试装置，采用一次人工测试，接口报文录制转换到接口自动化测试脚本，从而实现多次重复回归验证的效果。

6．深度自动化测试装置

如图 2-17 所示为软件工厂为某银行系统设计的深度自动化测试装置。

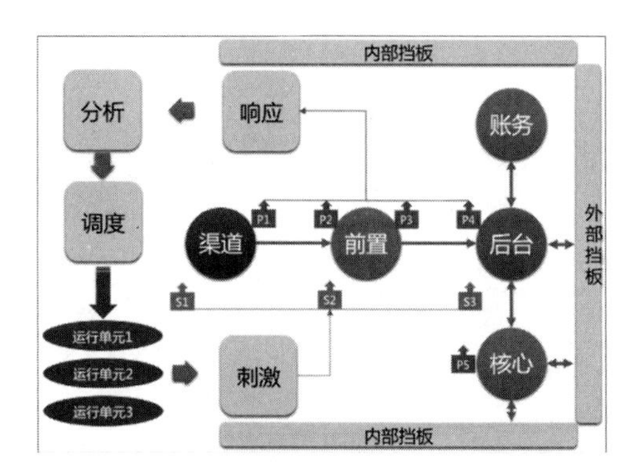

图 2-17　深度自动化测试装置

它的核心要素有以下几个。

1. 持续集成

系统是持续集成的，系统测试依赖的环境也是持续集成的。

2. 挡板

通过内部挡板和外部挡板将相关系统隔离到一个稳定环境中，以便回归测试自动化，可靠地重复执行。

3. 刺激

测试执行是通过接口请求发送报文，模拟用户交易行为对系统进行刺激的。

4. 响应

通过观察系统的响应，如返回报文、日志等，对系统行为的正确性进行判断。

第二部分

实践方法篇

第 3 章

DevOps 体系的建立

3.1 构建 DevOps 流水线，打通开发—测试—运维持续交付通道

研究显示，在那些引入了 DevOps 的企业中，开发与运营人员在设计、构建、测试工作中共同在内部应用上进行协作之后，交付能力大大提升——交付效率提高 30 倍，变更失败率降低 50%。

这里的关键是“协作”，尤其是 IT 组织中的三大主要角色：开发、测试、运维，如图 3-1 所示。

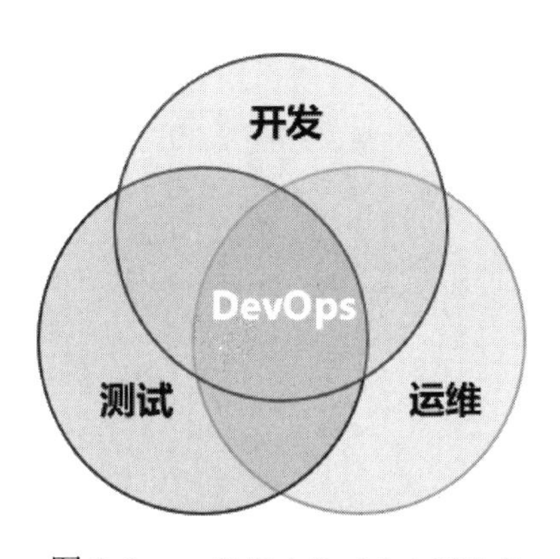

图 3-1　IT 组织中的三大主要角色

企业 IT 的两大诉求是快速交付和业务永远在线。第一个诉求主要依赖开发与测试的通力协作，第二个诉求则要求运维与开发、测试等全员共同参与、协作，业务可用性不仅是运维的职责。

3.2　敏捷开发知识体系

敏捷开发知识体系的核心是敏捷宣言，它们是敏捷开发思想和价值观的集中体现，直接影响人们的思维模式。随着敏捷开发运动的开展，敏捷的践行者们逐步形成了一系列敏捷开发方法，从实践的角度可以分为以下两类。

一类是敏捷开发方法的管理实践，泛指用于指导敏捷团队进行敏捷开发的框架和流程，如 Scrum、Lean、XP、SAFe 等。

一类是敏捷开发方法的技术实践，泛指用于指导敏捷团队进行敏捷开发的各种工程方法和技术，如 TDD、ATDD、结对编程、用户故事、持续集成等。

敏捷开发知识体系如图 3-2 所示。

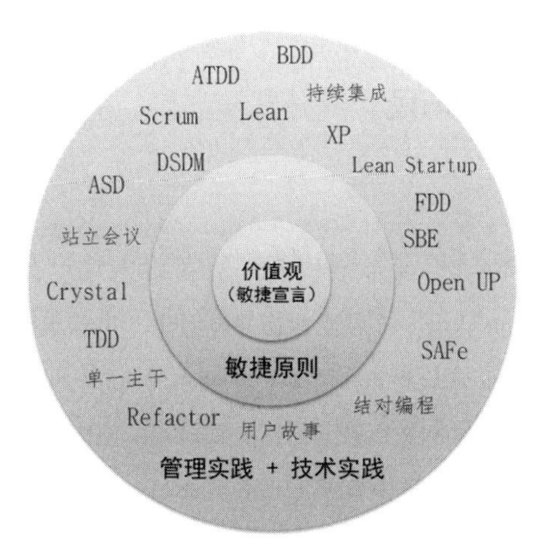

图 3-2　敏捷开发知识体系

在上述管理实践和技术实践中，Scrum 偏重项目管理，XP 偏重编程实践，Lean 偏重工艺流程。我们推荐使用 Scrum 作为敏捷开发流程的基本框架，在此基础上，逐步引入其他管理实践和技术实践，形成适合企业的敏捷开发流程。

3.3　Scrum 框架

Scrum 是一种应用于项目管理的敏捷方法，目前被普遍使用于软件开发，适用于需求发生快速变化或非常紧急的项目。Scrum 软件开发过程由一系列迭代组成，这个迭代被称为冲刺（Sprint），一般持续 1～2 周。Scrum 模型建议每个 Sprint 开始于一个简短的计划会议，并在会议结束时进行评审回顾，这是 Scrum 项目管理的基础，如图 3-3 所示。

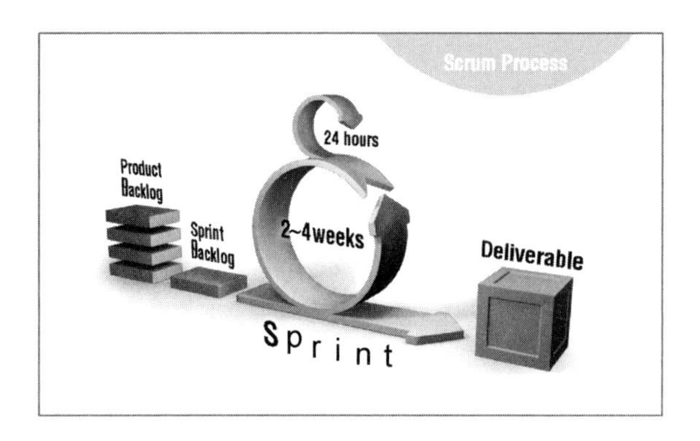

图 3-3 Scrum 模型

Scrum 定义了三类主要角色、三份主要工件、五项主要活动及五个价值观。

3.3.1 Scrum 的三类主要角色

1. Product Owner

Product Owner 是产品利益相关方的代表，负责最大化产品的投资回报。其工作职责是建立产品愿景，定义产品功能，给出一份明确的、可度量的产品待办列表（Product Backlog），并为最好地实现业务目标将产品待办列表中的各项内容按优先级排序。Product Owner 对产品负责，确定产品的版本发布目标和日期，并根据反馈调整产品待办列表的内容和优先级；参与冲刺活动，并接受或拒绝 Scrum 团队的工作成果。

2. Scrum Master

Scrum Master（SM，敏捷教练）是 Scrum 流程的守护者，负责确保 Scrum 的价值观、规则和流程在团队中被理解和遵循，使敏捷开发思想能得到利益相关方的理解和支持。Scrum Master 为 Product Owner 和团队服务，其职责是保护团队，排除影响团队达成目标的障碍，屏蔽外部对团队的干扰，辅助团队高效协作，并想办法提升 Scrum 在整个组织中的实施效果。

3. Development Team

Development Team（Dev Team，开发团队）是自组织、跨领域、多功能的团队，建议由 5～9 人组成。团队成员应具备不同领域的必备技能，负责在每个冲刺结束之前将 Product Owner 的需求转化为潜在可发布的产品增量。团队成员要参加冲刺的所有会议，负责维护、管理冲刺待办列表并跟踪进度，找到团队合作的最佳方法并持续自我改进。

3.3.2　Scrum 的三份主要工件

1. 产品待办列表

产品待办列表是指产品待办事项（Product Backlog Item，PBI）的集合，由所有的功能特性，包括业务功能和非业务功能（与技术、架构和工程实践相关），以及优化改进点和缺陷修复等组成。这些是将来产品版本发布的主要内容，由 Product Owner 负责维护。

- 产品待办事项包含描述、优先级和估算等特征（通常以用户故事的形式展现），Product Owner 根据商业价值对产品待办事项进行优先级排序，团队按照顺序开发。
- 业务需求、市场形势、技术和员工的变化都会引起产品待办列表的变化，因此产品待办列表是动态的，以确保产品更合理、更具竞争力和更有用。
- 为了减少返工，项目初期只需要细化最高优先级的产品待办事项。在接下来的若干冲刺内再依次将要进行开发的产品待办事项进行分解，使每个事项在冲刺内都可以被完成。

2. 冲刺待办列表

冲刺待办列表（Sprint Backlog）是产品待办列表的延伸和子集，包含团队在迭代中需要执行的任务，这些任务将当前迭代选定的产品待办事项转化成完成的可交付的产品增量。Scrum 团队负责维护和管理冲刺待办列表，将产品待办事项的大块工作进行分解和估算，以确保在冲刺内完成工作并交付价值。

3. 燃尽图

燃尽图（Burndown Chart）是一种跟踪冲刺待办列表完成情况的可视化图表工具。燃尽图度量的是时间轴上冲刺剩余工作的总量，可以通过任务剩余工作量估算（如剩余小时数）或跟踪已完成项（如故事数量或故事点）来描述。在理想情况下，该图表是一个向下的曲线，随着剩余工作的完成“燃尽”至零。

3.3.3　Scrum 的五项主要活动

1. 冲刺计划会议

冲刺计划会议（Sprint Planning）是指冲刺刚开始时的活动，目的是规划冲刺中需要交付的任务及如何实现其工作。在冲刺计划开始之前，必须设置冲刺时间盒，周期为 1 个月的冲刺，计划会议的时间盒限定为最长 8 小时，冲刺计划会议包含以下两部分内容。

- 做什么：定义迭代目标，并选择团队可以承诺完成的产品待办事项。
- 怎么做：决定如何实现冲刺目标，创建冲刺待办列表并进行估算。

2．每日站立会议

每日站立会议（Daily Scrum）由 Scrum 团队每天在同一时间同一地点站立召开，时间盒限定为 15 分钟，目的是检视冲刺进展和调整计划。在会议上不讨论和解决具体问题，其他人可以受邀旁听，但只有 Scrum 团队的人可以发言。

3．冲刺评审会议

冲刺评审会议（Sprint Review）的目的是检视和调整产品和产品待办列表，团队展示冲刺期间的成果，Product Owner 接受完成的工作，以及退回未完成的工作。周期为 1 个月的冲刺，评审会议的时间盒限定为最长 4 小时。

4．冲刺回顾会议

冲刺回顾会议（Sprint Retrospective）的目的是对 Scrum 团队如何工作进行检视和调整，对过程进行持续改进。会议要求 Scrum 团队全员参与，同时欢迎其他感兴趣的受邀人士。周期为 1 个月的冲刺，回顾会议的时间盒限定为最长 3 小时。

5．冲刺

Scrum 项目由一系列的冲刺组成，每个冲刺通常需要 2～4 周，并且是定长的。只有时间盒到期时冲刺才结束，在冲刺时团队应尽量免受打扰。每个冲刺都要有明确的目标，产品的分析、设计、编码和测试在冲刺中要全部完成，在冲刺结束时要有可以展示的工作成果。

3.3.4 Scrum 的五个价值观

Scrum 的五个价值观分别是承诺（Commitment）、专注（Focus）、公开（Openness）、尊重（Respect）和勇气（Courage）。

3.4 敏捷、DevOps 与协作

敏捷解决了需求与开发、测试之间的通道问题，需求的频繁变更需要需求人员与开发人员、测试人员通力合作，才能达到持续交付的效果；而 DevOps 主要解决的是开发

与运维之间的通道问题，同样需要开发团队、测试团队与运维团队之间的通力合作，敏捷通道模型如图 3-4 所示。

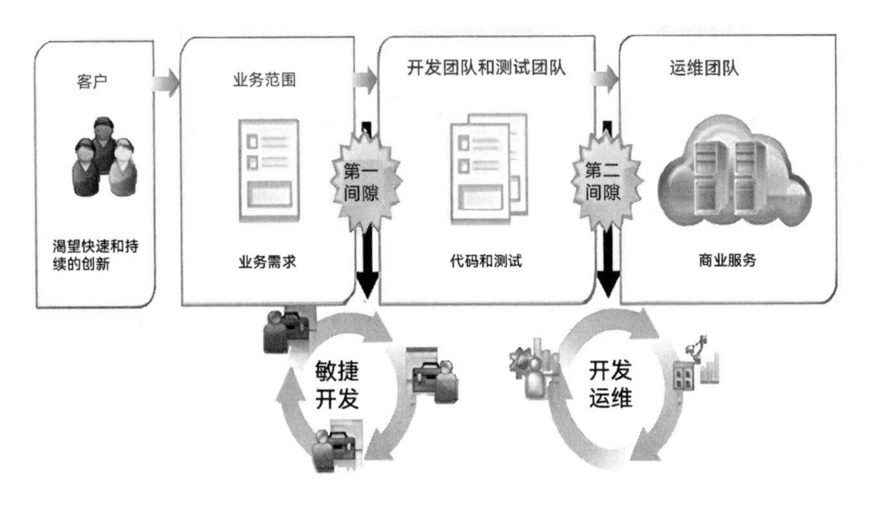

图 3-4　敏捷通道模型

DevOps 在 2009 年被提出，在云计算、微服务、容器等技术应用的推动下，它已经被大多数企业接受并开始付诸实践。而这些新技术在某种程度上促进了协同，例如，容器在环境统一标准化上的应用，减少了开发、测试、运维之间由于环境不一致造成的矛盾。

3.5　开发域 DevOps 实践

3.5.1　敏捷需求

软件任务的最艰难之处在于取得完全一致的规格说明，构建程序的主要核心实际上是调整和完善规格说明。

——Brooks《人月神话》

现在的市场变化越来越快，需求越来越不确定。传统需求分析方法无法快速、有效地获取完整、真实的用户需求，因此亟须一种新的敏捷需求方法，围绕商业愿景和方向来确定目标用户群，快速分析用户真正的问题和痛点，有效驱动产品功能需求的分析与方案设计，从而解决用户问题，实现商业价值。

3.5.2　传统需求分析

传统需求分析一般以名为“需求规格说明书”（Requirement Specification）的文档为

目标，以固定时长（根据项目规模而定，一般为 2～3 周或更长）为约束，以完成需求文档为结束。经历过传统需求分析过程的分析师和开发人员都会产生以下感觉：

（1）无论用多长时间分析需求，总感觉需求不完备。

（2）无论如何研讨，总感觉已有的需求不能百分之百明确。

（3）至项目开发后期，业务部门和技术部门往往就需求产生纠纷，一般技术部门认为频繁的需求变更不仅增加项目压力，更使已有开发工作浪费；业务部门认为软件系统不能跟进，影响业务发展。

造成上述传统需求分析困境的原因主要有以下两点：

（1）在项目进行过程中，业务需求本身也在发展变化，从而引发软件需求变化。

（2）业务人员不可能凭空把所有需求都想清楚，只有看到、用到真实的软件之后，才能逐渐把自己的需求弄清楚。

虽然一次性需求存在诸多问题，但技术部门和业务部门往往都希望能在这个阶段将所有问题想清楚。促使团队这样做的深层原因在于：

（1）从管理的角度考虑，软件项目需要申请预算。

（2）从软件开发的角度考虑，需求的每次变更都需要很长的时间和巨大的成本来应对，这是技术部门和业务部门都不愿看到的。为了避免项目进行过程中可能存在的风险，双方都宁可在项目早期尽量把需求冻结。

第一个原因与项目计划方式有关；第二个原因与其说是对策，不如说是对传统开发方法缺陷的妥协。对企业级应用系统来说，早期需求冻结不仅无法做到，还会带来一项隐性的浪费：这种项目开发出来后，可能有 20%～30%的功能从上线开始就已经不再需要；有 10%～20%的功能的生命周期不超过半年，即费用和人力有相当一部分投入到无用的功能开发中。

业务部门和开发团队依赖文档进行沟通的后果往往是理解出现偏差，开发出的系统不能满足业务部门的真正需求，造成浪费。

3.5.3 敏捷需求方法

我们看一下敏捷的“十二要素”应用原则：

（1）我们首先要做的是通过尽早地、持续地交付有价值的软件来使客户满意。

（2）即使到了开发后期，也欢迎改变需求。敏捷过程利用变化为客户创造竞争优势。

（3）经常交付可以工作的软件，交付的时间间隔可以从几周到几个月，时间间隔越短越好。

（4）在整个开发期间，业务人员和开发人员必须在一起工作。

（5）围绕被激励起来的个人来构建项目，给他们提供需要的环境和支持，并且相信他们能够完成工作。

（6）在团队内部，最具有效果且富有效率的传递信息的方法就是面对面的交谈。

（7）工作的软件是首要进度度量标准。

（8）敏捷过程保持可持续的开发速度。责任人、开发者和用户应该能够保持一个长期的、恒定的开发速度。

（9）不断关注优秀的技能和好的设计会增强敏捷能力。

（10）简单——使未完成的工作最大化的艺术——是根本。

（11）最好的构架、需求和设计出自自组织的团队。

（12）每隔一定时间，团队会在如何才能更有效地工作方面进行反省，并相应地对团队的行为进行调整。

下面分析一下上述原则中关于需求的描述：

- 我们的首要目标是通过尽早地持续交付有价值的软件来满足客户的需求。
- 欢迎需求变更，即使在开发晚期也是这样。敏捷过程适应变化的特性使客户在竞争中更具优势。
- 业务人员和开发人员必须协同工作。
- 面对面的交谈是最有效且效率最高的项目组内及组间信息传递方式。
- 最好的架构、需求和设计从有自组织能力的团队中产生。

由此可见，敏捷在以各种方法积极解决需求问题，其中最重要的方法就是用户故事。

1．以故事（Story）为单位管理需求

通过故事卡片（Story Card）和故事墙（Story Wall）等敏捷实践来管理需求和开发过程，提高开发效率，降低文档量，使项目更加可控。这些方法可以促进技术人员和非技术人员的沟通和交流，使管理者一目了然地了解项目的进展，如图 3-5 所示。

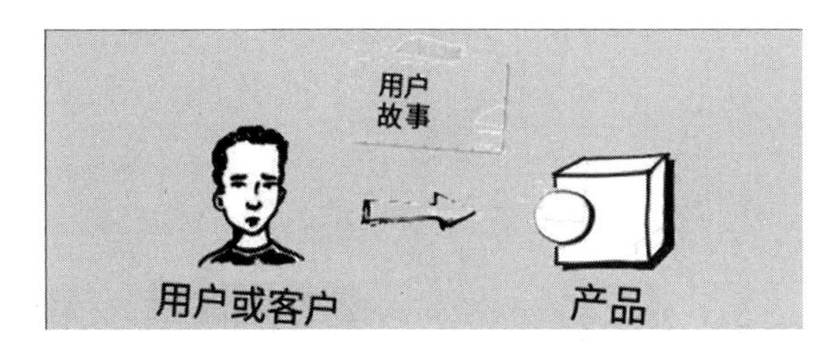

图 3-5　用户故事管理需求

2．写好用户故事的十个技巧

1）用户第一

顾名思义，用户故事描述了用户如何使用产品，它从用户的角度进行表达。另外，

用户故事特别有助于捕捉特定的功能，如搜索产品或进行预订。

如果不知道谁是用户或客户，以及他们为什么会使用这个产品，那么就不应该写任何用户故事，而是要先进行必要的用户研究，例如，观察和访问用户。否则，就有基于自己的想法和信念写出假想的用户故事的风险，而不是基于数据和经过验证的证据。

2）使用角色来发现正确的用户故事

一个很好的捕捉用户或客户的见解的技术就是使用人物角色（Persona）。人物角色是基于目标群体的第一手知识的虚构人物，通常由一个名字和一张照片组成，还包括相关的特征、行为和态度，以及一个目标。目标是人物想要获得的利益，或者人物想要通过使用产品来解决的问题。

人物角色的目标可以帮助我们发现正确的用户故事：问问自己，为了达到人物角色的目标，产品应该提供什么功能。

3）合作创作用户故事

用户故事作为一种轻量级的技术，使你能够更快达到目的。它不是一个规范，而是一个协作工具。用户故事不应该交给开发团队，而应该被嵌入一个对话中，Product Owner 和团队应该一起讨论用户故事。这使你只能捕获少量的信息，减少开销并加速交付。

可以让开发团队协作来写用户故事，这可以是产品列表梳理过程中的一个环节。如果不能让开发团队参与写用户故事的工作，那么应该考虑使用另一种更正式的技术来捕获产品功能，如用例。

4）保持用户故事的简单和简洁

写下用户故事，以便他人更容易理解，保持用户故事的简单和简洁，避免让他人容易混淆和模棱两可的条款，并使用主动语态。专注于重要的东西，忽略其余东西。下面的模板将用户或客户建模为一个人物角色，并使其好处明确。它基于 Rachel Davies 的流行模板，但是我已经用人物角色替换了用户角色（Role of User），将故事与相关角色联系起来。

作为<persona>，

我想要<what>，

以便<why>。

在必要时使用该模板，不要总是使用它。尝试使用不同的方法来写用户故事，以了解哪种方法对你和你的团队最有效。

5）从史诗开始

史诗是一个大而粗略、粗糙的故事，它基于用户对早期原型和产品增量的反馈，通常会随着时间的变迁而分解成多个用户故事。你可以把它看作一个标题和一个更详细的用户故事的占位符。

从史诗开始，能够让你在不关注太多产品详细信息的情况下捕获产品功能。这对于描述新产品和新功能特别有帮助：它可以让你捕捉到粗略的范围，节省你了解如何最好地满足用户需求的时间，也减少了整合新想法所需的时间和精力。如果在产品列表中有很多详细的用户故事，那么将反馈和对应的条目关联起来往往是非常棘手和耗时的，并且还有导致信息不一致的风险。

6）细化用户故事，直到准备就绪

把你的史诗分成更小、更详细的用户故事，直到准备就绪：清晰、可用、可测试。所有的开发团队成员应该对用户故事的意义有一个共同的理解，这个用户故事不应该太大，而且应该能放到一个冲刺中，还必须有一个有效的方法来确定用户故事是否完成。

7）添加验收标准

当你把史诗分成更小的用户故事时，请记住添加验收标准（AC，Acceptance Criteria）。验收标准用来描述用户故事完成时必须完成的目标条件，丰富了用户故事，使其成为可测试的，并确保用户故事可以演示或发布给用户和其他干系人。作为一个经验法则，我喜欢给详细的用户故事添加三到五个验收标准。

8）使用纸卡

用户故事出现在极限编程中，早期的极限编程文献讲述了故事卡而不是用户故事，因为用户故事被捕获在纸卡上。这种方法具备三个好处：首先，纸卡便宜且易于使用。其次，可以促进合作，每个人都可以拿一张纸卡并记下一个想法。最后，纸卡可以很容易地被分组在桌子上或墙上，以检查一致性和完整性，并可视化依赖关系。即使你的用户故事是以电子方式存储的，当你写新用户故事时使用纸卡也是很有必要的。

9）保持你的用户故事可见和可访问

用户故事要传达信息，因此，不要将其隐藏在你的服务器和计算机上。你可以把它们放在墙上，使它们可见。这会促进协作，创建透明度，而且你可以很快地发现你过快地添加了太多的用户故事，因为墙面快用完了。

产品画布这样的工具可以帮助你发掘、可视化和管理你的用户故事。

10）不要只依靠用户故事

创造出色的用户体验需要的不仅仅是用户故事。用户故事有助于捕捉产品功能，但不能很好地描述用户旅程和视觉设计。因此，可以用其他技术来补充用户故事，如故事地图、工作流程图、故事板、草图和模型。

另外，用户故事不能很好地捕捉技术要求。如果你需要传达像组件或服务这样的架构元素应该做什么，那么请编写技术故事，或者根据我的偏好——使用像 UML 这样的建模语言。

在开发可能被重用的软件时，编写用户故事是值得的。但是，如果你想快速创建一个一次性原型或模型来验证一个想法，那么写用户故事可能不是必要的。记住：用户故事不是用于记录需求的；你要做的是更快地开发软件，而不是增加额外的开销。

3.5.4 面向敏捷的架构设计

传统业务应用开发由于缺乏整体规划、外包约束等原因导致烟囱式建设，由于缺乏生态结构导致越往后的发展越复杂、越臃肿、越不可扩展。

面向生态应用的架构是敏捷架构，以 Spring Cloud 等微服务架构模式为代表的架构设计是新一代面向敏捷的架构设计，带来了很多优越性，例如：

- 强模块边界。每个模块都可以单独部署，因此需要强化模块边界。
- 独立部署。每个团队都可以自由安排什么时间部署什么内容。
- 有能力选择不同的技术实现。每个团队可以为单个微服务选择最合适的技术实现。

以微服务为代表的敏捷架构设计模式带来诸多好处，也产生一些必须解决的问题：

- 分布式计算。由于微服务分开部署，导致每个服务的数据有延迟性。
- 最终一致性。由于数据的分散分布，系统作为整体会最终实现一致性。
- 运维复杂。对人员技能的要求高，运维对象的数量急剧增加，并且呈现网状结构。

面对这些问题，需要一套支持敏捷架构开发、测试、运行的支撑体系，这套体系至少应包括 Spring Cloud、容器、接口仿真验证、API 网关（Gateway）、APM 等技术的应用。

Spring Cloud 是面向敏捷架构设计的典范，下面列出 Spring Cloud 微服务参考实现架构，以供参考。

- Spring Cloud Config：配置管理开发工具包，可以让你把配置放到远程服务器，目前支持本地存储、Git 及 Subversion。
- Spring Cloud Bus：事件、消息总线，用于在集群（如配置变化事件）中传播状态变化，可以与 Spring Cloud Config 联合实现热部署。
- Spring Cloud Netflix：针对多种 Netflix 组件提供的开发工具包，其中包括 Eureka、Hystrix、Zuul、Archaius 等。
- Netflix Eureka：云端负载均衡，一个基于 REST 的服务，用于定位服务，以实现云端的负载均衡和中间层服务器的故障转移。
- Netflix Hystrix：容错管理工具，旨在通过控制服务和第三方库的节点，对延迟和故障提供更强大的容错能力。
- Netflix Zuul：边缘服务工具，是提供动态路由、监控、弹性、安全等的边缘服务。
- Netflix Archaius：配置管理 API，包含一系列配置管理 API，提供动态类型化属性、线程安全配置操作、轮询框架、回调机制等功能。

- Spring Cloud for Cloud Foundry：通过 OAuth 2 协议绑定服务到 Cloud Foundry，Cloud Foundry 是 VMware 推出的开源 PaaS 云平台。
- Spring Cloud Sleuth：日志收集工具包，封装了 Dapper、Zipkin 和 HTrace 操作。
- Spring Cloud Data Flow：大数据操作工具，通过命令行的方式操作数据流。
- Spring Cloud Security：安全工具包，为应用程序添加安全控制，主要指 OAuth 2。
- Spring Cloud Consul：封装了 Consul 操作。Consul 是一个服务发现与配置工具，与 Docker 容器可以无缝集成。
- Spring Cloud Zookeeper：操作 Zookeeper 的工具包，用于使用 Zookeeper 方式的服务注册和发现。
- Spring Cloud Stream：数据流操作开发包，封装了 Redis、Rabbit、Kafka 等组件来发送和接收消息。
- Spring Cloud CLI：基于 Spring Boot CLI，可以以命令行的方式快速建立云组件。

3.5.5 向微服务架构迁移的基本做法

Christian Posta 在 *Low-risk Monolith to Microservice Evolution* 这篇文章中介绍了如何通过一步步的拆分从单体应用（Monolith）演进到微服务架构。

第 1 步：识别模块，如图 3-6 所示。

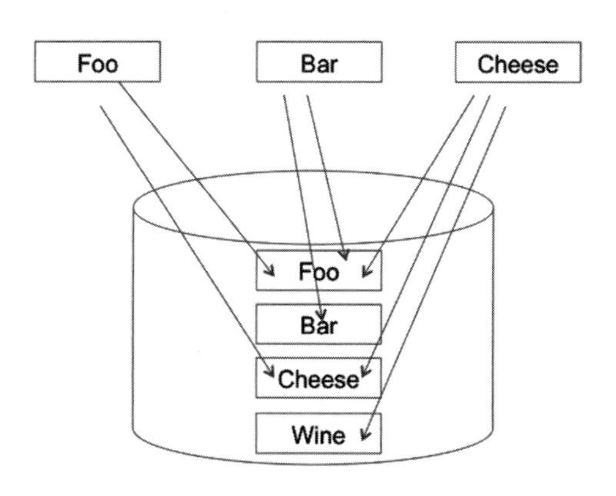

图 3-6　识别模块

这一过程从单体应用开始。我们要确定哪些模块是要从单体应用里拆分出来的，并找出涉及的表。当然，现实情况是单体应用极易与模块（如果有）相互缠绕。

第 2 步：拆分数据库表，用服务包装，更新依赖关系，如图 3-7 所示。

确定 Foo 模块使用了哪些表，将它们拆分并加入模块自身的服务中去。该服务就成为现在唯一能访问这些 Foo 表的服务，再没有其他共享表，这是一件好事。过去引用 Foo 的所有功能现在都必须经过新创建服务的 API。如图 3-7 所示，我们更新了 Bar 和 Cheese

服务，当它们需要 Foo 的时候会引用 Foo 服务。

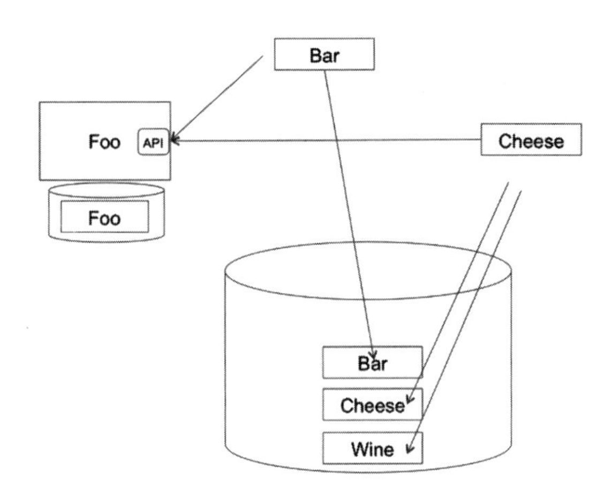

图 3-7　更新依赖关系 1

第 3 步：重复上述过程。

最后一步是重复前面的过程，直到单体应用全部消失。如图 3-8 所示，我们对 Bar 服务做了同样的处理，把它搬到了一个架构里，在这里，服务拥有自己的数据和开放的 API，这看起来已经很像微服务了。

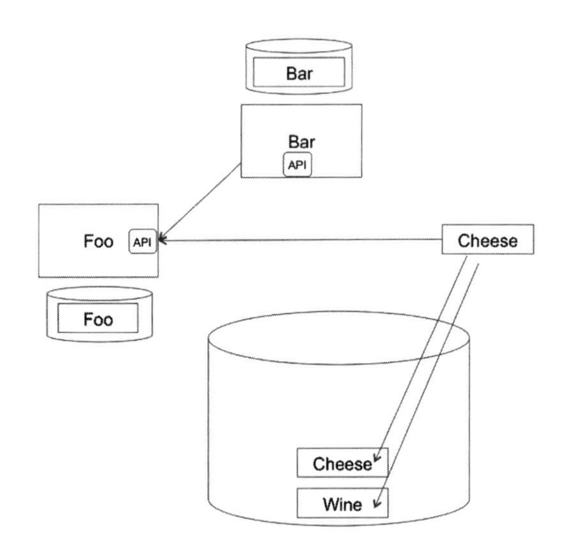

图 3-8　更新依赖关系 2

3.5.6　向微服务架构迁移的低风险演进方法

通常，上述方法算是一套不错的指导方针，但它其实回避了许多我们不应忽略的真相，比如，我们不能要求时间暂停，并从数据库中把表删除，而且也存在下面一些问题：

- ❑ 很少能简洁、漂亮地将单体应用模块化。
- ❑ 表格间的关系可以高度规范化，而且在各实体之间表现出紧密的耦合或完整性约束。
- ❑ 不可能完全清楚单体应用中的某些代码到底调用了哪些表。
- ❑ 虽然我们已经将表抽取到了一个新服务中，但这并不意味现有的业务流程停止了，我们可以让它们一个个地迁移到新服务中。
- ❑ 有一些烦琐的迁移步骤也不会凭空消失。
- ❑ 可能会存在一些收益递减的回报点，从这个点开始，把某些东西从单体应用中拆分出来是毫无意义的。

现在让我们来看一个具体的例子，看看这个方法/模式是怎样的，以及都有哪些选择。

1. 了解单体应用

如图 3-9 所示，单体应用将所有模块/组件/用户界面（User Interface，UI）都部署到一个单体数据库中，当我们试图变更时，就会牵一发而动全身。试想一下，这个应用程序已经使用 10 多年了，现在变更它们难度很大（有技术原因，还有团队或组织结构的原因）。我们希望拆分出 UI 和关键服务，使业务变更起来更快、更独立，以交付新的客户价值和商业价值。

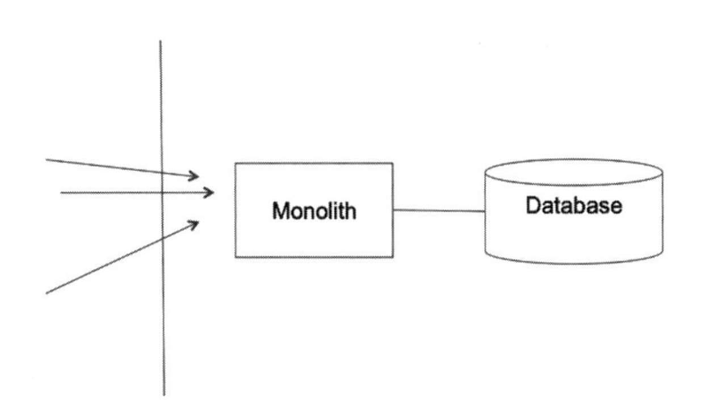

图 3-9　单体应用架构

注意事项如下。

- ❑ 单体应用（代码和数据库模式）很难变更。
- ❑ 变更需要全部重新部署和团队间的高度协调。
- ❑ 需要进行大量测试来做回归分析。
- ❑ 需要一个全自动的部署方式。

2. 抽取 UI

如图 3-10 所示，我们将从单体应用中解耦 UI。实际上我们并未从这个架构中删除任何东西，为了降低风险，我们添加了一个包含 UI 的新部署。这个架构中的新 UI 组件需要非常接近（甚至完全一致）单体应用中的同一个 UI，并调用它的 REST API，这意味着单体应用拥有一个合理的 API 可供外部 UI 使用。但是，我们可能发现并不是这么回事：通常这类 API 可能更像“内部的”API，我们需要考虑集成单独的 UI 组件和后端的单体应用，以及让面向公众的 API 更可用。

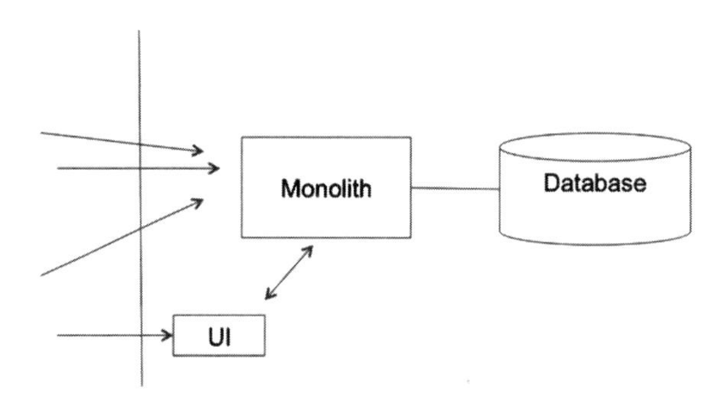

图 3-10　解耦 UI

我们可以将这个新 UI 组件部署到架构中，并使用平台将流量缓慢地路由到这个新架构中，同时仍路由一些流量到旧单体应用中，这样就不用停机了。无论如何，灰度发布（Dark Release）、金丝雀发布（Canary Release）、滚动发布（Rolling Release）等概念都非常重要。

注意事项如下。

- 一开始不变更单体应用，只需要复制 UI，或者将它传到单独的组件即可。
- 在 UI 和单体应用间需要有一个合适的远程 API，但并非在所有情况下都需要扩大安全面。
- 需要使用某种方法，通过受控的方式将流量路由或分离到新 UI 或新单体应用中，以支持灰度发布、金丝雀发布、滚动发布。

3. 从单体应用中删除 UI

如图 3-11 所示，我们引入了一个 UI，并缓慢地将流量转移到新 UI（它与单体应用直接通信）。在这一步中，我们将采用一个类似的部署策略，但不同的是，UI 被删除之后，我们缓慢地发布了一个单体应用的新部署。如果发现问题，那么我们可以先慢慢地让流量流出，然后回流。在把所有流量都送到已删除 UI 的单体应用[此后称后端（Backend）]时，我们就可以完全删除单体应用部署了。通过分离 UI，我们已经对单体应用进行了小规模分解，并依靠灰度发布、金丝雀发布、滚动发布降低了风险。

注意事项如下。

- 从单体应用中删除 UI 组件。

- 需要对单体应用进行最小变更（弃用、删除、禁用 UI）。
- 在不停机的前提下，再次使用受控的路由、整流方法引入这种变更。

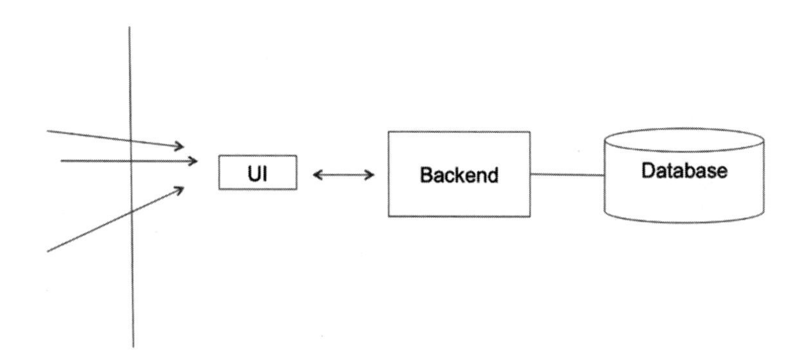

图 3-11　引用 UI

4．引入新的微服务

如图 3-12 所示，这一步跳过了耦合、领域驱动设计等细节，引入了一项新的微服务：Orders（订单）微服务。在这项关键微服务里，业务部分希望比其他应用程序变更的频度更高，同时它的编写模式相当复杂。

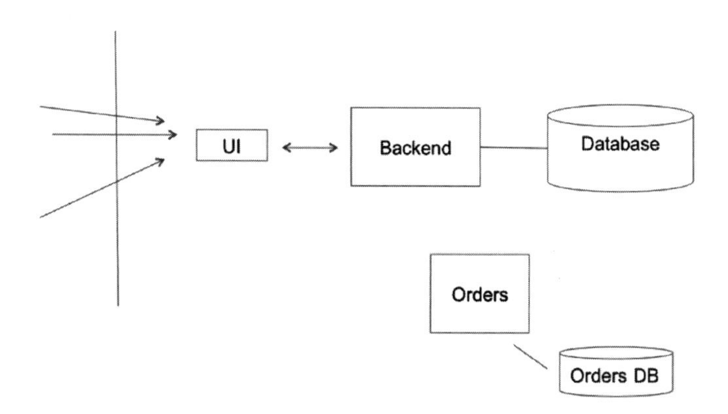

图 3-12　引入新的微服务

我们要根据现有 Backend 内的实现来关注 Orders 微服务的边界和 API。实际上，这个实现更可能是一个重写，而不是利用现有代码的端口，但是想法或方法都是相同的。注意，在这个架构中，Orders 微服务有自己的数据库，这离达成一个完整的解耦已经不远了。

同时，这也是考虑该微服务在整个架构中所处角色的好时机，我们需要做的是关注它可能发布或消耗的事件。现在是时候进行事件冲突（Event Storming）这类活动了，并思考在开始处理事务性工作负载时我们该发布的事件。这些事件在集成其他系统甚至在演变单体应用时都会派上用场。

注意事项如下。

- 需要关注被抽取的微服务的 API 设计或边界。
- 可能需要重写单体应用中的某些内容。
- 在确定 API 后，将为该微服务实施一个简单的框架。
- 新的 Orders 微服务将拥有自己的数据库。
- 新的 Orders 微服务目前不会承担任何流量。

5. 将 API 与实现对接

如图 3-13 所示，我们应该继续推演该微服务的 API 和领域模型，以及如何在代码中实现模型。该微服务会将新的事务性工作负载存储到其数据库中，并将数据库与其他服务分开。服务访问这些数据时必须经过 API。

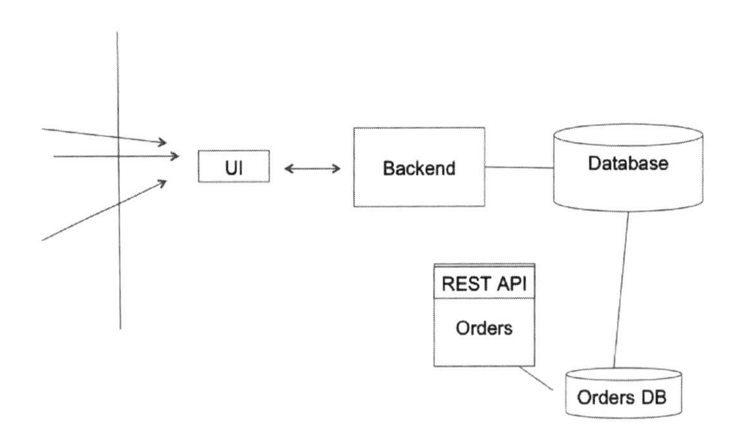

图 3-13　API 与实现对接

有一点不能忽视，即新的微服务及其数据与单体应用中的数据关联紧密（虽然在某些地方不完全相同），实际上这非常不方便。开始构建新的微服务时，需要来自 Backend 数据库的现有数据的支持。由于数据模型中的标准化、FK 约束、关系，这可能会非常棘手。在单体应用/Backend 上重用现有 API，粒度可能过于粗糙，这就需要重新使用一些技巧来获取特定形式的数据。

我们要做的是通过底层 API，以只读模式从 Backend 获取数据，并重塑数据来适应新的微服务的领域模型。在此架构中，我们将连接到 Backend 数据库，并且直接查询数据。这一步需要一个能反映直接访问数据库的一致性模型。

一开始，有些人可能会不敢采用这种方法。经过在关键系统中应用成功的案例验证，这种方法绝对可行。更重要的是，它不是最终架构（不要认为它可能成为最终架构）。可能你认为连接到 Backend 数据库、查询数据和将数据制作成新的微服务领域模型所需的正确形式，会牵涉许多不成熟、堆砌而成的代码，但我认为这只是暂时的。因此在单体应用的演化过程中，这可能是没有问题的，也就是说，首先利用技术债务，然后迅速偿还它们。

又或者，大家还会说："好吧，只需要在 Backend 数据库前建立一个 REST API，就可以提供更低级的数据访问，并用新的微服务调用它。"这也是一种可行方法，但它不是没有缺点的。

注意事项如下。

- 抽取的、新的微服务的数据模型，按照定义是与单体应用数据模型紧密耦合的。
- 最可能的情况是，单体应用提供的 API 不能在正确级别获取数据。
- 即使获取了数据，也需要大量的代码样例来改造数据形式。
- 可以临时连接到 Backend 数据库，以进行只读查询。
- 单体应用很少改变其数据库。

6．发送影子流量（Shadow Traffic）到新的微服务中

如图 3-14 所示，我们需要将流量引入新的微服务中。注意，这不是一场重量级的发布，简单地把它扔到生产流量中显然是不行的（特别是考虑到本例使用了 Orders 微服务，在这个过程中我们当然不想产生任何问题）。虽然更改底层的单体应用数据库不是一件容易的事，但如果可能，你可以小心地去尝试更改单体应用的应用程序，使其调用新的 Orders 微服务。如果你不知道哪种方式更好，我强烈推荐你看看 Michael Feather 编写的《有效利用遗留代码》一书，Sprout Method/Class 或 Wrap Method/Class 模式也许能帮助到你。

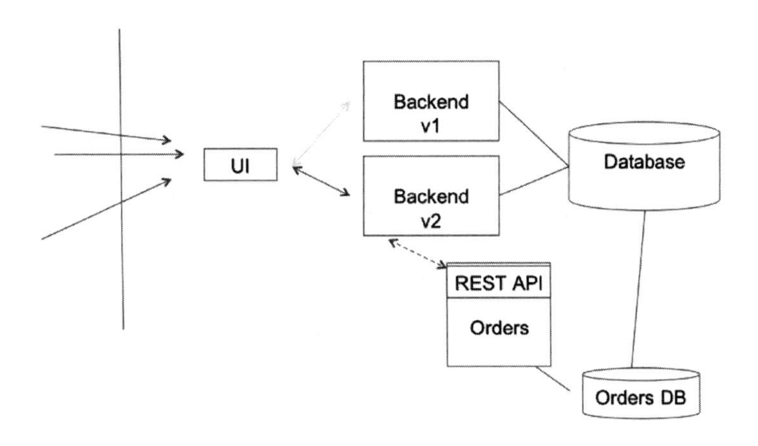

图 3-14　将流量引入新的微服务中

当变更单体应用/Backend 时，我们希望保留旧代码路径。这就需要加入足够的代码，让新、旧代码路径都能运行，甚至并行运行。在理想情况下，变更后的新单体应用应该允许我们在运行时选择是将流量发送给新的 Orders 微服务，还是使用旧代码路径，或是

两者兼顾。无论采用哪种调用路径组合，我们都应该了解新、旧代码路径之间存在哪些潜在偏差。

另外要注意的是，若允许单体应用将执行命令发送给旧代码路径，以及用于调用新的微服务，我们需要使用某种方法将该新的微服务的事务或调用标记为合成（Synthetic）调用。如果新的微服务没有本例那么重要，而且可以处理重复内容，识别这个合成请求可能就不那么重要。如果新的微服务更倾向于服务只读流量，可能就不用识别哪些是合成事务。然而，在综合交易的前提下，你会希望能够端到端地运行整个服务，包括存储和数据库。此时可以选择使用合成标识来标记数据并存储，或者在数据存储支持的前提下回滚该事务。

最后需要注意的是，当我们变更单体应用/Backend 时，若希望再次使用灰度发布、金丝雀发布、滚动发布，基础设施必须支持它才行。

在这里，流量被迫回滚到单体应用。我们试图不扰乱主要的调用流程，以便当金丝雀发布无效时能够快速回滚。另外，部署网关或控制组件可能会发挥一些作用，它们能以更细的粒度控制对新的微服务的调用，而不是将调用强加给单体应用。在这种情况下，网关将具备控制逻辑，即选择是将事务发送给单体应用，还是发送给新的微服务，或是二者都发送，如图 3-15 所示。

注意事项如下。

- 将新的 Orders 微服务引入代码路径有风险。
- 要以可控的方式将流量发送给新的微服务。
- 希望流量能够被引入新的微服务及旧代码路径。
- 要测量和监控新的微服务的影响。
- 要设法标记合成事务，以防发生令人比较头疼的业务一致性问题。
- 希望将新功能部署到特定的群组或用户。

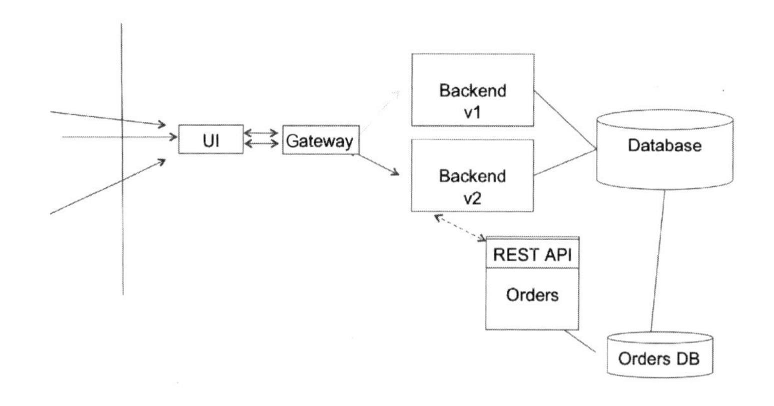

图 3-15　部署网关

7. 金丝雀发布或滚动发布新的微服务

若前面的步骤不会对事务路径产生不良影响，同时，我们有很大的信心通过与背景流量相关的测试及初期的生产实验，那么就可以将单体应用设置为“NOT Shadow”，并将流量发送到新的微服务上，如图 3-16 所示。这时，要指定特定的群组或用户，让其始终转入微服务，同时，我们正在慢慢地导出从旧代码路径通过的真实生产流量。我们可以增加 Backend 服务的滚动发布频率，直到所有用户都转到新的 Orders 微服务上，如图 3-16 所示。

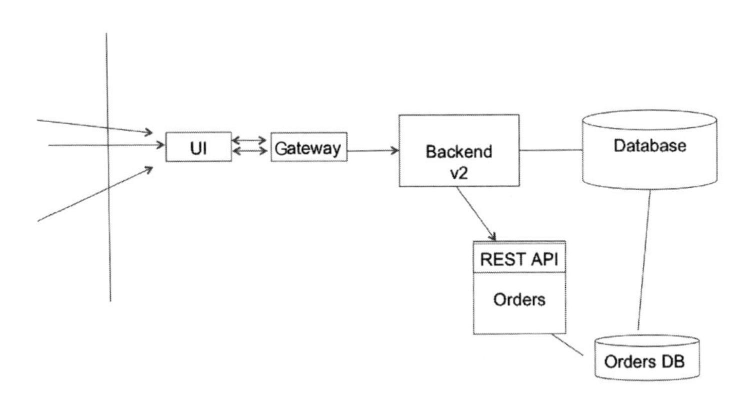

图 3-16　将流量发送到新的微服务上

需要提醒一下，这里存在风险：当我们开始将实时流量（非影子或合成流量）滚动到微服务时，期望与群组匹配的用户总是去调用这个微服务。因为我们已经不能在新、旧代码路径之间来回切换了，如果我们想要实现回滚，就要牵涉很多协调，这样才能使新事务从新业务移回旧业务时也能使用。希望这种情况不会发生，但我们必须警惕并事先做好计划，进行相应的测试。

注意事项如下。

- 确定群组，并将实时流量发送给新的微服务。
- 仍然需要直接连接数据库，因为在此期间事务仍会从两条代码路径通过。
- 将所有流量转到微服务后，就应该放弃旧功能了。
- 在将实时流量发送给微服务后，回滚到旧代码路径将遇到困难，需要协调。

8. 离线数据的提取-转换-加载、迁移

至此，新的 Orders 微服务开始承载实时的生产流量了。单体应用或 Backend 仍然在处理其他需求，但我们已经成功地将服务功能迁出了单体应用，接下来需要迫切关注的是——还清在新的微服务和 Backend 服务之间建立直接数据库连接时产生的技术债务。这很可能牵涉从单一数据库到新的微服务的一次性提取-转换-加载。单体应用可能仍需

要只读式地保存那些数据（如出于合规的考虑等）。如果它们是共享的引用数据（如只读的），那么这样做应该没问题。必须确保在单体应用和新的微服务中各自的数据不共享，否则最终会出现数据混乱或数据所有权的相关问题，如图 3-17 所示。

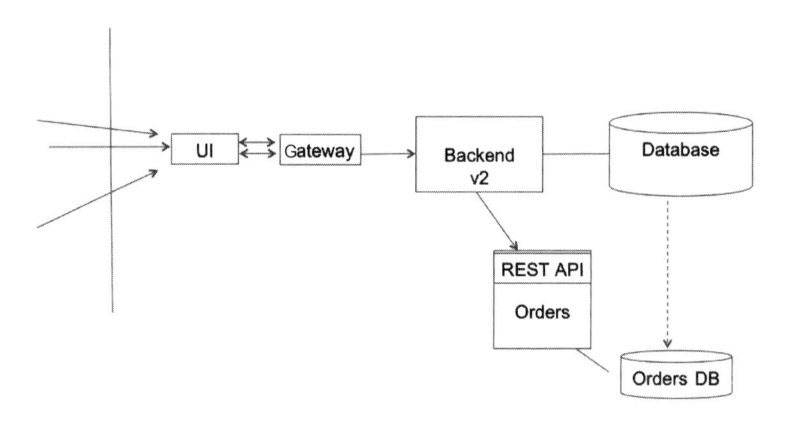

图 3-17　离线数据迁移

注意事项如下。

- 新的 Orders 微服务马上就要完全自治了。
- 将 Orders DB 连接到 Backend 时欠下的技术债务必须还清。
- 对留在 Orders 微服务中的数据应该实施一次性提取-转换-加载。
- 需要注意各种数据问题。

9．解耦数据存储

如图 3-18 所示，需要将数据存储进行解耦。完成了上一步操作，新的 Orders 微服务准备就绪，可以加入微服务架构了。本书介绍的步骤都有各自的注意事项和优缺点。我们的目标应该是完成所有操作，避免技术债务产生利息。当然，这种操作模式与实际操作模式可能有差异，但方法没有问题。

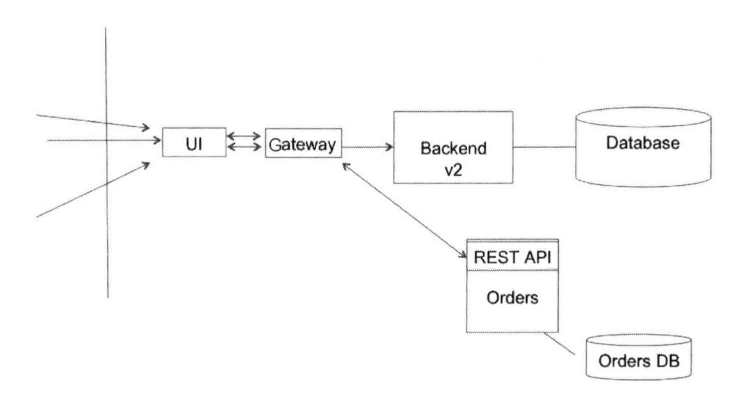

图 3-18　解耦数据存储

3.5.7 微服务架构设计模式

1. 微服务宏观架构

很长时间以来，软件开发者一直在探索一种能够像搭乐高积木一样来构建软件系统的方法。随着软件应用越来越复杂，这种探索也更加有意义。因为直觉和经验都告诉我们，分而治之是处理复杂性的一条有效途径。微服务是代表这些探索的最新趋势的一种架构风格。

Martin Fowler 对微服务的精辟定义：微服务架构是一种将一个应用分解为一组小型服务的设计方法，每个服务都在自己的进程中运行，采用轻量级的通信机制。这些服务围绕业务能力构建，并且可以通过全自动部署机制独立部署。这些服务可以使用不同的语言开发，使用不同的数据存储技术，共用一个最基本的集中式管理。

微服务的轻量级通信机制采用基于开放标准的 http/REST API，以及高性能的 WebSocket RPC。微服务容器提供与微服务编程语言兼容的运行环境和自动部署机制。服务管理平台提供统一的集中式管理，如图 3-19 所示。

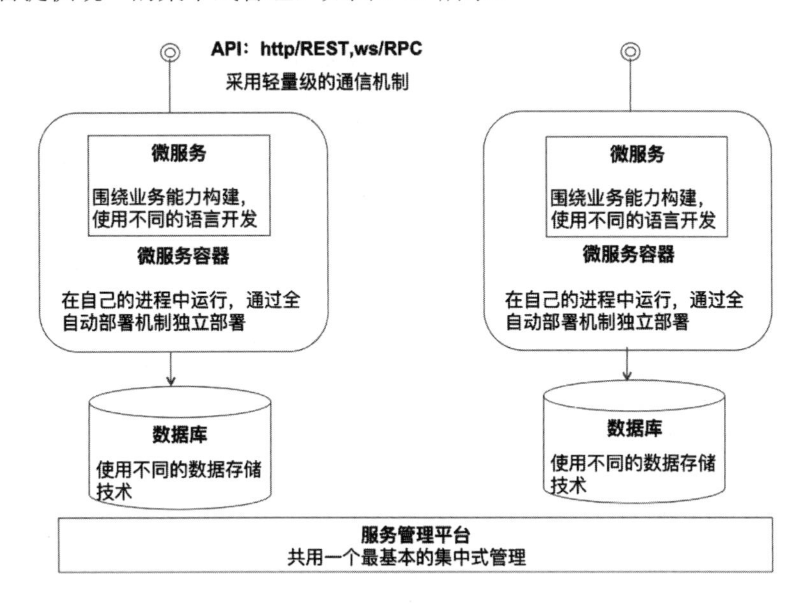

图 3-19　微服务宏观架构

2. 分解应用

微服务围绕业务能力构建，应用的领域模型（Domain Model）是微服务设计的出发点。领域模型通常包含两类对象，一类与具体的业务概念对应，称为主体（Entity），另一类仅代表特定的取值，称为属性（Attribute）。主体具有持久化的唯一标识；属性本身没有标识，必须与主体关联才有意义。

微服务设计的下一步是将领域模型按照聚合（Aggregate）进行分解。一个聚合是一个或多个主体及其相关属性的集合，其中有一个核心主体称为聚合的根主体（Root），根主体的标识也是聚合的标识。

聚合有以下两个重要特性：

- 聚合之间的关联必须通过聚合的持久化标识，不存在对象引用（Object Reference）。
- 聚合是事件处理的边界，跨聚合的操作不具备原子性。

聚合之间是松耦合的，跨聚合的交易通过事件驱动的模式进行。

微服务的范围取决于其业务逻辑，通常包含一个或多个聚合，并通过事件处理器（Event Handler）订阅和处理事件，如图 3-20 所示。这些事件可以是微服务本身的聚合发布的，也可以是其他微服务的聚合发布的。处理器可以调用外部服务。

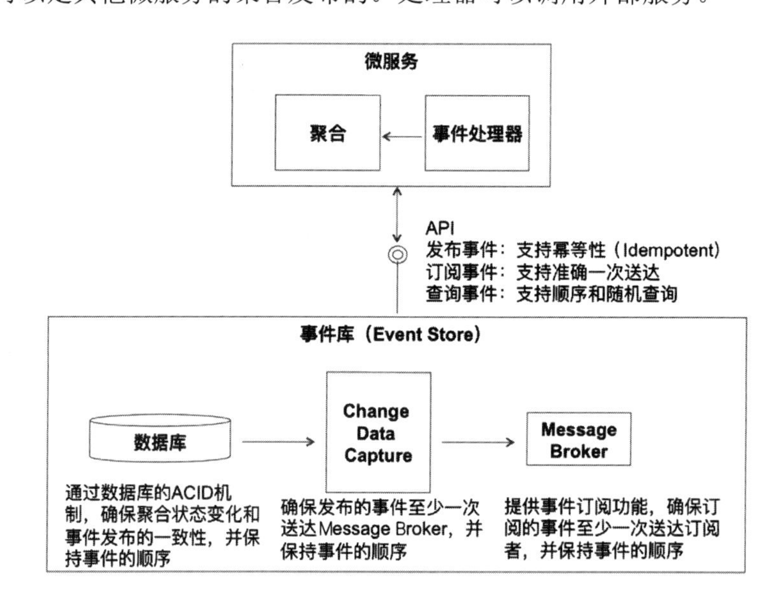

图 3-20　订阅和处理事件机制

3．如何保持交易的一致性

在事件驱动的交易过程中，当一个聚合的状态发生变化时，该聚合会发布相应的事件。其他聚合则通过订阅事件更新自己的状态，并发布相应的事件，从而逐步推进交易端到端地执行。

事件驱动的交易本质上是分布式的，交易能够获得最终一致性的关键在于聚合状态持久化和相应的事件发布在同一个原子操作内进行，从而避免在聚合状态持久化和事件发布之间因系统异常导致的不一致性。

在传统应用架构中，实现类似分布式交易的方法是二阶段提交（Two Phase）事件处理，即把聚合状态持久化的数据库事件与消息发布的事件放在同一个分布式事件中进行，但这在性能和伸缩性上远不能满足要求。

在微服务架构中，分布式交易最终一致性的实现是通过事件溯源模式实现的。

事件溯源模式不再拘泥于聚合状态持久化，而是采取以事件为中心的视角，将聚合状态变化本身作为一个事件发布，实现了记录主体状态变化和发布事件在同一个原子操作内完成。聚合的完整状态则通过回放所有的状态变化事件获得，即通过增量之和求全量。

4．如何查询分布的数据

在微服务的分布式数据架构中，不同聚合的数据不能进行连接操作，尤其是事件溯源，即使是对一个聚合的查询也颇费周折。这导致应用层面的查询无法直接通过聚合进行。

微服务架构的应用通过命令和查询职责分离（CQRS，Command Query Responsibility Segregation）模式进行查询，如图 3-21 所示。

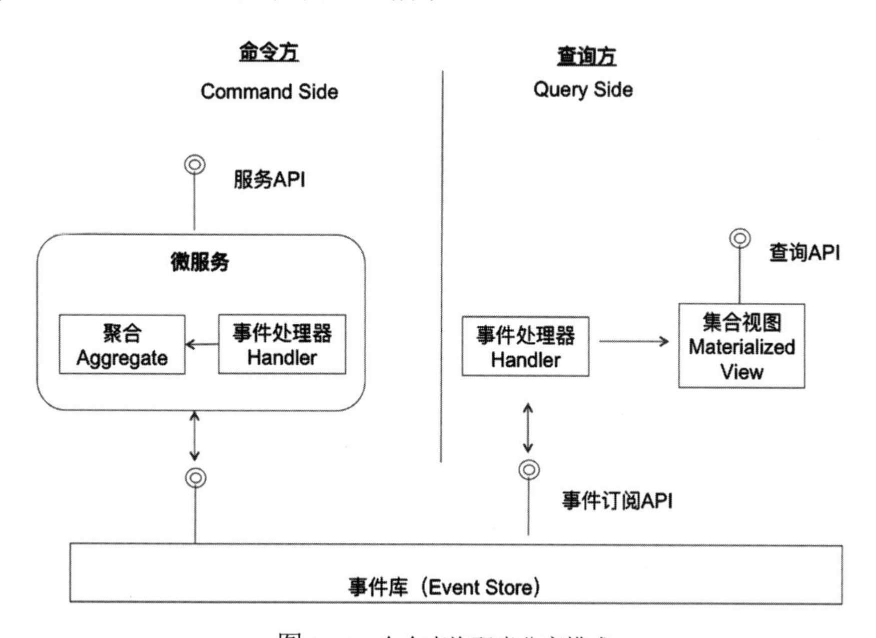

图 3-21　命令查询职责分离模式

命令查询职责分离模式将应用分成两部分：一部分称为命令方（Command Side），负责聚合的增、删、改、查操作；另一部分称为查询方（Query Side），负责维护面向查询的数据集合视图（Materialized View）。

查询方由一个或多个事件处理器组成，处理器订阅聚合发布的事件，并更新相应的集合视图。

查询方与其他微服务之间没有任何关联，可以完全根据应用查询的需求独立设计和部署。

架构设计是有模式可循的，推荐大家研读艾利克斯·洪木尔等人所著的《云计算架构模式》一书。

3.5.8 敏捷开发

敏捷开发兴起于 20 世纪 90 年代，它基于更紧密的团队协作、持续的用户参与和反馈，能够有效应对快速变化的需求，是快速交付高质量软件的迭代和增量的开发方法。迭代开发是敏捷开发中普遍采用的开发方法。随着敏捷开发方法和技术的快速发展与成熟，形成了多种敏捷开发工程实践和管理实践，这些实践可以作为好的方法在项目实施中借鉴和使用。

要实现敏捷开发，要从关键的三个方面入手：

- 代码管理，尤其是代码分支策略的管理。
- 代码质量，必须重视技术债务的管理。
- 持续集成，以某种节奏协同开发、测试、部署，从而实现项目风险可控。

3.5.9 分支策略

从开发领域的重要活动之一“代码配置管理”来看，分支策略是最关键的，在双模 IT 模式下，敏捷开发模式与瀑布开发模式应该采用不同的分支策略。

模式一：主干开发、分支发布

适用场景如下。

- 开发模式：敏捷开发模式。
- 协同开发方式：小规模团队串行开发，主干提交代码，如图 3-22 所示。

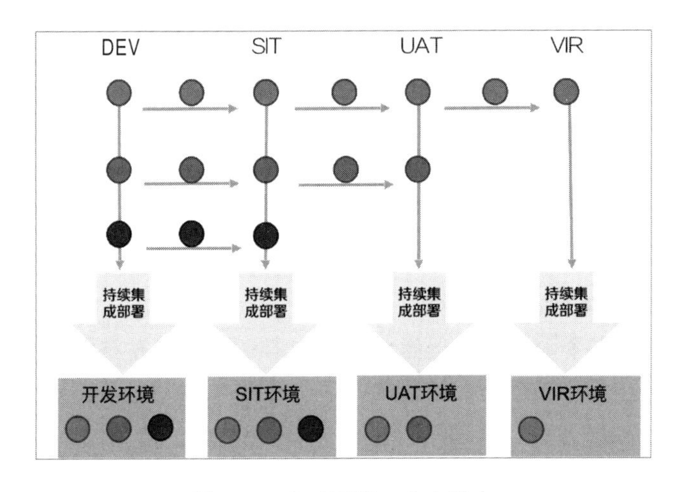

图 3-22　主干开发、分支发布

- 适用项目类型：业务逻辑简单或进入上线运营期的系统，具有频繁构建、部署、测试、发布的要求。

优点：分支数量固定，支持滚动发布和多角色工作的协同；合并冲突概率小；通过开发任务或需求进行代码合并，不做整分支合并，合并效率高。

缺点：不适用于业务逻辑复杂、并行开发的场景；相同的代码需要做多次编译构建。

模式二：分支开发、主干发布

适用场景如下。

- 开发模式：瀑布开发模式。
- 协同开发方式：较大规模团队并行开发，分支提交代码，分支周期长，如图 3-23 所示。
- 适用项目类型：业务逻辑复杂或处于建设期的系统，构建、部署、测试、发布的频次低。

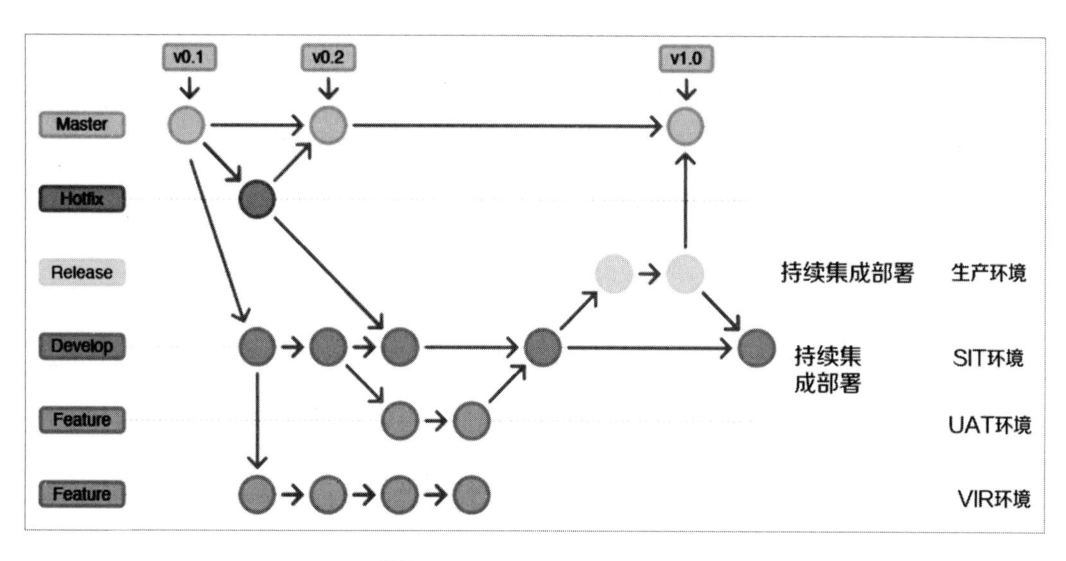

图 3-23　分支开发、主干发布

优点：适用于业务逻辑复杂、并行开发的场景；分支策略灵活。

缺点：分支维护复杂，分支合并为主，合并冲突概率大，解决成本高，合并效率低。

3.5.10　依赖包管理

依赖包管理具有重要性，在开发具有一定规模的程序时，不可避免地会使用一些库。程序依赖的库关系定义也应该作为管理的对象妥善管理起来。

如图 3-24 所示为依赖包管理的一种方式。

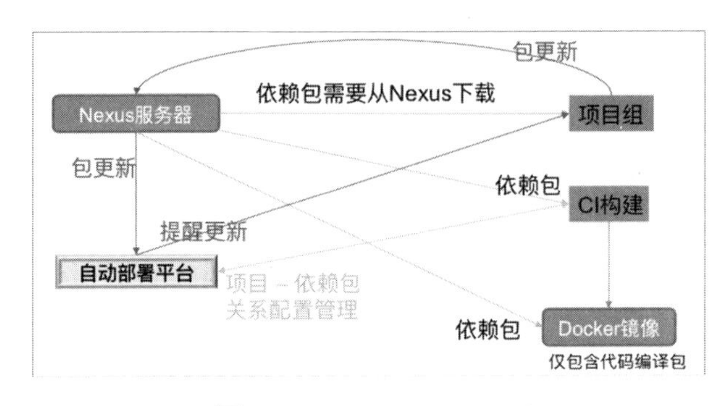

图 3-24　依赖包管理方式

平台维护 Nexus 服务器，如果有包更新，那么推送消息给开发者。

开发者的依赖包需要从 Nexus 服务器下载。

CI 构建时依赖包需要从 Nexus 服务器下载。

Docker 镜像仅包含代码编译包，依赖包需要从 Nexus 服务器下载。

3.5.11　技术债务

通常我们把软件质量分为内部质量和外部质量两种，而 DevOps 强调开发运维过程的透明化、可度量，因此我们有必要从内部质量和外部质量进行度量，以持续改进和优化软件质量。

软件的内部质量通常指代码和设计的质量，可以通过应用设计、编程最佳实践、持续一致的开发和交付流程来提高。

软件的外部质量通常是通过查看和使用软件（如验收测试）来度量的。

很多时候，虽然软件的外部质量很好（如所有功能都能正常使用），但是内部质量很差（如糟糕的代码、不可维护的代码）。如果内部质量不佳，那么外部质量最终会受到影响，因为应用程序会持续不断地冒出新的 Bug，而且开发时间会由于技术债务的增加而变长。

3.5.12　技术债务的形成

技术债务类似于金融债务，也会产生“利息”，这里的利息其实是指由于鲁莽的设计决策导致在未来的开发中付出更多努力。我们可以选择继续支付“利息”，也可以通过重构之前鲁莽的设计将“本金”一次付清。虽然一次付清“本金”需要代价，但是可以降低未来的“利息”。

3.5.13　技术债务的分类

Steve McConnell 将技术债务分为以下两类。

（1）无意的。由于经验的缺乏导致初级开发者编写了质量低劣的代码。

（2）有意的。团队根据当前情况而非未来情况进行设计选型，这样做可能很快地解决当前问题，但却很拙劣。

Martin Fowler 则通过以下示例将技术债务划分为四个象限，如图 3-25 所示。

不计后果，故意的 我们没有时间去设计	谨慎，故意的 我们必须马上处理
不计后果，无意的 我们不知道怎么做	谨慎，无意的 现在我们知道该怎么做了

图 3-25　技术债务四象限

（1）不计后果，故意的。团队没有时间做设计，仅仅给出了一个匆忙做出的方案，缺乏对质量的预见。

（2）谨慎，故意的。尽管有很多已知缺陷，但团队必须现在交付产品，同时对此造成的后果心中有数。

（3）不计后果，无意的。团队压根就不知道基本的设计原则，更不用说引入的“坏味道”了。

（4）谨慎，无意的。那些拥有优秀设计师的团队很容易遇到这种情况，他们交付的方案具有商业价值，但是在交付后才明白什么才是最好的方案。

在实际项目中，将不可避免地存在技术债务问题，这是无法杜绝的，问题的关键在于千万不能引入不计后果的债务，因为它会持续不断地产生“坏味道”，也很难解决。

3.5.14　技术债务与质量投资

技术债务的主要问题是它通常只代表系统的内部质量，而质量有哪些影响并不明确，特别是技术债务的经济影响无法简单地表现出来。技术债务还很奇怪，如果这些代码不需要修改，那么技术债务就完全没关系；但是，一旦要修改这些代码，那么技术债务就成为代码的重要属性。因此，技术债务很可能对项目的成功、外部可见的质量完全没有影响。

业界有人提出，不要单纯强调技术债务的重要性，要想通过 DevOps 消除技术债务，让开发有效地处理技术债务，建议使用“质量投资”的概念。

使用质量投资处理技术债务就有可能获得利润，就可以使用财务术语来积极地管理代码质量，可以很容易地决定哪些质量问题应该解决，哪些可以暂时接受。

假设我们有一个系统，它包括三个模块：客户、订单和发票。客户管理是一个非常老的模块，已经不再开发了。因此，这个模块不适用于质量投资，因为仅当代码被修改时才会产生修复成本，在这个例子中，修改的可能性为 0%。因此支付任何修复成本都将导致损失。

然而，我们知道在接下来的迭代中，对订单流程进行了大量修改。根据经验，发票管理也必须进行一些修改。因此接下来就要重点评估订单模块和发票模块的质量问题。订单管理的测试覆盖率非常低，客户管理的代码非常复杂，也就是说方法和类有大量代码，并且有很多复杂的循环。

我们来评估一下修复成本和非修复成本。非修复成本的评估也应考虑模块修改的可能性。在下一个迭代中，如果代码质量相同，那么订单管理估计要投入 20 天。如果测试覆盖率能提高，那么订单管理估计只需要投入 13 天。因此，非修复成本是 7 天。这个数值非常高，因为质量确实太差了，而且有大量代码要修改。

- 订单模块：很低的测试覆盖率，修复成本为 5 天，非修复成本为 7 天。
- 发票模块：很高的复杂度，修复成本为 5 天，非修复成本为 4 天。

这些评估表明订单模块的质量投资产生了 2（7-5）天的利润。而发票模块的质量投资没有利润，甚至亏损。由此可见，投资于当前的订单系统是有价值的，因为根据团队的评估，提高测试覆盖率就有利润。对于发票模块，情况并不明确，根据现在的情况来说，质量投资没有利润。然而，发票模块很可能在未来的几个迭代中也需要修改，这样就能从发票模块的质量投资中得到利润。

根据给出的评估和计算的利润，也可以为每个质量投资推算投资回报。投资回报表示相应的成本产生了多少利润，因此，投资回报率等于利润除以修复成本。订单模块质量投资的投资回报率大约是 40%（2 天/5 天）。我们通常会寻找机会去获取比较高的投资回报率，使用这些财务术语我们可以看到代码质量提高后的收益。当然，就像软件开发的其他事情一样，这些数字都是估计值。然而，这显示了团队不只是基于自己的原因寻求提高质量，更重要的是基于经济原因，我们也可以在迭代计划中更有效地对技术债务消减工作任务项进行选择和排序。

3.5.15 技术债务处理方法

虽然质量投资的表达方式有利于开发团队基于经济原因考虑技术债务消减，但是我们在实际操作过程中发现，尤其是在传统 IT 领域，技术债务消减仍然显得动力不足。

在某电信运营商的 DevOps 平台规划建设实践过程中，我们提出“外部质量验收驱动+内部质量透明化+基于持续集成”的方法，对技术债务进行消减处理。

1. 外部质量验收驱动

技术债务的形成往往是因赶进度忽略了非功能质量特性而导致的，内部质量的不佳（设计或代码质量不高）导致外部质量的低下。传统 IT 领域通常有上线前的验收测试，如果能够在验收测试过程中重点关注非功能需求的实现质量，则可以由外而内地驱动开发团队在开发过程中重视和改善软件系统的内部质量。

按照该电信运营商的《业务支撑网非功能需求管理办法》，把非功能需求体系划分为：性能、可靠性、可维护性、可监控性、安全性，并且制定了相应的验收标准。早期由于缺乏细化的入网验收执行规范和相应的资源投入，管理办法和验收标准成了一纸空文。目前，我们逐渐加大了资源投入，组建了相应的入网验收测试团队，制定了性能基线管理、安全基线管理等持续长效的质量管控机制，向非功能需求的规范化管理逐渐迈进。

通过这种"自后而前，由外而内"的方式，驱动开发重视和改善软件系统的内部质量，在迭代计划中加入技术债务消减工作任务项，从而改善软件系统的外部质量，这也是 DevOps 强调的"运维前移"实践。

2. 内部质量透明化

开发之所以倾向于忽略内部质量，不重视技术债务，除了有进度压力、缺乏经济驱动力，还缺乏内部质量的数据化管理、技术债务的发展趋势透明化展示。

在我们规划的 DevOps 平台中，会借助一些代码分析工具，把代码设计的"坏味道"嗅探出来，例如，当我们的软件出现下面任意一种"气味"时，就可以表明我们的软件正在"腐化"。

- 僵化性：很难对系统进行改动，因为每个改动都会被迫产生许多对系统其他部分的改动。
- 脆弱性：对系统的改动会导致系统中和改动的地方在概念上无关的许多地方出现问题。
- 牢固性：很难解开系统的纠结，使之可以成为一些可以在其他系统中重用的组件。
- 易错性：做正确的事情要比做错误的事情困难些。
- 不必要的复杂：设计中包含不具任何直接好处的基础结构。
- 不必要的重复：设计中包含重复的结构，而该重复的结构本可以使用单一的抽象进行统一。
- 晦涩性：很难阅读、理解，没有很好地表现出意图。

这些代码的"坏味道"，通过 JavaNCSS、CheckStyle、PMD 等工具可以找出并度量数值。这样我们就可以观察代码设计内部质量的变化趋势，及时提醒开发注意技术债务的积累，及时修正和优化，防止恶化。这就好比健康监控，在量变达到质变之前及时治疗。

3. 基于持续集成

在实践中，我们发现评估代码设计的内部质量有很多维度，借助工具也能度量很多方面的数值，但是只拿一个数值作为质量控制的阈值不是很科学。因为业界也缺乏一定的可参考标准，而且每个软件系统的业务、架构，甚至编程语言都不一样，很难有一个统一的标准阈值。

例如，对于代码复杂度的度量，业界通常使用圈复杂度，IBM 的某些数据调查也表明圈复杂度超过 10 的代码就会比较复杂、容易出错、不易维护。但是具体到某些项目，我们还是比较难定义这个阈值的，是不是圈复杂度超过 10 的代码就一定要修改呢？

我们认为不一定，例如，在某电信运营去中心化项目中，对于由老 CRM 代码切过来的新项目代码，在进度压力下，很多代码重构的工作量比较大，某些核心业务逻辑算法本身就比较复杂，如果一刀切地要求圈复杂度超过 10 的代码就必须修改，否则不能签入代码，这样的管理方法就未免太简单粗暴，可操作性也不强。

我们的处理办法是：基于持续集成的代码构建和自动化分析，在一段时间内，观察代码复杂度的变化趋势。首先，确保新加入的代码不能超过一定的阈值；其次，确保对老 CRM 代码进行修改后，代码复杂度保持原有水平，并尽量下降；最后，要求在若干次迭代版本后，代码复杂度下降幅度要达到 30%。

另外，对于复杂度偏高的代码，同时做出单元测试覆盖率的要求，如分支覆盖 100%。

通过关注变化趋势，而不是关注一个阈值，我们可以确保开发关注技术债务的积累过程，在早期就及时做出技术债务消减的处理计划并持续实施。在这个过程中，Sonar 质量度量平台可以帮助我们实现代码设计质量的持续监控，包括代码复杂度、重复度、规范吻合度等。

借助 Sonar 定义“质量门”，进行技术债务趋势预警，提醒开发人员及时处理技术债务。并且，在趋势发展上可以给出直观的数据参考，帮助开发团队制订技术债务消减计划，如图 3-26 所示。

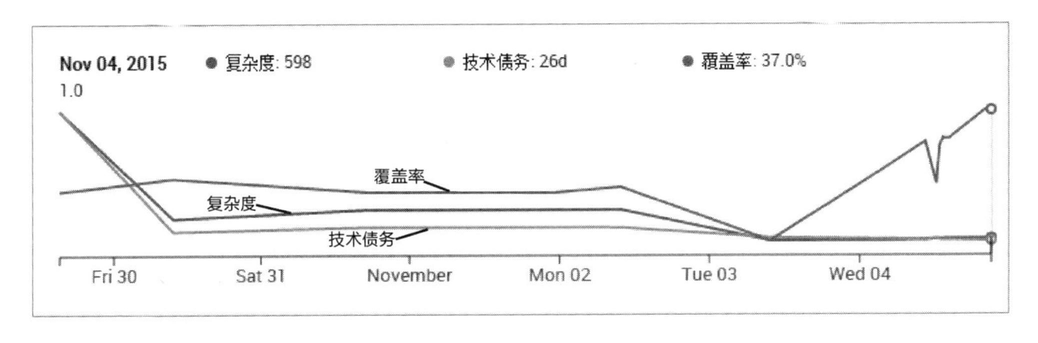

图 3-26　技术债务趋势预警

3.5.16　持续集成

受架构等因素限制，缺失并行交付能力，集成点很可能是全局阻塞点，如图 3-27 所示。

集成点的风险需要前移和后置共同解决。良好的架构设计、微服务底座或 PaaS 平台有助于应用模块快速无缝集成；良好的分支策略和代码融合机制可以缓解集成带来的风险；敏捷的测试模式和环境管理、自动化测试、接口仿真测试等测试手段有助于缓解集成联调的压力。

“持续集成的最终目标是允许团队在任意时间部署除了最近几个小时的所有工作成果”。

——*Agile Development*

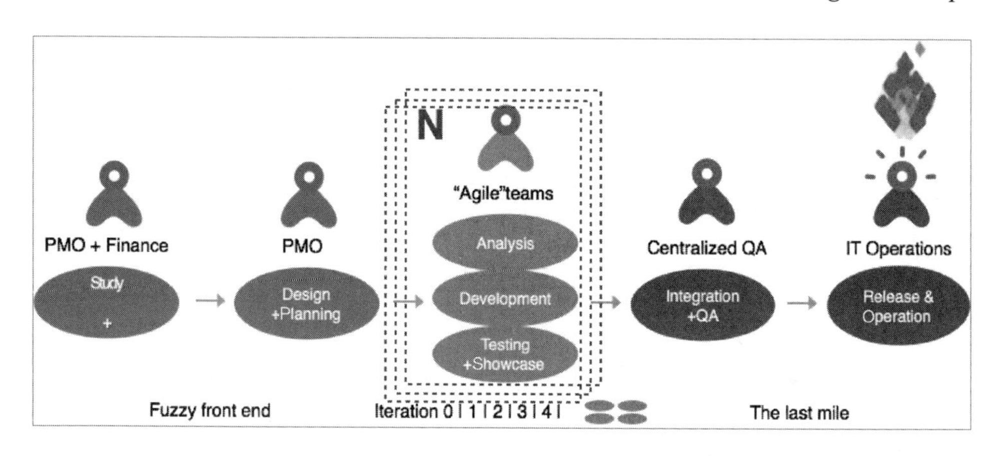

图 3-27　持续集成集成点

实践表明持续集成主要带来以下三个好处。

1．更快：生产力和效率有所提升

例如，某银行研发中心实施持续集成和自动部署后，平均构建时间缩短 2307.5 秒，构建效率提升 86%；平均部署时间缩短 490.6 秒，部署效率提升 50%；部署人员的人均接管系统从 3.5 个增加到 5.3 个。

2．更好：改善代码质量，增强项目可见性

源代码的质量也得到了改善，整个应用中新增静态代码检测 Bug 的数量、漏洞数量、单元测试覆盖率以报表形式展示，达不到质量阈值时则不允许部署。

3．更强：增强了流程管理质量，提升发版效率

持续集成具有自动化、可视化的流程管理手段，各流程执行状态、执行日志可追溯，

可以在任何时间更快地发布可部署的软件。利用持续集成可以经常对源代码进行小改动，并将这些改动和其他代码进行集成。如果出现问题就迅速通知项目成员，并在第一时间修复问题，提高了版本发布和问题修复效率。通过实行持续集成，结合敏捷开发，个人网银应用的发版效率提升了 83%。

开始实施 CI 的必要条件有以下几个。

1）版本管理系统

实施 CI 过程中最重要的工作就是版本管理系统。构建程序必需的资源应该尽可能地由版本管理系统进行统一管理，如代码、依赖关系、数据库模式、配置文件等。使用版本管理系统，任何人任何时候都能够获取最新的资源是非常重要的。

2）Build（构建）工具

同样重要的还有 Build 工具，如 make，写好 Build 的定义之后，只要执行一条命令，就能够进行代码编译、数据库构建和测试，并最终生成可运行的程序。无论使用哪款工具，重要的都是具备无论谁在什么时候进行了提交，Build 所需的处理都能自动进行这样的机制。

3）测试代码

CI 中的 Build 工作并不是将代码编译一下就结束了。执行测试、持续地确认应用程序的正确性也是非常重要的。通过测试来确保程序的正确性就不必担心功能退化，能够大胆地添加新功能，进行代码重构；还能够加快开发速度，提高产品质量。

4）CI 工具

执行 CI 需要相应的工具。CI 工具是将版本管理系统和代码、Build 工具组合起来，持续地进行集成作业的工具。通过 CI 工具的各类功能能够解决很多问题，例如，自动化测试何时进行，执行的结果如何显示和通知，Build 结果和版本管理系统、缺陷管理系统之间的可追溯性如何确保等。持续集成关联系统如图 3-28 所示。

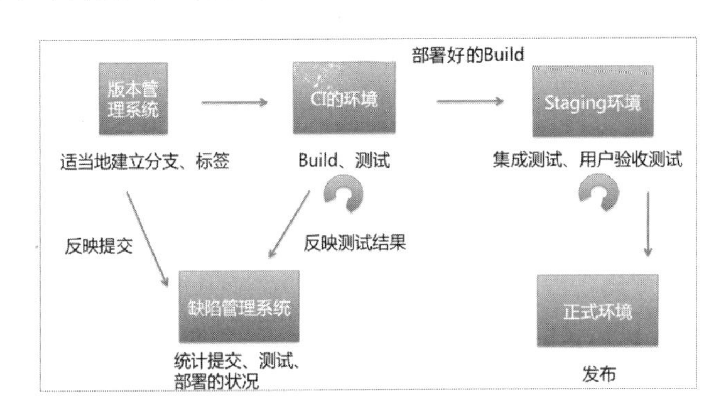

图 3-28　持续集成关联系统

3.5.17　持续集成最佳实践

持续集成的目的：建立贯穿产品迭代交付生命周期的交付反馈圈，通过更频繁地构建和测试周期提高研发敏捷性。

持续集成的每个阶段都有最佳实践和具体做法，如图 3-29 所示。

- 持续编译：确保主线上的代码始终处于可编译状态。
- 持续代码检查：提升代码质量，规范代码编写，提前发现潜在漏洞、代码冗余、高复杂度代码等问题。
- 持续测试：在持续集成的各个环节中，不断通过测试持续检查代码、交付的质量，如果验证通过，则转移到下一个步骤，否则继续修改。
- 持续部署：将版本部署工作标准化、自动化，使其能够可靠地、自动地、快速地运行。
- 持续报告：在合适的时间以合适的方式发送合适的信息给合适的人。

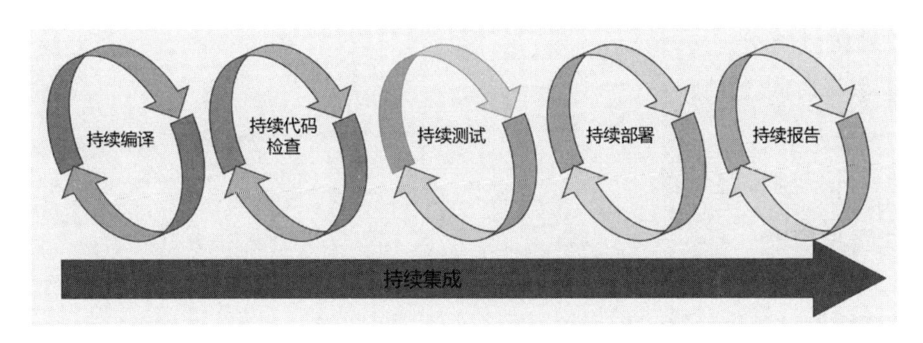

图 3-29　持续集成最佳实践

1. 持续编译

持续编译用于确保主线上的代码始终处于可编译状态。

1）常见问题

很多团队并未采用集体代码所有权策略，导致互相依赖的代码无法编译。

2）解决办法

（1）建议采用集体代码所有权。

（2）对于因为安全原因确实需要隔离的代码应该明确边界、接口。

2. 持续代码检查

持续代码检查的目的是保证代码风格一致，主要关注代码的静态质量和内部质量，如变量命名方式、大括号位置等。

为了保证主线上的代码质量能够达到一致，应当在持续集成脚本中加入静态检查阶段，如 Java 的 CheckStyle、PMD、FindBugs 等。

1）常见问题

（1）缺乏代码规范。

（2）代码规范得不到落实。

2）解决办法

（1）制定代码规范（公司级、项目级）。

（2）分批、分阶段落实代码规范。

（3）配合工具应用、培训。

3．持续测试

持续测试的目的是检查主线上的代码是否能够实现要求的功能，或者已有的功能是否被破坏。

1）主要问题

（1）验证不充分。

（2）验证时间过长。

2）解决办法

（1）测试覆盖率度量。

（2）分层测试。

- 单元测试。
- 集成测试（接口测试）。
- 系统测试。

Tips：

当构建的时间过长时，通常会要求开发人员只运行速度较快且价值较高的构建阶段就可以继续自己的开发任务，不必等待漫长的次级构建完成，如图 3-30 所示。

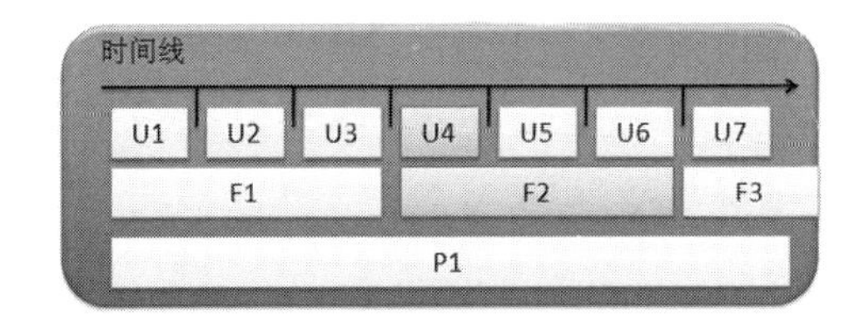

图 3-30　持续集成构建时间

4．持续部署

对于大型软件应用来说，部署往往是一个费时、费力又容易出错的过程，因为这涉及数据迁移、版本兼容等各种棘手问题。持续部署的思想是将这些工作标准化、自动化，使其能够可靠地、自动地、快速地运行，如图 3-31 所示。

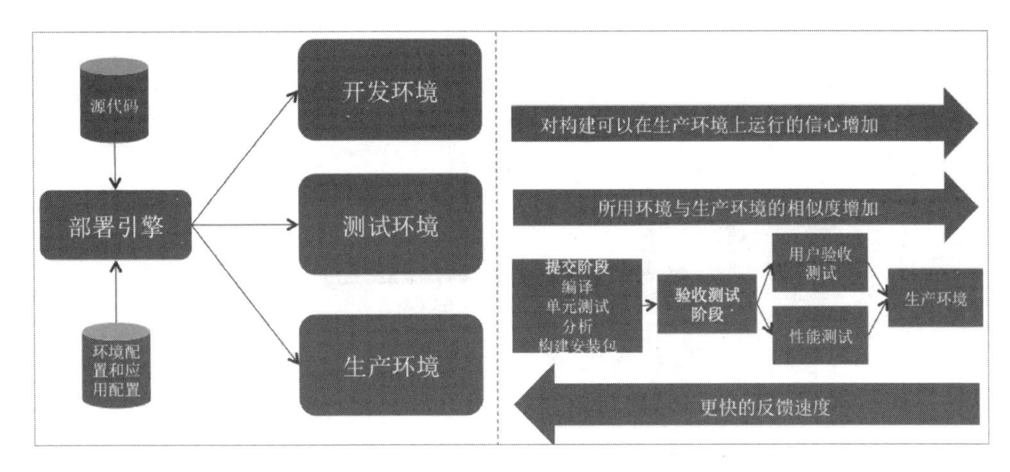

图 3-31　持续部署

5. 持续报告

报告是持续集成的晴雨表，因此它必须直观、易懂，而且对关注点不同的角色展现不同的内容和粒度。比如，开发人员可能更关注错误的日志；项目经理可能更关注测试覆盖率；产品经理可能更关注持续集成通过率的趋势等，如图 3-32 所示。

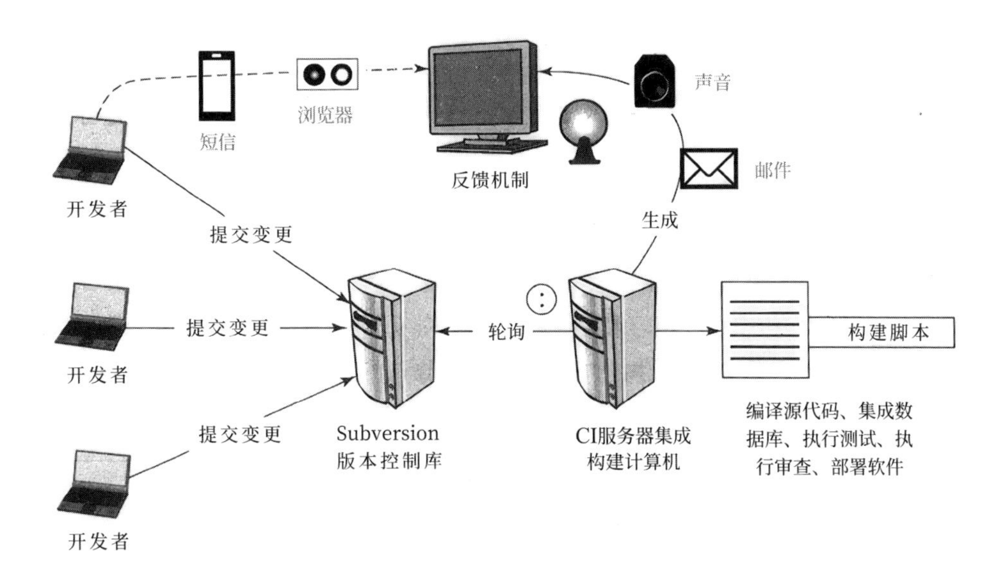

图 3-32　持续报告

3.5.18　企业持续集成实施方法

由于企业的开发模式、成熟度、工具平台各异，因此企业需要根据自身情况打造持续集成的框架和实施推进路线。

如图 3-33 所示是某企业整合开源工具与自有平台的持续集成框架体系。

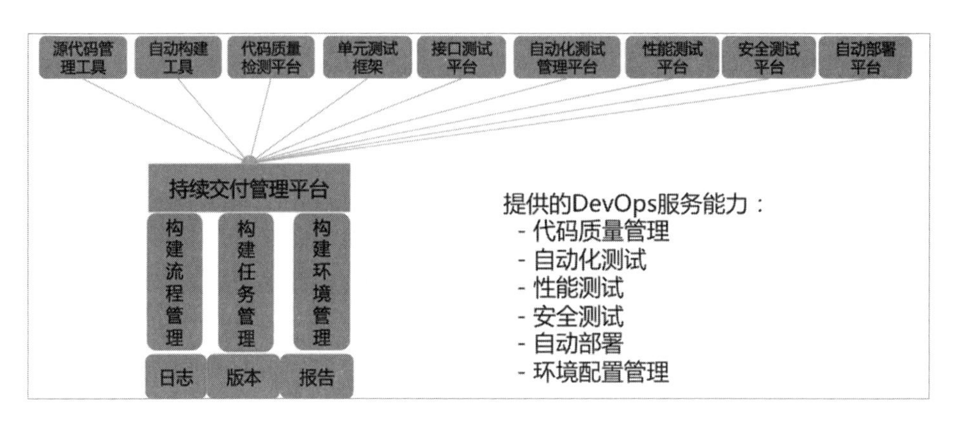

图 3-33　持续集成框架体系

整合 Jenkins 和 Docker 定义自动化发布流程，如图 3-34 所示。

企业应该构建企业内部的 Docker Registry，简化配置工作，提高发布效率；标准化 Docker 镜像，统一开发环境并降低运维团队负担；在测试环境中尽量模拟真实软件架构，尽量使测试环境接近产品环境。

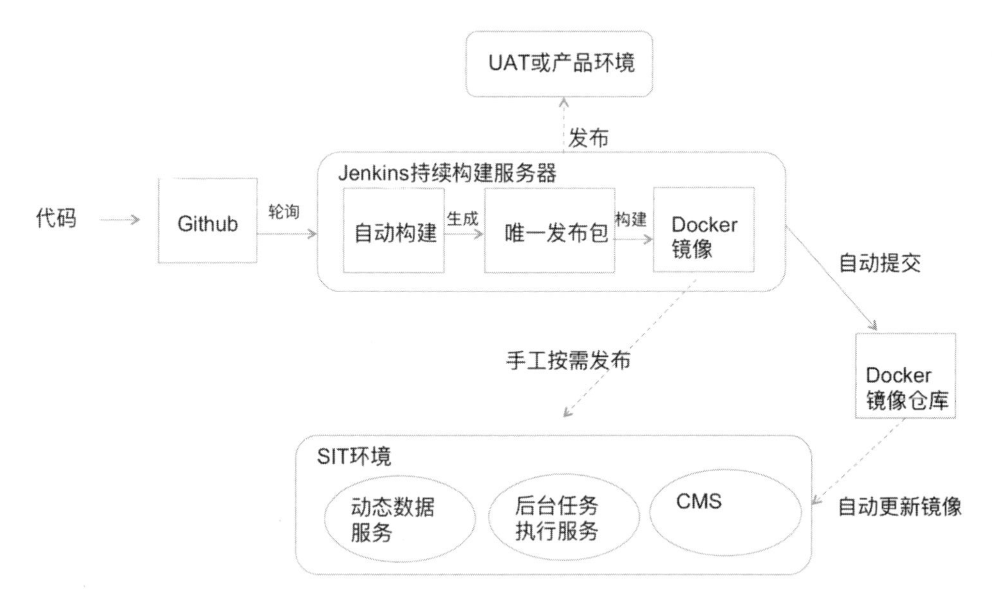

图 3-34　自动化发布流程

根据企业研发能力成熟度，分阶段逐步实施持续交付（见图 3-35），让持续交付各项最佳实践逐渐成为研发团队的日常行为。

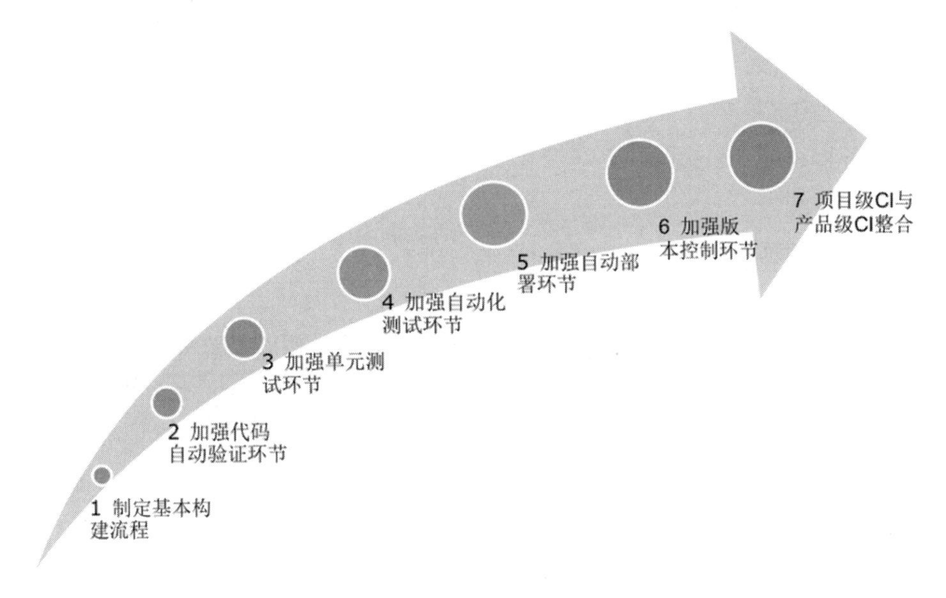

图 3-35　持续交付实施步骤

3.6　测试域 DevOps 实践

敏捷开发的兴起使传统测试模式发生了本质变化，甚至工作内容也随之改变。为应对这种快速、高效并注重客户价值的开发模式，敏捷测试应运而生。随着敏捷测试方法和技术的发展与成熟，更多的企业和用户开始认识到敏捷测试的重要性。

3.6.1　敏捷测试环境管理

在敏捷开发、DevOps 一体化的趋势下，测试也必须敏捷，环境的配置管理也需要敏捷。

作为企业生产系统升级和新系统投产运行前系统测试工作的承担者，企业开发测试中心基于开放平台的日常测试任务包括以下内容：

- 业务系统的功能测试。
- 业务系统的压力测试。
- 业务系统的安全测试。
- 业务平台的综合测试。
- 生产系统维护、升级的验证测试。
- IT 平台技术、产品的预研、测试、评估。

要实现以上测试功能，测试中心的开放系统平台基础架构通常应包括以下部分：

- 网络系统。
- 服务器系统（包括操作系统）。
- 存储系统。
- 中间件和基础软件。
- 其他。

金融软件系统等传统软件趋向于分布式、高稳定性、高可用架构，与此同时，软件测试工作不再像过去一样只需完成传统系统测试即可，而是越来越趋向于高度自动化、快速反馈、环境真实及非功能测试。

由于各类测试的目的不同，测试系统的业务模拟要求也不同。这就要求测试中心的 IT 环境必须涵盖企业生产系统的类型，同时又有别于生产系统的特点。

1）匹配生产环境，系统型号多样

为了保障对企业各类已有或新业务系统的测试，测试中心的 IT 环境必须能够匹配企业新旧业务系统生产环境，具有异构、复杂、多样的特点。

2）资源利用率高，资源共享

为了保障业务系统长期稳定运行，生产环境往往会有一定的资源冗余。从资金投入和利用时限等角度出发，测试中心的 IT 资源都要求被重复、充分利用和共享，主要体现在服务器和存储资源上。

3）系统配置变化快

业务系统测试通常是短期阶段性的工作。在一个测试任务完成后，测试的 IT 设备将被收回，重新部署进行新测试。频繁的系统配置变换是测试系统的特点之一。

4）其他特点

测试中心的特点还包括服务要求高；安全、灾备等管理要求低于生产系统；管理手段和人员少于同等级别的生产环境等。

敏捷的测试环境是确保快速迭代下高效率、可重复、完整测试的必备条件。

3.6.2 业界关于测试环境管理的实践

如图 3-36 所示是国内某核心金融机构的测试中心部门基于 OpenStack 搭建的云测试平台，其目标是为开发测试提供虚拟资源弹性管理，并集成现有测试工具提供云端的测试服务。

例如，《OpenStack 最佳实践——测试与 CI/CD》这本书描述的最佳实践从 IaaS 层出发，利用 OpenStack 等相关技术构建测试环境管理的 PaaS 平台，用于支撑测试、持续集成和持续交付，这已经成为业界实践的某种主流。

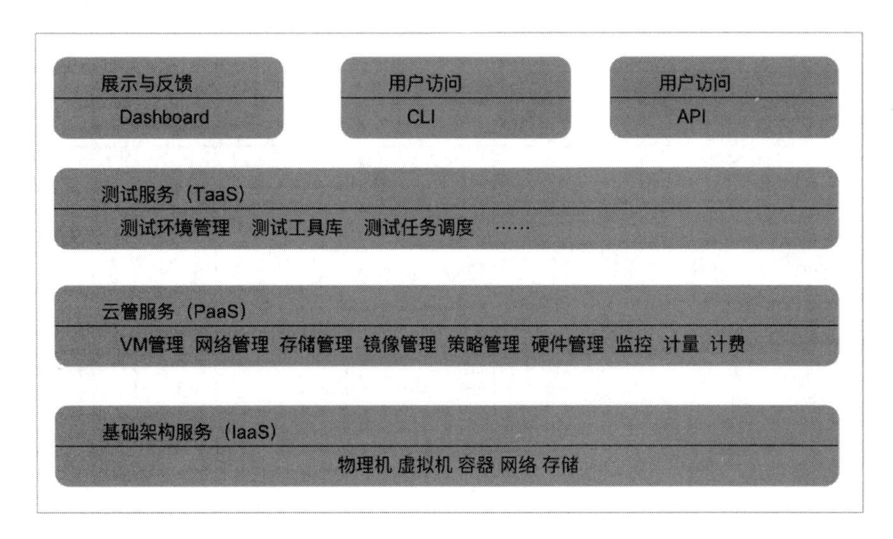

图 3-36　云测试平台

另外，业界也提炼了一个成熟度模型，可以供企业从构建管理和持续集成、环境和部署、发布管理和合规、测试、数据管理、配置管理几个方面判断现状及提升方向，如表 3-1 所示。

表 3-1　DevOps 成熟度模型

实　践	构建管理和持续集成	环境和部署	发布管理和合规	测　试	数据管理	配置管理
3 级——可优化级：聚焦于流程改进	团队经常碰面讨论集成问题和自动化解决方案，能更快速地反馈，具备更高的透明度	所有环境都被高效地管理起来，自动化地配置管理，虚拟化应用程度高	运维团队和发布团队协作管理风险和减少周转时间	几乎没有生产回滚，缺陷能及时被发现和修复	数据库性能和部署过程在两次发布之间构成反馈循环	经常性地检验配置管理策略，能支持高效协作、快速开发和可审计的变更管理流程
2 级——可量化级：过程度量和控制	收集构建度量信息、数据可视化并采取行动，确保构建不被破坏	各类部署过程和编排都被管理起来，发布和回滚过程被充分测试	主动管理环境和应用监控，周转时间被收集记录起来	质量度量和趋势跟踪，非功能需求被定义和度量	每次部署都验证数据库更新和回滚，数据库性能被监控和优化	开发人员每天至少签入一次代码到主线，分支只被用于发布
1 级——可持续级：过程自动化应用到整个应用生命周期中	每次变更提交都触发自动化构建和测试，依赖包得以管理，重用脚本和工具	全自动化，提供自助服务式的部署按钮，每个环境的部署都共用同一个过程	变更管理和审批流程被定义和执行，合规审核条件得以满足	自动化单元和验收测试，后者由测试人员编写，部分开发过程伴有测试活动	作为部署过程的一个环节，数据库变更自动化执行	库和依赖被管理起来，版本控制的使用策略由变更管理流程决定

续表

实　践	构建管理和持续集成	环境和部署	发布管理和合规	测　试	数据管理	配置管理
0 级——可重复级：流程文档化，部分自动化完成	自动化构建和测试，任何一次构建都可以使用自动化流程从源代码控制开始重新创建	自动化部署到某些环境，创建一套新环境比较简单、快捷，所有配置都版本化、外在化	发布不够频繁且发布过程比较痛苦，但发布过程本身还是比较可靠的，从需求到发布上线的过程仅存在有限的可追溯性	部分自动化测试	数据库变更由版本化的自动化脚本执行完成	所有重建软件系统所需的东西都纳入了版本控制：源代码、配置、构建和部署脚本、数据迁移
-1 级——退化级：过程不可重复，缺乏控制	纯手工过程构建软件，工作成果缺乏管理和报告	纯手工过程部署软件系统，二进制文件和环境相关，环境配置手工进行	不能频繁发布，发布过程不可靠	手工测试	数据迁移手工进行且未版本化	未使用版本控制，或者签入代码不频繁

越是需要频繁发布的开发模式，越是需要敏捷的环境管理方法和手段来支撑，例如，采用标准化的 PaaS、IaaS 或 CaaS 平台来管理基础设施。

3.6.3 测试如何纳入持续集成体系中

随着 DevOps 理念越来越深入人心，持续集成、持续部署已经成为很多公司的技术团队努力追求且不断完善的目标。在持续集成和持续部署的流程中，自动构建和自动部署一般是技术团队选择优先实现的目标。有了持续交付流水线，我们要关心的就是流水线上产品的质量了。从代码编译打包前的单元测试和代码扫描测试，到构建后的功能测试、接口测试、UI 测试、安全测试等都有一些社区和商业解决方案。

XMeter 的创始人王凡在《XMeter-CI/CD 中集成性能测试的最佳实践》这篇文章中提到，除了以上这些测试，技术团队往往是比较靠后去考虑把性能测试作为持续交付流水线上的一个环节。我和很多团队沟通过这个问题，总结起来原因有以下几个。

（1）团队对性能测试重视不足，往往上线之前才想到对系统性能做一个全面的了解。听起来这好像是一个很初级的问题，但是这确实真实存在于很多公司中，尤其是在一些快速发展的初创公司，很多时候系统的性能瓶颈都是在生产环境中直接由用户发现的。因此往往性能测试的需求都是在真实业务中受挫后才被提到日程上来的。

（2）性能测试，尤其是服务器端的集成环境性能测试，准备环境往往比较复杂。即使已经有了比较成熟的被测系统自动部署，测试环境的准备也很让人头疼，尤其是对被测系统承压能力要求比较高，需要进行大并发性能测试的团队，如一些电商、物联网公司。我们经常可以看到一个测试团队为了做一次大规模的性能测试，先花几天时间准备测试机，安装测试工具配置集群；再花一些时间配置监控系统。一旦测试过程中某台测试机出现状况，测试白做了是不可避免的，关键是有时候你还不知道哪台测试机出现问题了，如 CPU 爆了、内存不够了、网络出现问题等。当你拿到一些很不可思议的测试结果时内心一定是崩溃的……

（3）如果测试团队希望能够做到持续测试，也就是在每个版本发布过程中都能够有性能测试覆盖，维护一整套测试环境，并保证它在每次自动化测试过程中都能正常工作，这往往比重新搭建一套新的测试环境更让人头疼，比如，突然有人借走了一台测试机。

（4）性能测试不像功能性测试那样比较容易对测试结果进行分析，比如，单元测试或接口测试，只要验证点没问题，对就是对，错就是错。性能测试却不是非黑即白的，它的性能指标有很多，要统筹地去看待这些结果才能给出有意义的结论。即使发现有明显问题，想定位问题也是很考验测试人员的能力的。在和很多团队聊天的过程中经常听到他们说："每次大版本发布能做一次比较完整的性能测试就不错了，还要持续集成？那不得累死……"

把性能测试包含在持续测试流水线中真的很难吗？也不尽然。当一个技术团队满足一些基本前提条件，然后设定相对合理和明确的目标，再给予工具支撑，这件事情做起来就没有那么困难了。

前提条件是"标准化的测试环境自动部署"：有稳定的产品持续部署能力。当一个技术团队还没有一个比较稳定的持续集成框架来实现持续部署的时候，引入性能测试是不太现实的，毕竟我们做性能测试的前提是有一个可持续部署的被测系统。这是一个比较理想的被测系统环境。

这里有以下三类环境。

（1）模块级测试环境：这个阶段的测试目的是测试模块层面的接口性能，保证模块单接口更新或新增后性能没有问题。这个环境可以不是一个完整的系统，只包含模块级开发团队负责的模块，但是一定是一个可运行、可测试的环境。这个层面的性能测试更关注模块层面的接口性能测试，环境部署规模一般是单节点小规模。

（2）集成测试环境：这个阶段的测试目的是测试系统集成环境的整体性能。如果被测系统是一个分布式、可扩展的架构，在这个环境中可以是单节点或少量的分布式环境。但是一定要保证这个环境是一个基本完整的系统，这样我们才能端到端地测试系统性能。

（3）准生产环境：这个环节基本是模拟生产环境的配置和规模，有的公司甚至可以用此环境和生产环境进行切换，以进行系统升级。在这个环境上的性能测试主要是模拟生产环境规模的压力，以保证系统上线后能够满足真实的业务需求。

当能够自动部署上述环境，或者其中某几个环境的时候，就有了进行性能测试的基础。

自动部署的意义不只是自动地准备被测环境，更重要的是能够准备标准化的被测环境。对于性能测试来讲，标准化的环境意义非常大，不管是被测系统硬件配置（操作系统、CPU、内存）、被测软件配置、网络配置还是系统拓扑结构，这些在每次测试的时候都需要保持统一，或者变更可追踪。否则，作为性能测试来讲，若每次环境都不一样，压力测试也就没有标准可言。

在持续集成的自动化测试中需要明确几个原则：第一，自动化测试更多的是为了回归测试，也就是要保证系统在更新过程中无论是功能还是性能都没有回滚。第二，要尽量保证测试结果准确易读。如果自动化测试用例积累得越多，测试频率越来越快，往往一次测试会产生大量的测试结果。如果测试结果不准确或不易解读，测试后需要花费大量时间去分析，那么团队工作效率会大打折扣。

基于以上原则，对于性能测试来讲，需要在测试前对每个测试用例设定好性能基线。性能基线可以通过前期的手动性能测试探索得出。无论是单一的接口压测还是复杂的组合压测和流程压测，我们都可以通过测试在标准环境中找到一个合理基线。性能基线可以包含测试并发数、平均响应时间、最大响应时间、平均吞吐量、被测系统 CPU 使用率、CPU Load、内存使用量等指标。当被测系统有了这些基线后，我们就可以将测试脚本放入自动化流程中。在每次测试完成后，我们只需要对比本次测试结果和性能基线就能清晰、明确地知道系统有没有性能上的回滚。每次测试结束后，我们的关注点可以聚焦到那些没有达到性能基线的测试用例中，定位到相关的代码或系统配置变更，找出问题。

需要依照以下流程将测试用例与基线放入自动化流程中：①编写性能测试脚本。②对标准系统进行压测，一方面调试脚本，一方面建立新用例的性能基线。不同阶段的测试环境基线是不同的。③定义测试套件，将测试脚本组合成不同的测试套件，便于在不同环境中调用不同的套件进行测试。对于不同测试套件的理解，我们可以举一个例子：在模块测试环境中，我们会定义和模块接口相关的性能测试用例组合成套件执行。因为模块更新快，测试频率也比较高，所以不宜将全部性能测试脚本都跑一遍。而在集成环境和准生产环境中，我们可以定义更全面的测试套件，以保证测试覆盖率。④可以将性能测试脚本、套件和相应环境的基线放到测试平台和版本控制系统中，如 Git、SVN 等，以便在后面的自动化测试过程中自动化调用。

对于性能测试的持续集成，需要具备以下功能的工具和平台的支撑才能够完成。

（1）测试环境能够自动生成。在测试过程中，不同的测试用例对并发数的要求是不同的，需要有一个可伸缩的测试工具来满足不同测试用例的并发需求。大并发量测试的系统往往需要使用多台压力机同时提供压力，搭建测试集群是不可避免的。XMeter 作为性能测试平台，无论是公有云服务还是企业私有部署版本，都能够自动为不同的测试压力创建压力机集群，分配测试脚本执行测试，并能够实时收集测试数据生成测试报告。而且 XMeter

为每台压力机都配备了性能监控，也就是说，我们在测试过程中可以同时监控压力机是否处于正常状态，以及时发现由于压力机本身的性能问题造成的测试数据偏差。

（2）测试环境易于维护。对于一个需要长期运行的持续集成环境，测试环境也是需要长期运行和维护的，如果此环境需要大量人力去维护，对生产效率提升也是重大的阻碍，XMeter 作为一个成熟的性能测试平台可以很好地满足此需求。使用公有云服务的用户完全不需要关心平台的维护，只需要在测试的时候调用服务，就像使用自来水一样随用随取，简单方便。不能够使用公有云服务进行内网压测的用户可以使用企业私有部署版本，在自己的环境中搭建 XMeter。XMeter 提供了简单、方便的管理员界面，可以轻松地将压力机注册到平台中。在测试过程中测试服务会自动寻找可用的压力机进行测试，测试完成后资源自动回收，实现了最大程度的资源利用。

（3）测试工具与持续集成、持续部署平台的对接。在持续集成、持续部署环境下，性能测试的触发和结果的收集应该是可以自动化的。自动化测试的触发可以为手动触发，或者自动化环境部署完成后自动触发，这样我们就需要测试工具平台提供可以自动调用的接口来满足这一需求。XMeter 提供了丰富的 RESTful API 和命令行工具，可以轻松地和不同持续集成、持续部署系统对接。通过自动化的接口调用上传脚本，启动测试和收集结果。

如图 3-37 所示是一个以 Jenkins 为持续集成流水线引擎，以 SVN 为版本控制系统，以 XMeter 为性能测试平台的自动化测试框架。

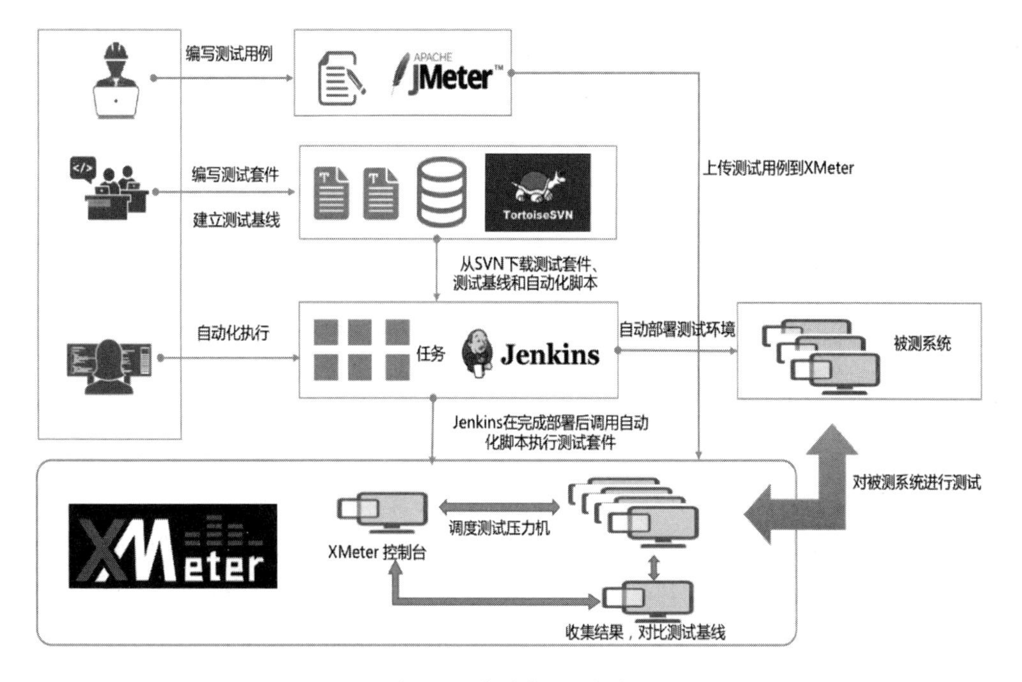

图 3-37　自动化测试框架

3.6.4 敏捷测试方法与传统测试方法的不同之处

1. 在传统团队中工作

在传统测试中，我们习惯严格、精确地定义软件开发生命周期中的各个阶段，即以发布计划和需求定义开始，以匆忙的测试阶段和延迟发布结束。实际上，我们经常被迫担任门卫的角色，告诉业务经理："对不起，需求已经冻结了，我们建议在下个版本中增加这个特性。"

传统团队注重在最终产品中发布所有确定的需求。如果在最初确定的发布时间存在没有完成的部分，那么发布通常会被推迟。开发团队通常不知道需要发布什么功能和他们应该如何工作，每个程序员更专注于代码的特定部分，测试人员通过研究需求文档来制订测试计划，等待测试工作就绪。

整体周期通常很长，可能会持续半年至一年，需求冻结时间较长，存在很多过程和制度，必须在进入下一个阶段前完成上一个阶段的工作，彼此的空闲时间很多，应用并不总是符合客户的期望。

2. 在敏捷团队中工作

敏捷是迭代和增量的，这意味着测试人员在每个代码增量完成时都要测试，一个迭代可能短至一周。团队构建并测试少量的代码，确保它可以正常工作，再转移到下一个需要构建的部分。开发人员所做的工作从来不超前于测试人员，因为一个功能在被测试之前处于"未完成"的状态。

敏捷团队在工作中密切接触业务，详细了解需求，专注于交付价值，可能在优先级较高的功能上投入更多。测试人员不是坐等工作降临，而是主动寻找在整个开发周期中都贡献价值的方式。

3.6.5 敏捷测试人员的定义

我们这样定义敏捷测试人员：专业的测试人员，适应变化，与开发人员和业务人员展开良好协作，理解利用测试记录需求和驱动开发的思想。

以下法则对于敏捷测试人员来说非常重要。

1. 提供持续反馈

既然是测试驱动敏捷项目，那么很显然反馈在敏捷团队中占据很重要的地位。测试人员的传统角色就是"信息提供者"，这使得他们天生就对敏捷团队很有价值。敏捷测试人员的最大贡献之一就是帮助 Product Owner 和业务，采用实例和测试的形式描述清楚每个用户故事的需求。测试人员将这些需求转化为可执行的测试，尽快运行这些测试，并不断接收有价值的反馈。

2. 为用户创造价值

敏捷开发就是在较低的版本发布中提供客户目前最迫切需要的功能，这通常意味着要限定范围。我们经常在客户团队中遇到比较棘手的功能需求，任何人都可以质疑这些内容，但是测试人员需要判断其对故事的影响，因为我们需要考虑测试的后果。

敏捷测试人员需要总揽全局，可以在当前迭代中发布最重要的功能，之后再完善。如果让新功能偷偷混进来，就会有一无所获的风险。如果过于关注边边角角，忽略了核心功能，就无法提供业务所需的价值。

3. 进行面对面的沟通

敏捷测试人员从客户的角度思考每个故事，但是也理解与实现功能相关的技术和局限性，可以通过面对面的沟通帮助业务和开发人员达成共识。

4. 响应变化

响应变化是敏捷实践的重要价值，但是这对测试人员来说却是最困难的。

测试人员渴望的是稳定，他们会说："我已经测试过了，任务完成了。"持续的需求变化是测试人员的噩梦。但是，作为一名敏捷测试人员，不得不拥抱变化。他们可能期望本周三启动故事 A 和故事 B，下周五做故事 C。但是到了下周五，业务重新设定了优先级，需要启动故事 A、故事 X 和故事 Y。其实，只要持续与业务交流就能处理这些变化，因为要与团队的其他成员保持同步。

5. 准确的案例编写

完善的测试案例主要在于测试人员、开发人员和业务人员之间卓越的沟通。纪律也很关键，因为目标是在迭代结束时交付完整、可部署、无缺陷的功能，还要避免掉入瀑布模式的陷阱。避免瀑布模式意味着必须协调编码和测试活动，设计迭代活动时要确保在编写某功能的代码时，其测试用例也在设计和自动化。开发人员在编写代码时，测试人员在编写案例，开发人员会询问测试人员是如何设计的及预期结果是什么。同时，测试人员也会定期询问开发人员如何实现某个功能。这种双向的提问经常会改善在解释需求时出现的不一致，并在代码真正嵌入之前发现需求理解歧义方面的缺陷。

3.6.6 敏捷测试过程管理

1. 计划管理

我们不能期望把各个迭代要完成的任务都计划得十分细致，这在有些时候甚至是不可能的，我们需要做的是了解所有的工作流和用户故事，并依据它们之间的难易程度和关联来确定将哪些故事放到哪个迭代中实现更加合适。例如，将详细的测试计划放在迭代开始更加合适。在敏捷测试的计划管理中，我们需要完成并遵循以下工作原则。

1）输入

（1）全员参与（开发人员、测试人员、业务人员、相关职能人员）。

（2）梳理项目章程、相关干系人的组织架构，以及初步项目范围。

（3）对项目的管理、监督、控制制定准入、准出标准。

（4）确定变更控制的工作流程。

（5）对所有存在异议的地方达成一致意见。

2）输出

（1）总体项目里程碑进度表。

（2）项目中存在的制约因素（约束条件）。

（3）项目人员的组织架构，尤其需要确定项目经理可以调动的项目资源。

（4）确定对项目各个阶段的准入、准出标准。

（5）确定项目对变更控制的工作流程。

2. 故事管理

用户故事定义了一小部分对用户有价值并可被用户评估、验证的功能，敏捷模式与传统模式的一个最大区别就是引入了用户故事，用来取代传统模式中的需求文档。相关干系人是否对用户的理解达成一致意见，在很大程度上影响着项目的成功或失败。对于用户故事的管理，我们应该遵循以下工作原则。

1）输入

（1）全员参与（开发人员、测试人员、业务人员、相关职能人员）。

（2）通过讨论对有异议的用户故事达成一致意见。

（3）对于需要变更的用户故事实时更新范围文档。

（4）分析用户故事之间的约束条件，将合适的用户故事放在合适的迭代中实现。

（5）细化用户故事中的每个 AC 点。

（6）美工人员全程参与用户故事的细化。

2）输出

（1）用户故事的范围。

（2）用户故事的 AC 点。

（3）用户故事的示例。

（4）用户故事的变更控制流程。

（5）明确每个用户故事在迭代计划中的约束及作用。

3. 迭代管理

迭代开始后，于每日站立会议上，由开发团队根据各自的工作进展更新任务板，告知测试人员某些故事点于哪个时间内完成，测试人员根据文档（输入部分）完成测试案例的编写，制订测试计划并告知开发人员。在测试实施过程中，测试人员遇到的问题缺陷将及时与开发人员沟通，由开发人员定义问题类别并告知测试人员记录。测试人员将在迭代周期内完成全部 AC 点的验证，包括缺陷验证。当出现一项需求变更或优化调整时，需要 Product Owner 召集开发人员、测试人员、项目经理及业务人员，讲述变更内容，由开发人员估算变更工作量，给出预计开发完成时间。完成测试任务后，由测试人员整理测试案例、验证结果、问题缺陷列表及测试范围等，并交予 Product Owner。

1）输入

（1）召开迭代计划会议（参与人员有开发人员、测试人员、业务人员、相关职能人员）。

（2）每日站立会议（昨日进度陈述、今日工作安排、存在的风险）。

（3）开发人员完成本次迭代任务的相关模块。

（4）测试人员完成本次迭代任务的测试工作。

（5）召开迭代验收会议（参与人员有开发人员、测试人员、业务人员、相关职能人员）。

2）输出

（1）计划会议纪要。

（2）验收会议纪要。

（3）迭代故事清单。

（4）测试用例。

（5）需求变更文档记录。

4. 变更管理

变更指在信息系统项目的实施过程中，由于系统环境或其他原因对项目产品的功能、性能、架构、技术指标、集成方法，以及项目的范围基准、进度基准和成本基准等方面做出的改变。项目中存在变更是无法避免的，尤其是在敏捷模式中的变更，通常会更加频繁和普遍，因项目变更导致的项目失败甚至项目延期不胜枚举。针对项目变更导致的项目风险，项目的变更管理和与之配套的变更文档管理就显得尤为重要。从测试的角度讲，为了有效地规避项目变更给测试带来的风险，测试人员介入项目的时间要尽可能早。

其实在敏捷团队中，无论是开发人员、测试人员，还是业务人员，工作本身没有明确的责任界限，只是共同完成项目。而且，测试人员需要和业务人员，甚至需要充当业务人员去完善用户故事和测试 AC 点，尽可能在开发阶段之前确认相关内容，降低后续工作的变更风险。

1）输入

（1）项目变更申请单。

（2）对提出的变更申请进行论证（全员参与）。

（3）发出变更通知并开始实施。

（4）变更过程监控。

（5）变更效果评估。

2）输出

（1）判断项目进度的当前状态。

（2）对造成进度变更的因素施加影响。

（3）查明进度是否已经改变。

（4）在实际变更出现时对其进行管理。

5. 进度管理

每个项目都有进度要求，项目进度管理就是保证项目的所有工作都在指定时间内完成。对于敏捷项目来说，进度是难以掌控的，因为在敏捷项目的实施过程中，受约束条件及各种外界因素较传统模式面对的问题更多。一方面是由敏捷项目本身的工作模式决定的，另一方面是受外部环境的影响。从团队层面来讲，进度的滞后是非常致命的，无论之前有过多少变更，一旦进度受到影响，就说明项目已经存在不可控的风险，因此进度管理对于敏捷测试团队来说是红线，不能逾越。做好进度管理主要有以下几个方面。

1）输入

（1）定义迭代活动。

（2）对定义的活动排序（包括迭代中的用户故事）。

（3）迭代资源估算（人力、设备）。

（4）迭代历时估算（关键路径，评估迭代实施过程中的最长实施时间和最短实施时间）。

（5）制订进度管理计划。

（6）对制订的进度管理计划进行监控。

2）输出

（1）进度模型数据。

（2）进度基准。

（3）绩效衡量。

（4）请求的变更。

（5）推荐的纠正措施。

（6）组织过程资产。

（7）迭代清单。

（8）迭代清单属性。

（9）项目管理计划。

3.6.7　敏捷测试团队管理

1．团队整体参与

作为敏捷团队中的测试人员，如果计划会议或设计讨论没有邀请你参与，或者业务人员正在独自定义用户故事和需求，那么这个时候你需要站出来和其他成员交流，与开发人员一起参加会议，并提出“三方协助”，让你的问题成为团队的问题，让他们的问题成为你的问题。

2．采用敏捷测试思维

敏捷测试人员应该丢掉“家具警察”的思维。在敏捷团队中，测试人员可以做任何事情，以帮助团队生产最优秀的产品。敏捷测试团队是前瞻性的、创造性的，欢迎新思想，乐于接受任何任务，使用敏捷总则和价值观来指导你。敏捷测试思维的一个重要部分是不断想办法改进工作。

3．提供反馈

反馈是敏捷的核心价值观，敏捷的短期迭代可以提供持续的反馈，以帮助团队正常运转。测试人员也需要反馈，一个最有价值的技能就是学习如何寻求自己的工作反馈；询问开发人员是否得到了足够的信息理解需求，并且可以指导编码；花时间参与迭代计划会议和回顾会议，讨论这些问题并提出改进方案。

3.7　运维域 DevOps 实践

3.7.1　敏捷基础设施

在基础设施管理的发展路线上，企业可能会经历以下三个阶段。

1．每台服务器都是不同的

异构的技术体系或历史遗留问题等导致每台服务器都是不同的，管理难度大，业务服务器需要持续运行，应用需要升级，系统和依赖软件需要更新。这个阶段的特点是：反复变更带来不确定性，环境重建困难。

2．自动化、配置化的环境管理

该阶段全自动化，以描述的方式控制所有变更，能更好地重建、理解配置、版本控制和审计。但是这个阶段未能很好地解决变更风险问题：对运行系统的任何变更都会注入风险。

3．不可变服务器（Immutable Server）

任何变更都做到在镜像中进行测试和发布，镜像部署后从未改变，直到新的实例替换。这个阶段能很好地体现持续交付原则：只编译一次，在所有环境中运行。

3.7.2　自动化部署

自动化部署（4W1H）的定义：将被部署对象按照一定的部署策略，在部署目标上按照一定的顺序自动化地执行一组原子操作的过程。

1．What

部署内容：程序、数据库脚本[DDL（Data Definition Language，数据定义语言）/DML（Data Manipulation Language，数据操作语言）]、配置文件、js、html 等。

2．Where

部署到哪些服务器上？

3．When

部署时机，是人工部署，还是定时部署？

4．Which

每台服务器上部署哪些内容？

5．How

部署过程有哪些？DDL 执行—DML 执行—停止服务—备份—拉取发布包—部署—启动服务—检查服务—清理备份—清理日志。是否需要修改负载均衡的配置？修改策略是什么？（灰度发布、金丝雀发布、A/B 发布）

3.7.3　自动化部署的要素

1．应用类型和架构

- 类型：小型应用、大规模分布式应用等。
- 架构：简单的、复杂的、C/S（Client/Server，客户端/服务器结构）、B/S（Browser/Server，浏览器/服务器结构）类型的应用等。

2．部署方式和策略

- 部署内容：J2EE 软件包部署、移动 App 部署、DDL/DML 脚本部署、产品定义（Excel 宏脚本直连数据库执行）、C/S 流程文件部署（Client 加载新的流程文件）等。
- 部署包的策略：多包分别在不同服务器上部署，每个服务器上部署的包数量不同；多包部署在多个服务器上，每个服务器上部署相同的包；相同的包部署在多个服务器上，每个服务器上部署多个实例等。
- 并发（分组并发和分批并发）、灰度发布、金丝雀部署、A/B 测试。
- 代码与环境紧耦合：代码中包含 IP、环境配置、数据库连接配置等。
- 应用回滚、DDL/DML 回滚。
- 测试环境自动化部署、生产环境人工一键部署。

3．部署目标环境

- 部署的基础资源环境：物理机、虚拟机、公有云、私有云、Docker 等。
- 被部署的环境：开发、测试、试运行、生产等。
- 节点规模：几个、几十个、几百个、几千个等。
- 地域范围：单一 IDC（Internet Data Center，互联网数据中心）、跨 IDC 等。
- 操作系统及运行环境：Linux、Windows、Aix、库包等。
- 部署架构：单机、HA、集群。
- 应用容器：Tomcat、WebLogic、WebSphere 等。

4．部署过程要求

- 各组件部署的频率不同：不同组件在同一个阶段部署不同，同一个组件在不同阶段部署不同。
- 服务允许中断时间 SLA（Service Level Agreement，服务级别协议）要求不同：可以中断几秒、几分钟、几小时，或者不能中断。
- 部署权限限制：应用部署、DDL 部署、DML 部署分权执行。

- 部署时间需要进行时间窗口限制，以确保部署安全。
- 部署过程可视化。
- 个性化的部署任务：是否清理应用容器 Cache、备份包数量、认证证书处理、日志备份与保留处理。
- 部署后的验证。

3.7.4 部署常见场景及问题

场景 1：环境升级

当同时升级若干个环境软件时，难度随之增大，采用手工调度的方式极易出错，升级失败时仍需要大量人工处理。

场景 2：依赖环境的软件升级与回滚

环境升级和应用升级不是同步进行的，当新版本部署到生产系统时，发现问题需要回滚到之前的版本，所有运行的版本都需要回滚，而且环境也需要同步回滚。

场景 3：运行时依赖

当项目依赖关系复杂时，产生的包将非常臃肿，这潜在地延长了部署时间，而且产生冲突的可能性非常大，对不同类型的项目缺乏通用性。

场景 4：泛滥的部署

与每个应用相关的持续集成环境都需要开发自己的部署脚本，重复投入大，各个项目的部署过程也不一致，并且对于同一个应用无法同时满足不同目的的部署要求。

场景 5：不一致的环境

应用的运行环境在数据中心，而开发、测试环境往往又在开发中心，如果在不同部门之间搭建环境，则操作复杂，容易产生不一致的情况。

场景 6：热切换

对于某些部署，需要尽量减少服务的停止时间，在服务的同时进行部署。

3.7.5 部署服务工具链

要实现自动化部署，提供一系列自动化部署工具是非常有必要的，可以分成以下三个层面。

1. 引导（Bootstrapping）

服务器操作系统的配置及基于虚拟机的服务器安装自动化的相关工具。

2. 配置（Configuration）

服务器及中间件的配置自动化工具。

3. 业务流程（Orchestration）

代码部署及发布相关的服务器操作等自动化工具，如图 3-38 所示。

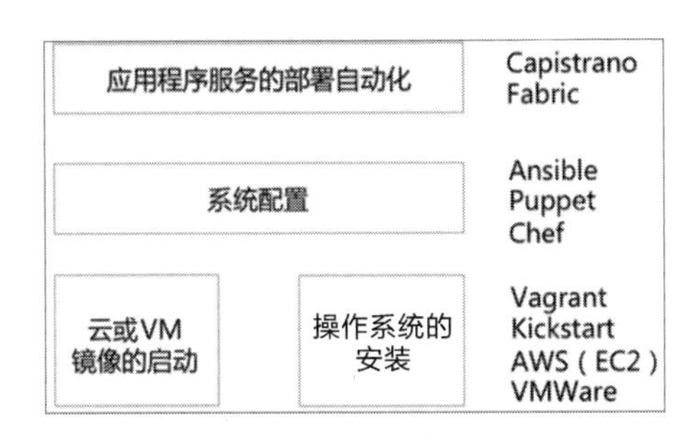

图 3-38　部署及发布自动化工具

3.7.6　资源部署

不同于生产环境，测试环境的系统配置随测试的变化快速更替。企业测试中心往往需要耗费大量的人力、物力进行测试系统的准备和搭建，反复进行服务器、存储、网络环境、操作系统和应用软件的安装、配置和恢复等。据业界咨询专家估计，19%的数据中心服务器维护成本来自“系统初始化和软件部署”。而测试中心具有比通常数据中心更频繁的“系统初始化和软件部署”需求，维护成本就更高。同时手工操作依赖操作者的技术水平和现场发挥，难以规范。操作不熟练或误操作就会导致测试环境搭建工作的延误，影响被测业务系统及时上线，造成企业不必要的损失和测试中心服务满意度的下降。

如何提高测试环境的准备效率，为企业节约人力、物力，避免人为操作可能的失误，保障测试工作如期顺利进行，是企业测试中心测试环境部署的关键需求。而自动实现测试环境部署，将极大地提高测试中心的 IT 服务水平。越来越多的企业已经意识到自动实现测试环境部署的迫切性，以及其对测试中心未来发展的意义。采用专业的资源部署管理工具，实现基于策略的系统环境自动化部署，已成为企业选择的方向。

3.7.7　自动化资源部署

资源部署是指通过安装和配置，将一种资源从原始状态变为可用状态的过程。对于企业开发测试中心来讲，这种资源可以是硬件资源（服务器），也可以是软件资源（中间件或数据库），还可以是网络资源和存储。测试中心要实现自动化资源部署，首先要规划系统资源部署的过程，确定流程先后关系和各个步骤的操作；然后将手动的过程脚本化，定制为自动化流程；最后调试实现自动化资源部署。

细化资源部署的过程分为以下六个步骤。

（1）服务器和存储准备：包括服务器的硬件组装，加电；存储资源的连接和划分，通常通过存储设备提供商或第三方的存储管理工具实现存储划分和配置。

（2）启动，操作系统引导准备：控制一台没有操作系统的服务器，一般通过操作系统提供商的系统管理工具实现。

（3）安装操作系统：操作系统安装，也可以通过调用镜像管理工具来实现。

（4）网络配置：根据实际情况，选择将服务器配置到测试环境的网络。

（5）安装应用系统：部署应用软件，如应用服务器、数据库等。

（6）配置并启动应用软件：启动、测试、配置并最终使应用软件达到测试环境准备的要求，包括配置网络负载均衡等。

将这些步骤通过自动化管理工具串联起来，就成为自动化资源部署。

分析细化资源部署的六个步骤，要通过资源自动化部署工具实现对不同厂商设备、应用软件的部署和配置，就必须通过脚本调用厂商管理配置工具，并且确保这些调用过程可以以静默的方式实现，否则大量的人机交互将导致部署过程依赖现场人工操作，失去了快速、自动部署的意义。

确认整个部署过程可以通过自动化的脚本调用，基于工作流来实现后，我们可以提出资源快速部署的方案架构，如图 3-39 所示。

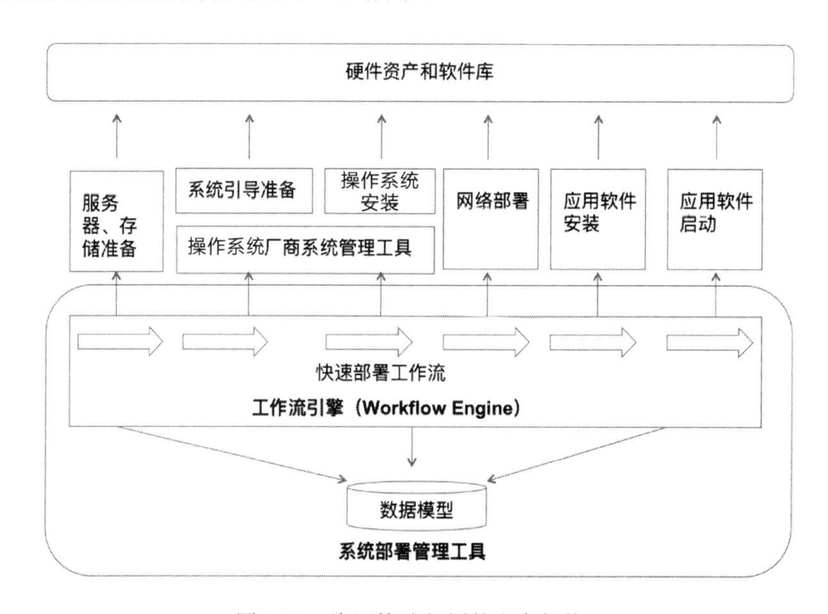

图 3-39　资源快速部署的方案架构

其中，工作流引擎和数据模型是在系统部署管理工具中涉及的功能模块，通过将具体的软硬件甚至逻辑概念定义在数据模型中，管理工具可以标识并在工作流中调度这些组件资产，实现各类管理功能。工作流引擎是调用和触发工作流、实现部署自动化的核心机制，自动将不同种类的脚本流程整合至一个集中、强健、可重复使用的工作流数据库中。

3.7.8　应用部署

应用部署是指在资源环境就绪的情况下，从源代码生成软件包并装载到实例上，同时确保能正常启动并运行软件的过程。

应用部署通常需要经过以下步骤：

（1）通过 CI 服务器编译出部署包。

（2）选择要部署的软件包版本。

（3）生成新的环境实例。

（4）下载包。

（5）清理和准备目标机环境。

（6）设置环境配置。

（7）环境实例切换。

（8）生成部署报告。

应用部署通常用脚本实现，如图 3-40 所示是一个银行系统自动化部署脚本开发流程的例子。

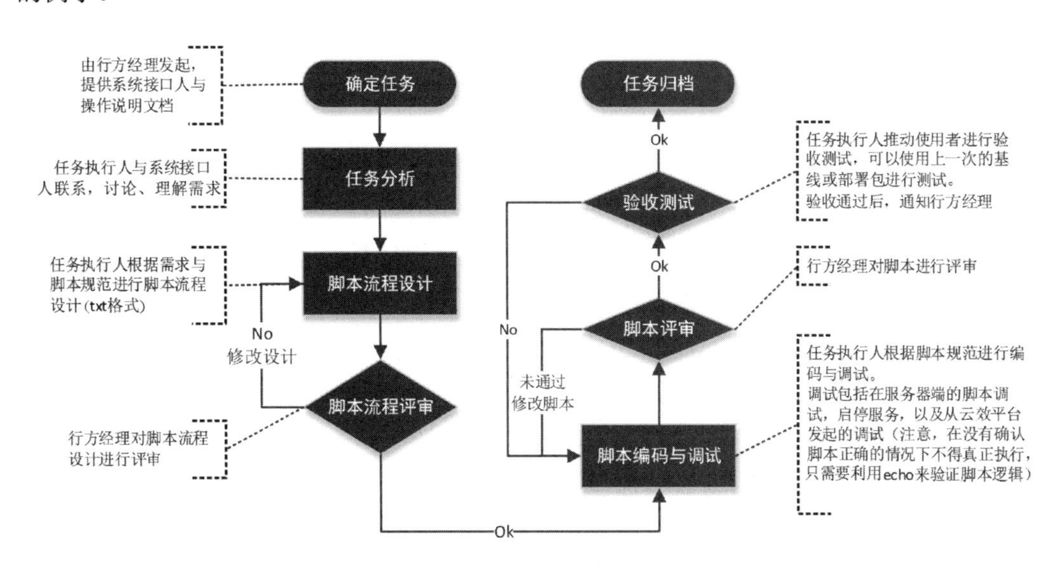

图 3-40　自动化部署脚本开发流程

3.7.9 应用交付容器化

以 Docker 为代表的容器技术重新定义了打包程序的方法：Docker 容器+用户应用=部署单位（构件）。

容器级部署带来的最大好处就是开发者本地测试、CI 服务器测试、测试人员测试及生产环境运行的都可以是同一个 Docker 镜像，如图 3-41 所示。

图 3-41 容器级部署

3.7.10 应用容器化改造

目前业界在容器云管理平台及其实施推广方面已经积累了不少经验，提炼出应用容器化改造的各种方法和最佳实践，如图 3-42 所示。

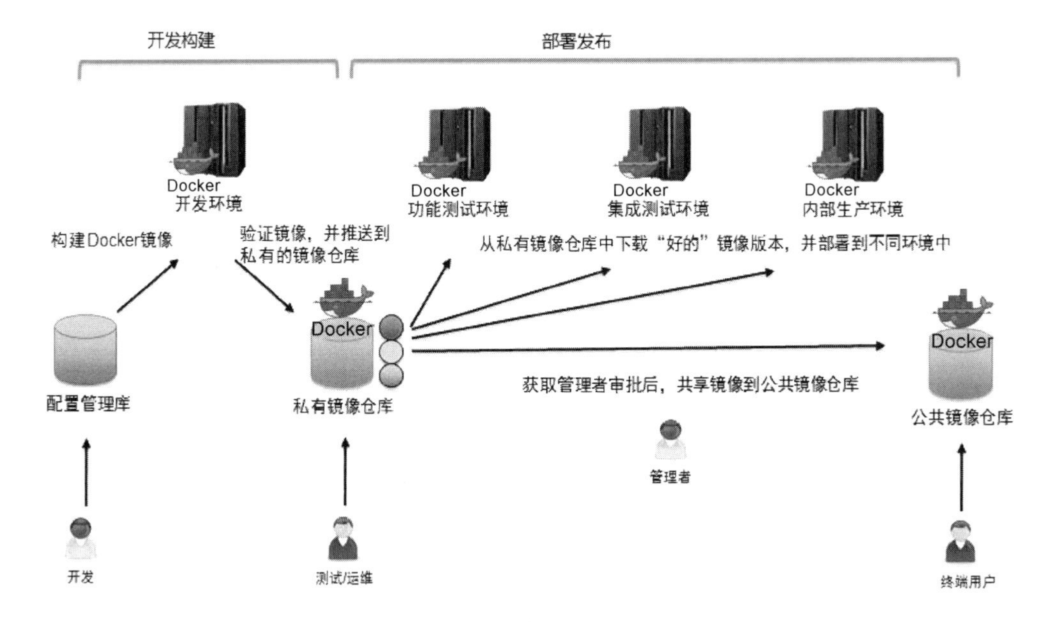

图 3-42 容器化改造

如图 3-42 所示是采用了容器之后，开发、测试、运维基于镜像进行价值传递和交付的模式，是一种容器化部署模式下的部署包与镜像仓库管理方法。可以看到的明显好处是：

（1）通过容器镜像包装底层环境和依赖关系，达到环境标准一致。

（2）部署速度加快，避免从代码级重复编译、构建和打包的过程，直接通过镜像复制进行传递。

（3）运维只需要关注公共镜像仓库，因为只有经过持续交付流水线管道的重重验证，才能进入公共镜像仓库，运维上线只需要从公共镜像仓库获取镜像，参照测试环境经过验证的部署方式进行生产发布即可。

3.7.11　不中断服务的部署方法

多数 Web 应用程序在代码更新后都需要重启服务，在请求处理过程中重启不仅会造成该请求失败，甚至可能造成服务中断。对于高 SLA 的业务而言，这是不允许的。那么有没有零中断时间部署的方法呢？

1. 滚动部署

滚动部署是指通过逐个替换应用的所有实例，来缓慢发布应用的一个新版本。通常过程如下：在负载调度后有一个版本 A 的应用实例池，一个版本 B 的实例部署成功，可以响应请求时，该实例被加入池中，然后版本 A 的一个实例被删除并下线。

考虑到滚动部署依赖于系统，可以调整以下参数来增加部署时间：

- 并行数，最大批量执行数：同时发布实例的数目。
- 最大峰值：考虑到当前实例数，实例可以加入的数目。
- 最大不可用数：在滚动更新过程中不可用的实例数。

优点：

- 便于设置。
- 版本在实例间缓慢发布。
- 对于能够处理数据重平衡的有状态应用非常方便。

缺点：

- 发布、回滚耗时。
- 很难支持多个 API。
- 无法控制流量。

2. 蓝绿部署

蓝绿部署与滚动部署不同，它是版本 B（绿）同等数量地被并排部署在版本 A（蓝）旁边。当新版本满足上线条件的测试后，流量在负载均衡层从版本 A 切换到版本 B。

优点：

- 实时发布、回滚。
- 避免版本冲突问题，整个应用状态统一进行一次切换。

缺点：

- 成本昂贵，因为需要双倍资源。
- 在释放版本到生产环境之前，整个平台的主流程测试必须执行。
- 处理有状态的应用很棘手。

3. 金丝雀部署

金丝雀部署是指逐渐将生产环境流量从版本 A 切换到版本 B。流量通常是按比例分配的，例如，90%的请求流向版本 A，10%的请求流向版本 B。

金丝雀部署方式源自矿井行业的一种做法：金丝雀对瓦斯极敏感，矿井工人工作时携带金丝雀可以及时发现危险。

这种部署大多用于缺少足够测试，或者缺少可靠测试，或者对新版本的稳定性缺乏信心的情况下。

优点：

- 版本面向一部分用户发布。
- 方便错误评估和性能监控。
- 快速回滚。

缺点：发布缓慢。

4. A/B 测试

A/B 测试是指在特定条件下将一部分用户路由到新功能上。它通常用于根据统计来制定商业决策，而不是部署策略。然而，它们是相关的，可以在金丝雀部署上添加额外功能来实现。这个技术广泛用于测试特定功能的切换。

下面是可以在版本间分散流量的条件：

- 浏览器 Cookie。
- 查询参数。
- 地理位置。
- 技术支持：浏览器版本、屏幕尺寸、操作系统等。
- 语言。

优点：

- 多个版本并行运行。
- 完全控制流量分布。

缺点：

- 需要智能负载均衡。

- ❑ 对于给定的会话很难定位问题，分布式跟踪是必须的。

5. 影子部署

影子部署是指在版本 A 旁边发布版本 B，将从版本 A 进来的请求同时分发到版本 B，同时对生产环境流量无影响。这是测试新特征在生产环境流量负载上表现是否良好的一种方式。当满足上线要求后，则触发发布新应用。

这种部署配置非常复杂，而且需要特殊条件，尤其是分发请求。例如，对于一个购物车平台，如果你想使用这种部署测试支付服务，可能最终用户会支付两次。在这种情况下，可以通过创建一个仿真服务来重复响应用户请求。

优点：

- ❑ 可以使用生产环境流量进行性能测试。
- ❑ 对用户无影响。
- ❑ 直到应用的稳定性和性能满足要求后才发布。

缺点：

- ❑ 成本昂贵，因为需要双倍资源。
- ❑ 不是真实用户测试，可能出现误导。
- ❑ 配置复杂。
- ❑ 在某种情况下需要模拟服务。

3.7.12　敏捷运维

机器增加的速度、系统复杂度增加的速度远比人增加的速度快得多。因此运维体系必须向自动化运维、敏捷运维方向发展。

SRE（Site Reliability Engineer，网站可靠性工程师）起源于 Google 的七人生产运维小组，是可参考借鉴并纳入 DevOps 体系内的一个敏捷运维实践，如图 3-43 所示。

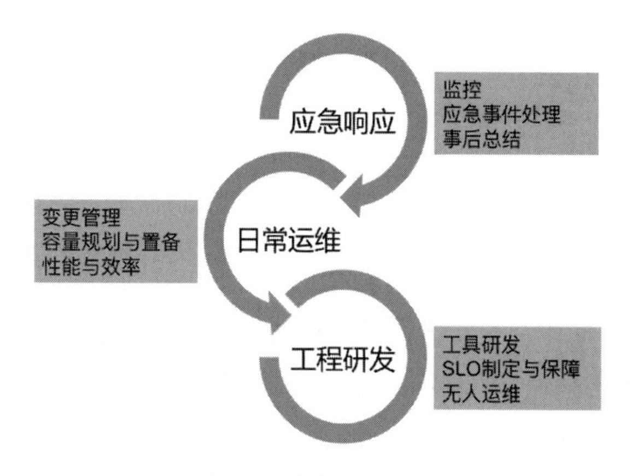

图 3-43　敏捷运维实践

SRE 把运维工作分为应急响应、日常运维、工程研发三大类，工具平台会投入更多的精力去构建，从而减轻人工日常运维的压力，提高运维自动化水平。

对于 SRE 而言，自动化是一种力量倍增器，但不是万能药。力量的倍增并不能改变力量用在哪里的准确性，草率地进行自动化可能在解决某个问题的同时产生其他问题。

自动化的价值不仅来源于它所做的事情，还包括对它的明智应用。

1．运维自动化的价值

1）一致性

当管理成百上千台或成千上万台机器时，没有几个人能像机器一样永远保持一致性，这种不可避免的不一致性会导致错误、疏漏、数据质量问题和可靠性问题。在一个范畴内一致性地执行范围明确、步骤已知的程序是自动化的首要价值。

2）平台性

通过正确地设计和实现，自动化系统可以提供一个可以扩展的、广泛适用的，甚至可能带来额外收益的平台。

一个平台也将错误集中化了，在代码中修复某个运维任务中的错误，可以保证该错误被永远修复。

一个平台更容易被扩展，从而执行额外的任务，可以更持续、更频繁地运行任务；发现流程中以前不知道的细节，工程师可以在构建自动化系统的过程中更深刻地理解现有流程。

3）修复速度更快

采用自动化系统解决系统中的常见故障也有其他好处，如果自动化系统始终成功运行，那么就可以降低一些常见故障的平均修复时间。

4）行动速度更快

人通常不能像机器一样快速反应，Google 拥有大量的自动化系统，在很多情况下，没有自动化参与的技术支持服务是不能长久运行的，因为它们早就超越了人工操作能管理的门槛。

5）节省时间

对于真正的大型服务来说，一致性、快速性和可靠性这些因素主导了大多数有关自动化权衡的讨论。

2．运维自动化的使用场景

在运维行业中，自动化这个术语一般用来指代通过编写代码来解决各种各样的问题。自动化工具相当于“元软件”，即操作其他软件的软件。

运维自动化有许多使用场景，如：

- 创建某个账户。

- 某个服务在某个集群中的上线过程和下线过程。
- 软件或硬件安装的准备过程和退役过程。
- 新软件版本的发布。
- 运行时配置的更改。
- 一种特殊情况的运行时配置变更：依赖关系的更改。

3. Google SRE 自动化案例——让自己脱离工作，自动化所有东西

在很长一段时间内，Google 的广告产品将数据存储在一个 MySQL 数据库中，这需要很高的可靠性。

2005—2008 年，一个 SRE 团队用标准副本替换了流程常规工作中最糟糕的部分自动化，但没有将全部工作自动化。随着日常工作变得越来越容易，SRE 团队开始考虑将 MySQL 数据库迁移到 Google 的集群调度系统 Borg 之下。这样考虑的理由是：

- 希望彻底消除对物理机/数据库副本的维护，由 Borg 自动安装新任务或重启出问题的任务。
- 将多个 MySQL 数据库实例安装在同一个物理机上，容器化可以更好地利用计算机资源。
- 手动故障转移将消耗大量的人力和时间，对产品可用性会造成冲击。
- 为了满足错误预算要求，每个故障转移的停机时间要求小于 30 秒，继续优化依赖人为操作的流程是达不到这一目标的。
- 2009 年，该 SRE 团队完成了自动故障切换后台程序，MySQL on Borg 最终变成了现实。

SRE 团队在无聊的运维任务上花费的时间下降了 95%，整个故障转移是自动化的，因此单个数据库任务中断不再给任何人发出紧急警报。

这一新的自动化的好处是，SRE 团队将更多的时间用在改进基础设施的其他部分上，节省的时间越来越多，广告数据库的总运维成本下降了 95%。

4. Google SRE 自动化案例——将自动化应用到集群上线中

集群上线自动化改进遵循下面的路径：

- 操作人员触发手动操作（无自动化）。
- 操作人员编写系统特定的自动化。
- 外部维护系统的通用自动化。
- 内部维护系统特定的自动化。
- 不需要人为干预的自治系统。

一个复杂的东西一定诞生于简单初始环境的不断演变。

第 4 章

DevOps 的有效实践

4.1 敏捷模式与传统企业研发模式的结合

下面以某企业软件研发中心的敏捷模式为例进行讲解。

1. 整体流程的契合

整体流程：需求获取—方案制定—生产任务排期—迭代实施—验收测试—投产，如图 4-1 所示。

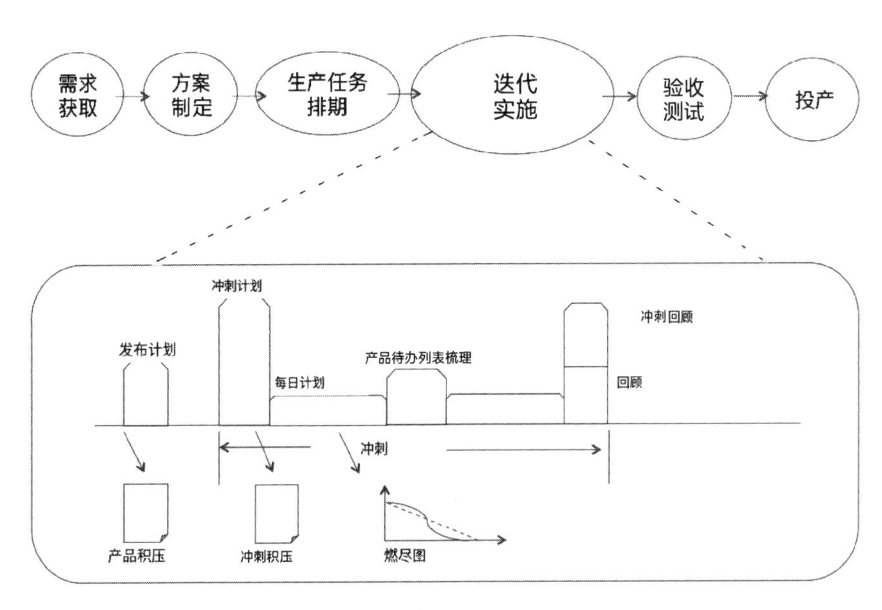

图 4-1 敏捷开发流程示例

2. 通过项目分类选择敏捷倾向

例如，该企业软件研发中心对项目进行如表 4-1 所示的分类。

表 4-1　项目分类

项目分类	敏捷产品	瀑布产品
第一类项目	●	
第二类项目	●	○
第三类项目	●	●
第四类项目	电子渠道客户体验改造	○
注：● 表示有新版本		
○ 表示仅配合测试		

通过分类定义规划出三类项目实施模式，如图 4-2 所示。

- 按传统瀑布模式实施的产品。
- 按敏捷开发流程实施的产品。
- 配合测试的产品（这里指既不是传统也不是敏捷的，一般是旧系统局部改造升级或者硬件替代时，测试在不同阶段做相应的配合）。

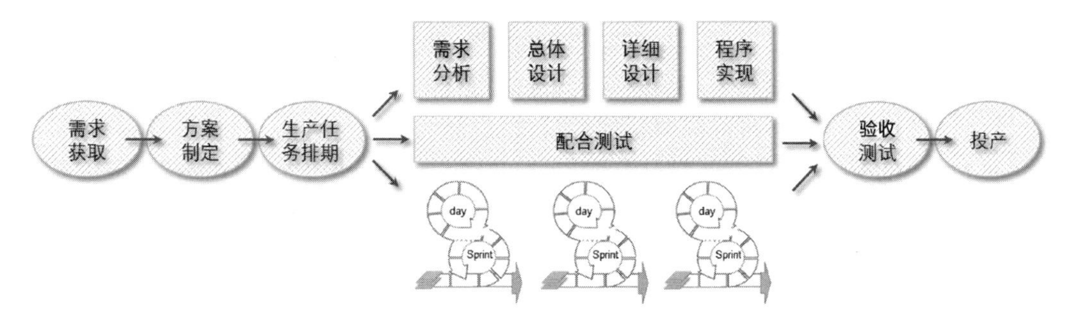

图 4-2　三类项目实施模式

对于采用混合开发模式的项目，应该兼顾不同开发模式产品的实施流程，在工程、管理、过程、支持等方面做适应性调整。

4.2　敏捷模式与传统 ISO、CMMI 标准规范的兼容

敏捷模式可以与传统 ISO、CMMI 等标准规范兼容，下面以某企业软件研发中心的敏捷模式为例进行说明。

4.2.1　需求获取

需求获取过程与 ISO 体系《产品设计与实现过程文件》中的“需求获取”过程相同。

在敏捷开发流程中，Product Owner 和团队应该尽早介入需求获取过程，与业务人员共同挖掘有价值的需求。

1．角色与职责

Product Owner：过程活动的主要角色，负责引导业务人员代表及其他参与人员选用一种或多种方法来捕获有价值的用户需求。

业务人员代表：过程活动的主要角色，用户需求的主要来源，负责提供业务信息输入，并积极贡献自己的观点。

应用维护人员代表：过程活动的主要角色，非功能性需求的主要来源，负责根据生产运行的要求提出系统的非功能性需求。

其他参与人员：包括开发团队、系统用户、产品客户及其他对获取需求有帮助的人员，共同参与过程活动，并通过各自的专业立场或视角来捕获用户需求。

2．输入

用户需求获取活动没有特定的输入文档，可以是业务部门提供的一份简要需求说明，也可以是一个产品愿景、一个业务目标或一些业务碰到的问题。

3．方法

用户需求获取是 Scrum 团队协助业务部门不断分析和挖掘用户需求的过程，应该由 Product Owner、开发团队、系统用户、产品客户及其他对获取需求有帮助的人员共同参与。用户需求获取从确立有价值的业务目标或产品愿景入手，帮助客户解决业务中存在的问题，通过不同方法逐步衍生出系统功能的用户需求。

在用户需求获取方法上，可以采用“影响地图”（Impact Mapping）、“用户故事工坊”（User Story Workshop）、“用户体验地图”（User Journey Map）等常用方法。

4．输出

输出包括：

- 用户需求说明书。
- 用户故事列表。
- 其他辅助性需求文档。

用户需求说明书是 IT 项目立项的标准要求文档。在需求获取阶段，对于使用敏捷开发流程的项目，建议 Product Owner 依据业务需求单独整理一份完整的用户故事列表，作为后续编写 Product Backlog 和技术方案的基础。

4.2.2　方案制定

方案制定过程与 ISO 体系《产品设计与实现过程文件》中的“技术方案制定”过程相同。对于维护类需求变更而言，对应的是技术评估。

除此之外，在敏捷开发流程中，Product Owner 和团队还应该根据前一阶段获取的用户需求说明书和（或）用户故事列表来整理 Product Backlog，并进行估算。这些活动包括以下几项。

1．用户故事梳理

1）角色与职责

Product Owner：过程活动的主要角色，负责根据前一阶段获取的用户需求说明书和（或）用户故事列表来整理和编写用户故事，并根据业务价值排列优先级，创建并维护 Product Backlog。

其他参与人员：包括业务人员代表、开发人员、测试人员、应用维护人员及其他对编写用户故事有帮助的人员，共同参与沟通和讨论用户故事细节。

2）输入

输入包括：

- 用户需求说明书。
- 用户故事列表。
- 其他辅助性需求文档。

3）方法

用户故事描述了对软件（或系统）用户或客户有价值的功能。当 Product Owner 拿到用户需求的输入后，初步对用户需求进行分析，然后与用户和业务部门进行沟通，整理和编写用户故事及验收标准，根据业务价值排列优先级，并进行需求过滤。

首先，在对用户需求进行初步分析的基础上，对用户故事进行书面描述。描述格式为：作为××××角色，我想要××××的功能，以达到××××的目的。在描述的同时，需要为用户故事指定唯一标识和简要的提示标题，以方便计划和备忘。

其次，与其他参与人员一起针对用户故事进行沟通，记录交流的内容。应用维护人员需要在此时参与并提出与产品运营维护相关的需求，以便运维需求能够和产品功能一起被开发、测试和投产。Product Owner 在项目实施过程中需要与技术团队充分沟通用户故事细节。

然后，编写验收标准，以判断是否满足用户标准。

接着，检视并调整用户故事（在编写用户故事的时候，应该遵循 INVEST 原则），根据与其他参与人员沟通的结果，评估用户故事的业务价值，并进行优先级排序。

最后，根据业务目标对用户故事进行过滤筛选，保留对实现业务目标最重要、最紧迫、最有价值的需求，剔除重要性不高、紧迫程度低、价值较小的需求。

4）输出

输出 Product Backlog（过滤后的带有优先级排序的产品待办列表）。

2. 功能点规模及工作量估算

1）角色与职责

Product Owner：负责根据 Product Backlog 和技术方案进行功能点规模估算。

开发团队：负责根据 Product Backlog 和技术方案进行工作量估算。

2）输入

输入包括：

- ❑ Product Backlog。
- ❑ 技术方案建议书。
- ❑ 硬件资源建议书。
- ❑ 产品规划书（新增产品）。

3）方法

技术方案通过评审后，需要进行功能点规模及工作量估算。注意：这里的功能点规模及工作量估算是针对方案级别的估算，用于报送用户需求的规模和预算，不同于迭代开发过程中的故事点估算和任务工时估算。

首先，Product Owner 需要根据 Product Backlog 和技术方案完成功能点规模估算，填写《功能点估算书（项目）》或《功能点估算书（维护）》。

其次，Product Owner 根据估算的功能点规模，按照产品开发生产率估算完成 Product Backlog 中所有事项需要的工作量。

然后，开发团队根据 Product Backlog 和技术方案完成工作量估算，填写《工作量估算书（敏捷开发）》，并将工作量的估算结果与 Product Owner 根据功能点规模和生产率估算的工作量进行交叉验证，分析差异并进行估算调整。

最后，开发团队按照 ISO 体系流程提交技术方案的功能点和工作量评审。评审通过后，开发团队更新《技术方案建议书（敏捷）》中关于工作周期、工作量和实施计划部分的内容；Product Owner 更新《技术方案建议书（敏捷）》中关于预算部分的内容，并提交技术方案审批申请，对外正式提交技术方案。

4）输出

输出包括：

- ❑《功能点估算书（项目）》或《功能点估算书（维护）》。

- ❑ 《工作量估算书（敏捷开发）》。
- ❑ 《技术方案建议书（敏捷）》。

4.2.3　生产任务排期

生产任务排期与 ISO 体系《项目管理过程文件》中的“生产任务下达”过程相同。在 Scrum 开发框架中，可以通过版本发布计划会议进行辅助性排期决策，如果生产任务排期前尚不具备召开版本发布计划会议的条件，可以通过专家法进行经验估算，从而确定生产任务的排期建议，并由科技体系相关部门最终确定排期。

4.2.4　迭代前准备

迭代前准备是版本迭代开发启动前的重要活动，目的是让参与版本迭代开发的每个人明确产品需求和应该做的事情。活动持续的时间为 1～2 周，由开发团队主导，Scrum Master、Product Owner、产品架构师、业务人员代表、测试经理、测试架构师、CI/配置管理员、应用维护人员等全部参与，通过高强度的沟通讨论完成需求设计及业务价值评估、业务场景和流程设计、范围定义、架构设计、原型设计、基础框架搭建等一系列工作。迭代前准备完成后即可开始迭代开发。

迭代前准备为可选阶段，对于简单的维护类需求变更或项目变更，可以跳过该阶段进入迭代实施，对于新建项目、新建系统或重大项目变更或维护变更，不建议省略该阶段。

迭代前准备的主要活动包括以下几种。

1．概念分析设计

概念分析设计（Inception）的目的是让开发团队在固定时间盒内快速地从用户需求、业务流程、系统架构等方面对产品进行深入分析和了解，并逐层进行分解、设计，直到开发团队确认已掌握产品开发的全部（或关键）知识要点和技能，并具备启动迭代开发的条件为止。

1）用户需求设计

（1）角色与职责。

开发团队：过程活动的主要角色，负责对用户需求进行分析和逐层设计。

其他参与人员：包括 Product Owner、业务人员代表、应用维护人员，负责向开发团队提供用户需求方面的信息输入，并在必要的时候给予帮助。

（2）输入。

需求获取阶段的有关输出，如用户需求说明书、用户故事列表或其他辅助性需求文档。方案制定或技术评估阶段的有关输出，包含 Product Backlog。

（3）方法。

在敏捷开发的语境下，用户需求主要指用户故事。过程活动的关键是让开发团队的每个人都参与到对用户故事的讨论和设计中，其他参与人员及时给出建议或提供指导。用户故事的分析和逐层设计方法有很多，最常用的有以下几种。

建立用户故事树（User Story Tree）：首先，按照“产品—模块—角色—用户故事”的层次，建立多级用户故事树，便于梳理遗漏的需求。然后，按照树结构依次进行用户故事的串讲与反串讲，将沟通讨论的细节记录下来并更新用户故事。

创建用户故事图谱（User Story Map）：首先，将用户故事的主题进行分类并横向排列，将同一主题的用户故事按照优先级自上而下排列。然后，按照主题和优先级依次进行用户故事的串讲与反串讲，将沟通讨论的细节记录下来并更新用户故事。

创建概念及界面原型：根据用户故事绘制概念及界面原型，通过纸张或白板进行原型的快速沟通和修改，与 Product Owner 和业务人员代表就主要原型初步达成一致意见。

（4）输出。

用户需求设计活动的输出包括但不限于以下内容。

- 细化后的用户故事（更新 Product Backlog）。
- 用户故事图谱。
- 用户故事树。
- 业务数据元素。
- 概念及界面原型设计图。
- 其他辅助性需求设计文档。

2）业务流程设计

（1）角色与职责。

此环节涉及的角色与职责与“用户需求设计”阶段相同。

（2）输入。

用户需求说明书、其他与业务流程相关的文档（包括但不限于业务的场景实例、流程图、状态图、时序图等）。

（3）方法。

业务流程设计的关键是让开发团队的每个人都能掌握关键业务流程的梳理分析过程和思路，可以采用分工的方式单独设计，集中串讲，从而加深参与者对流程的理解。

分析业务流程的方法有多种，开发团队可以根据产品的实际需要进行选择。

基本业务流程图：主要针对交易的主流程进行绘制，可以辅助绘制各交互环节的子流程图，以确保展示完整的主交易流程。

交易状态图：主要针对有复杂状态的交易流程，描述交易中各种状态的相互转换关系和不同状态的处理过程。

用户操作流程图：主要描述基于用户视角的操作流程，强调与用户交互的界面展示行为，以及界面之间的相互跳转等。

业务交互时序图：主要描述各业务主体或业务系统之间的交互过程和交互行为。

用户体验地图：与用户操作流程类似，但着重关注与用户接触的整个过程中用户的体验和感受，分析用户的痛点和兴奋点，以更好地改进用户体验过程。

（4）输出。

业务流程设计活动的输出包括但不限于以下内容。

- 更新（或新增）的基本业务流程图。
- 更新（或新增）的交易状态图。
- 更新（或新增）的用户操作流程图。
- 更新（或新增）的业务交互时序图。
- 更新（或新增）的用户体验地图。
- 其他业务流程设计文档。

3）系统结构设计

（1）角色与职责。

开发团队：过程活动的主要角色，负责对系统结构进行分析和逐层设计。

其他参与人员：包括产品架构师、应用维护人员，负责向开发团队提供系统架构和软件设计方面的信息输入，并在必要的时候给予帮助。

（2）输入。

输入包括：

- 《技术方案建议书》。
- Product Backlog。
- 《用户需求说明书》。
- 其他辅助性用户需求文档。

（3）方法。

系统结构设计的目的是让开发团队从产品架构入手，了解各个系统部署逻辑，依次逐层分析讨论各个产品的模块及模块交互关系设计，以及产品之间的接口关系设计，并最终形成产品和模块的代码结构设计，约定共同遵守的开发规范。最终效果是可以直接依据逐层设计的结果搭建基础框架并启动开发。

系统结构设计的方法也可以采用分工的方式单独设计，集中串讲，以确保每个模块都能被设计，以及每个人都能了解各个模块的设计。

（4）输出。

系统结构设计活动的输出包括但不限于以下内容。

- 模块设计/交互图。
- 产品接口关系图。
- 模块及代码结构图。
- 代码开发的相关约定。

4）其他设计

（1）角色与职责。

开发团队：过程活动的主要角色，负责对环境及配置、测试、投产演练、应用系统监控等方面进行分析和策略设计。

其他参与人员：包括产品架构师、测试经理、测试架构师、CI 管理人员、配置管理人员、应用维护人员，负责向开发团队提供相关专业的信息输入，并在必要的时候给予帮助。

（2）输入。

输入包括：

- 《技术方案建议书》。
- 《硬件资源建议书》。
- Product Backlog。
- 《用户需求说明书》。
- 其他辅助性用户需求文档。

（3）方法。

该项活动是以上各项活动的有效补充，目的是提前规划产品的开发、测试、投产、维护过程，使之变得更加有序、可控。

开发团队根据技术方案的产品架构和部署逻辑，与产品架构师、CI 管理人员和配置管理人员一起确定开发和测试环境的部署策略，以及版本基线和分支管理策略。

开发团队根据用户需求，与测试经理、测试架构师一起确定产品的整体测试方案；根据技术方案和运营维护需求，与应用维护人员一起确定投产演练方案（包括三级表、停业计划等）及应用系统监控方案。

（4）输出。

其他设计活动的输出包括但不限于以下内容。

- 《配置管理（敏捷开发）》（环境及配置管理策略）。

- ❑ 整体测试方案。
- ❑ 投产演练方案。
- ❑ 应用系统监控方案。

2. 版本发布计划会议

1）角色与职责

Scrum Master：负责引导 Scrum 团队召开版本发布计划会议，在故事点估算、版本发布计划、风险评估等方面为团队提供方法指导。

Product Owner：负责确定产品的版本发布目标和时间点，以及用户故事优先级排序；与开发团队一起安排版本发布计划，并针对风险采取应对策略。

开发团队：在 Scrum Master 的引导下进行故事点估算，并依据故事点规模和团队的迭代速度安排迭代实施内容，评估版本完成的风险和应对策略。

其他参与人员：包括产品架构师、业务人员代表，对团队在技术和业务方面的疑问进行解答；还包括项目经理、测试经理、各技术管理部门代表，共同参与版本发布计划的安排和风险评估。

2）输入

输入包括：

- ❑ Product Backlog。
- ❑ 其他辅助性分析设计文档。

3）方法

在版本发布计划会议召开之前，Product Owner 需要提前确定产品的版本发布目标和时间点，将 Product Backlog 中的用户故事按照主题进行分类，并按主题排定优先级。

在版本发布计划会议上，Scrum Master 引导开发团队按照主题和优先级对用户故事进行规模估算，得出故事点，并且汇总每个主题的用户故事数量和故事点之和。

开发团队根据版本发布时间点确定迭代长度和迭代数量，并且根据往期的迭代速度，按照主题优先级将需要完成的用户故事分配到各个迭代中。如果团队没有可以参考的迭代速度，则需要根据经验评估可以完成的用户故事数量，设定一个初始化迭代速度。

开发团队要充分考虑完成非用户故事工作可能产生的影响，比如，在早期的迭代中，由于工具和工作环境不到位，工作效率会受到影响。当按照既定速度无法在版本交付的迭代期内分配完所有用户故事时，Scrum Master 需要引导开发团队、Product Owner 及其他参与会议的干系人一起评估版本完成的风险和应对策略，并且根据策略重新调整计划。可能采取的风险应对措施包括：增加额外的 Scrum 团队，减少需要交付的功能特性，延长版本交付时间等。

当所有的用户故事都被分配到迭代中后，Product Owner 需要与 Scrum 团队就计划进行交流，征求他们的反馈意见，看看这些计划是否现实且可以完成。确认无误后，Product Owner 记录下所有的版本发布计划数据，维护更新 Product Backlog。

版本发布计划会起到组织级计划评审的作用。

4）输出

输出包括：

- Product Backlog（更新故事点、主题、优先级后的产品待办列表）。
- 版本发布计划或版本迭代信息的用户故事图谱。
- 问题与风险记录（可以采用问题与风险管理工具）。

3．实施启动会议（Kick-off Meeting）

1）角色与职责

Product Owner：负责组织召开实施启动会议。

Scrum 团队：参会主体，根据迭代实施范围可能包括多个产品的多个 Scrum 团队。

其他参会人员：包括项目经理、技术管理部门代表、业务人员代表等。

2）输入

输入包括：

- 版本发布计划或用户故事图谱。
- Product Backlog。
- 团队及干系人清单。

3）方法

实施启动会议的目的是召集与版本相关的所有实施团队和干系人，宣布版本实施计划及相关信息，通知各干系方正式启动版本迭代开发。

会议可以包含以下内容：

- 组建 Scrum 团队。
- 明确版本目标和实施范围。
- 公布版本发布计划及关键时间点。

需要注意的是，实施启动会议与 ISO 体系中的“项目启动会议”不同：

- 项目启动会议属于项目范畴，而实施启动会议属于产品范畴。
- 项目启动会议在于启动整个项目的开发，一般安排在生产任务下达后；而实施启动会议更偏重与产品相关的应用敏捷开发团队工作的沟通和启动，一般安排在生产任务下达后的迭代前准备阶段，完成概念分析设计并确定版本发布计划后。

- 项目启动会议不需要所有项目成员参与，相关干系方派代表参加即可；而实施启动会议则要求所有参与敏捷开发的人员参加。

4）输出

输出实施启动会议记录（不强制要求形成正式文档）。

4.2.5 基础框架搭建

1. 角色与职责

开发团队：负责根据概念分析设计的结论，搭建应用开发的基础环境和代码框架。

2. 输入

输入包括：

- 模块及代码结构图。
- 环境及配置管理策略。

3. 方法

迭代前准备的最后一步是搭建应用开发的基础环境和代码框架，包括网络环境、使用的集成开发工具和代码规范，以及敏捷开发中尤为重要的持续交付、持续集成和测试环境等，以保证迭代开始后能够直接进入开发状态，避免工具和工作环境不到位，影响工作效率。

4. 输出

输出准备就绪的开发环境和测试环境，以及代码开发结构框架。

4.2.6 迭代实施

1. 冲刺

1）角色与职责

Scrum Master：负责引导 Scrum 团队按照冲刺的方式进行开发和交付，并定期与干系人沟通更新开发团队的迭代工作进展。

Product Owner：参与冲刺事件，与所有人合作，驱动产品走向成功。

开发团队：参与冲刺的所有会议，交付产品增量，并且持续自我改进。

2）输入

输入包括：

- Product Backlog。

- 版本发布计划或用户故事图谱。

3）方法

冲刺是 Scrum 框架运作的基本形式，每个冲刺通常为 2～4 周，并且是定长的。在 Scrum 模型里，每个冲刺开始于计划会议，结束于评审回顾，以完成潜在可交付产品增量（PSP，Potentially Shippable Product Increment）为目的。冲刺必须完成开发过程中的所有验收测试（Acceptance Test，AT），以判断团队的产物是不是可以进入下一个环节（在软件中心的 Scrum 开发框架中，下一个环节通常指中心级别的功能测试）。以下是关于 Scrum 迭代模型的一些扩展性描述。

（1）强化冲刺。

对于刚刚尝试敏捷的团队来说，可能会在冲刺中或所有冲刺之后开展强化冲刺。这是因为团队对于“完成”定义的理解并不一定完整而准确，PSP 和一个实际可交付的或者达到生产状态的系统并不统一。在强化冲刺中，团队的工作不是交付新的故事或架构，而是将现有系统变得更加稳定。随着团队敏捷成熟度的提高，强化冲刺中的工作应该融入每一个普通迭代中去完成。

冲刺中的强化冲刺一般完成代码重构和优化、偿还技术债务、清理代码、兼容性测试、探索式测试、压力测试等工作。所有冲刺结束之后的强化冲刺，主要完成相关技术文档的编写、系统间的联调、集成测试、回归测试、版本准备等工作。

（2）冲刺内测试。

冲刺内完成测试是可交付或潜在可交付标准的基本条件。在冲刺内要完成的测试包括：代码级别的测试，也就是单元测试；更高级别的各种测试，如系统测试、性能测试、探索测试等，统一称为验收测试。测试级别如图 4-3 所示。

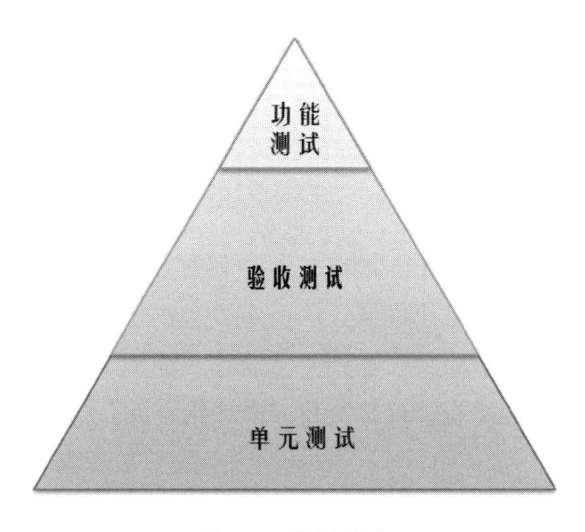

图 4-3　测试级别

4）输出

输出包括：

- PSP。
- Product Backlog（更新后的）。
- Sprint Backlog。
- 燃尽图。
- 验收测试案例及验证结果。

2. 冲刺计划会议

1）角色与职责

Scrum Master：负责引导 Scrum 团队召开冲刺计划会议，在会议议程及时间控制、用户故事的梳理/估算/拆分、DoD（Definition of Done，完成定义）标准、冲刺目标及工作计划等方面为团队提供方法指导。

Product Owner：与开发团队一起定义冲刺目标；提供一份结构良好的 Product Backlog，并与开发团队一起梳理用户故事。

开发团队：选择可以承诺在冲刺内完成的 Product Backlog，决定如何实现冲刺目标，创建 Sprint Backlog 并针对任务进行估算。

其他参与人员：包括业务人员代表、应用维护人员，参与用户故事沟通和讨论；还包括产品架构师、测试架构师、测试经理等，为团队的冲刺计划提供专业领域的信息输入。

2）输入

输入包括：

- Product Backlog。
- 版本发布计划或用户故事图谱。
- PSP（最新版本）。
- 团队的产能及冲刺速度。

3）方法

冲刺计划会议在每个冲刺的第一天进行，目的是讨论并确定本轮冲刺需要实现的用户故事，以便达成共同理解；如果有必要，需要对用户故事进行任务细化。开发团队决定承诺完成任务的工作量，并且将细化的任务形成 Sprint Backlog。Scrum Master 负责冲刺计划会议顺利举行，确保每个参与者明白召开会议的目的，并且引导大家遵守时间盒的规则。

冲刺计划会议的议程主要分为两部分：产品待办列表梳理（P.B.Grooming）和任务计

划承诺。

（1）产品待办列表梳理。

首先，Product Owner 提供已编排好的 Product Backlog，将待开发的高优先级用户故事介绍给 Scrum 团队，并且与开发团队一起确定整体的迭代目标。

接下来，Product Owner 逐个讲述为这个冲刺安排的候选用户故事，解答开发团队针对用户故事提出的问题——这个过程称为“用户故事串讲”；同时，为了便于深入理解用户故事，建议开发团队与 Product Owner 反串角色进行沟通——这个过程称为“用户故事反串讲”。

用户故事的串讲与反串讲是产品待办列表梳理最重要的步骤，开发团队根据自己的冲刺速度，按照优先级逐个选择用户故事，并重复这个过程，直到所选用户故事的故事点总额接近速度值为止。开发团队与 Product Owner 达成共识，确认迭代可以完成的大致故事。

然后，开发团队针对所有选择的用户故事进行分组讨论和分析，并在完成后交叉检查；测试人员与应用维护人员共同参与。讨论涉及的内容可以包括但不限于以下提示：假设、范围、操作流程、业务流程、技术流程、验证方法、验收标准、业务数据元素、需求实例分析、运营维护设计等。

最后，根据分析结果，对于版本发布计划会议之后内容有较大变化的用户故事或新增的用户故事，团队需要重新进行故事点估算。

（2）任务计划承诺。

产品待办列表梳理工作完成后，开发团队需要针对冲刺的任务和计划做出承诺。

首先，定义用户故事“完成”的标准。在软件中心的 Scrum 开发框架中，迭代交付 PSP 隐含了两条默认标准，即用户故事必须通过验收测试和迭代评审。开发团队可以在此基础上增加一些质量控制流程或工程技术方面的要求作为 DoD，如代码复查、自动化测试等。

接下来，需要计算整个团队在冲刺中的产能（Capacity，可用工作时间，通常体现为可工作的小时数）和损失预留时间（Loss Time，迭代中投入用户故事开发和测试任务以外的时间）。产能扣除损失预留时间即冲刺中开发团队的实际可用工作时间。

例如，周期为 2 周的冲刺，扣除计划会议和评审、回顾会议各 1 天，实际开发时间为 8 天，每人每天的有效工作时间按 7 小时计算，10 个人的团队总计可用工作时间为 560 小时。假设冲刺过程中全员参与大约 2 小时的 P.B. Grooming 会议，并且部分人员需要请假或进行上个版本的功能测试支持，则按照损失预留时间进行扣除。

然后，开发团队需要参照 DoD 及用户故事的讨论分析结果，按照优先级针对每个用户故事进行概要性设计，明确用户故事需要修改的系统的各个部分，涉及系统交互，以及需要验证的不同业务流或数据流，并且转化为完成用户故事需要执行的任务，估算完成任务所需的工作量（小时数），再将其从开发团队的实际可用工作时间总量中扣除。

重复这个过程，直至实际可用工作时间耗尽，不再承接更多用户故事。

最后，开发团队根据承诺的任务建立 Sprint Backlog、任务板和燃尽图。在冲刺过程中按照用户故事优先级进行开发和测试，自组织领取 Sprint Backlog 的工作任务。

4）输出

输出包括：

- DoD。
- Product Backlog（更新后的）。
- Sprint Backlog。
- 任务板和燃尽图。
- 其他分析设计文档及估算数据。

3．每日站立会议

1）角色与职责

Scrum Master：负责引导开发团队召开每日站立会议并控制会议时间，在沟通技巧、任务进展跟踪、问题风险分析等方面为团队提供方法指导。

Product Owner：与开发团队一起沟通各自的工作进展，或者旁听。

开发团队：负责沟通各自的工作进展，并且更新任务板和燃尽图。

其他参与者：包括项目经理、测试经理、各技术管理部门代表及其他团队干系人，只能受邀旁听。

2）输入

输入包括：

- Sprint Backlog。
- 任务板和燃尽图。

3）方法

开发团队是每日站立会议的实施主体，要求每天在同一时间同一地点准时以站立的方式召开会议，进行沟通，时间控制在 15 分钟以内。Scrum Master 负责引导会议并控制时间。

每日站立会议的意图在于推动开发团队为了达到冲刺目标而检视自身的工作进展，并且及时适当地调整团队的冲刺实施计划，避免其他不必要的会议。开发团队共同约定并遵守以下会议规则：

- 每位成员自述 3 个问题：昨天做了哪些事情？今天准备做什么？工作中遇到什

么困难，或者需要获得什么帮助？

- 只有开发团队、Scrum Master、Product Owner 可以发言，其他人可以受邀旁听，但不得参与讨论。
- 不讨论和解决具体问题。

在每日站立会议上，开发团队应该根据各自的工作进展更新任务板，并且针对已启动而未完成的任务重新估算继续完成该任务需要的时间（剩余小时数）。任何统计数据的记录和更新应该在每日站立会议上完成，不占用开发团队额外的时间。

4）输出

输出更新后的任务板和燃尽图。

4. SoS 会议

1）角色与职责

Scrum Master：各开发团队的 Scrum Master 负责自组织并引导召开 SoS（Scrum of Scrums，协作小组的协作小组）会议，控制会议时间，在沟通技巧、任务进展跟踪、问题风险分析等方面为参会人员提供方法指导。

SoS 参会代表：各开发团队选派至少一名参会代表，如有必要还可以包括 Product Owner、项目经理、测试经理，负责沟通关于重叠和集成领域的工作进展和问题。

其他参与者：其他受邀人员（如各技术管理部门代表等），可以旁听，但不得参与讨论。

2）输入

SoS 会议没有特定的输入文档，参会代表自备材料，或者直接参加会议。

3）方法

SoS 会议是一种非常有效地把 Scrum 扩展到大型项目团队的 GASP（Generally Accepted Scrum Practices，通用 Scrum 实践），可以让多个团队讨论工作并了解项目整体进展，尤其关注跨团队协作和交叉领域。一般情况下，Scrum 团队的 Scrum Master 负责自组织管理并进行引导；项目层面的 SoS 会议，或者特定场景（如功能测试阶段）下，也可以由项目经理或测试经理负责组织。

SoS 会议要简短，时间控制在 15 分钟以内，抓住其他参会人员最想了解或最需要的重点。SoS 会议应该共同约定并遵守的规则与每日站立会议类似，只不过描述的重点由团队内部的工作进展，变成了整体层面各团队交叉且共同关注的事项，例如，故事的协调与分解、技术设计的结构与公共机制、跨团队的协作方式、团队结构的适应和调整等。

SoS 会议是一个多层次的 Scrum 结构，如图 4-4 所示，各开发团队选派代表参加跨团队的产品级 SoS 会议，产品级再选派代表参加跨产品的项目级 SoS 会议，依次类推。这个结构可以根据产品或项目的复杂度灵活扩展，适用于大型项目或项目群的跟踪管理。

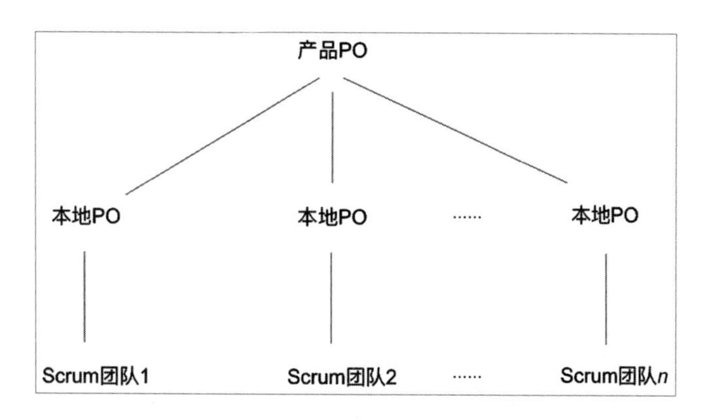

图 4-4　多层次的 Scrum 结构

SoS 会议能够快速反映产品、项目或项目群整体层面的进展情况，建议参会干系方建立对应的能够反映产品或项目整体情况的可视化图表，并且共同维护、跟踪、管理。可视化图表包括但不限于以下几种。

- 版本发布计划：描述产品、项目或项目群的版本发布路线图，横向包括版本、迭代周期，纵向包括迭代内已经完成或计划完成的用户故事，并且绘制基于版本发布计划的整体燃尽图。
- 用户故事图谱：描述产品、项目或项目群的功能特性规划图，横向包括用户故事的特性主题，纵向包括按照优先级排序的用户故事，以及迭代规划曲线划分不同迭代需要完成的用户故事范围。
- 精益故事看板：描述产品、项目或项目群用户故事的进展和队列阻塞情况，横向包括用户故事的工序（如开发、测试、评审、发布等），纵向包括按团队（或按产品、项目）分类的用户故事队列。

在 SoS 会议上，参会人员应该根据各方的工作进展更新可视化图表，任何统计数据的记录和更新应该在会议上完成，不占用开发团队额外的时间。

4）输出

输出反映产品、项目或项目群整体情况的可视化图表。

5．产品待办列表梳理

1）角色与职责

Scrum Master：负责引导 Scrum 团队进行 P.B. Grooming，在会议议程及时间控制、用户故事的梳理/估算/分析等方面为团队提供方法指导。

Product Owner：与开发团队一起定义下一个冲刺目标；提供一份结构良好的 Product Backlog，并与开发团队一起分析和排除不确定性。

开发团队：选择可以承诺在下一个冲刺完成的 Product Backlog 并讨论分析。

2）输入

输入包括：

- ❑ Product Backlog。
- ❑ 版本发布计划或用户故事图谱。
- ❑ 团队的产能及迭代速度。

3）方法

P.B. Grooming 是 Scrum 团队普遍采用的一种 GASP，在迭代后期，针对下一个冲刺即将开发的用户故事进行梳理和澄清，为下一个冲刺启动做好准备。P.B. Grooming 会议的时间大概为两小时，一般在冲刺结束前三天召开，由 Product Owner 和开发团队的主要人员参与即可；Scrum Master 负责引导会议并控制时间。

P.B. Grooming 会议的方法与冲刺计划会议中的“产品待办列表梳理”类似，不同在于梳理的对象由当前冲刺的用户故事替换为下一个冲刺即将启动的内容。Scrum 团队的一部分人员在迭代中抽出小部分时间，讨论排在最前面的产品待办事项，让用户故事的尺寸变得小而合理；利用下一轮冲刺开始前的时间，与干系人讨论并排除需求的不确定性，可以让接下来的冲刺计划会议变得更高效。

遵循以下原则可以让 P.B. Grooming 会议的价值最大化：

- ❑ 让会议时间尽可能缩短。
- ❑ 准备好讨论事项。
- ❑ 鼓励每个人都参与。

值得注意的是，并不要求所有的产品待办事项在冲刺开始前都绝对清晰，开发团队只要对功能特性获得一定程度的认知，有足够的信心在接下来的迭代中完成就可以了。P.B. Grooming 会议也并不要求在每个冲刺都必须召开，但 Scrum 团队应该在冲刺中为它预留时间，以便让后面的工作更有价值。

4）输出

输出包括：

- ❑ Product Backlog（更新后的）。
- ❑ 其他分析设计文档及估算数据。

6. 冲刺评审会议

1）角色与职责

Scrum Master：负责引导冲刺评审（Sprint Review）会议过程并控制会议时间，在演示和评审规则等方面为团队提供方法指导。

Product Owner：负责审核开发团队在冲刺中交付的产品增量，决定用户故事是否通过评审并给出相关反馈和修改建议，同时还要获取并记录参会人员反馈信息。

开发团队：负责演示迭代完成的用户故事，解答参会人员问题，获取反馈讨论调整措施。

业务人员代表：负责审核交付的产品增量是否满足业务需求并提出反馈和修改建议。

应用维护人员：负责审核与运营维护相关的产品增量是否满足需求并提出反馈和修改建议。

其他参与人员：项目经理、测试经理、各技术管理部门代表等所有干系人及感兴趣的人员，从专业角度给出反馈。

2）输入

输入包括：

- Product Backlog。
- Sprint Backlog。
- PSP（候选的）。
- 验收测试案例及验证结果。

3）方法

冲刺评审会议在每个冲刺的最后一天进行，目的是展示和审核冲刺完成的工作成果并获取反馈，检视和调整产品及产品待办列表。Scrum Master 负责引导会议并控制时间。

在冲刺评审会议上，首先，开发团队向参会人员呈现当前迭代的最初计划，介绍并演示每个用户故事的完成情况。通常，建议开发团队按照用户故事设定演示场景，并提前做好准备，以便参会人员能够很容易地理解用户故事所要展现的业务功能。

然后，开发团队需要在真实的测试环境（而不是开发环境）中对可交付的成果进行演示，由 Product Owner 和业务人员代表、应用维护人员检查用户故事的完成情况，最终由 Product Owner 确定用户故事是否通过评审。参会人员针对演示提出意见和建议，Product Owner 和开发团队记录反馈信息，解答参会人员的疑问，并适当讨论需要做出的调整。

最后，Product Owner 根据演示过程，汇总并宣告用户故事的评审通过情况，并于会后通过沟通将需要做出调整的修改建议整理到产品待办列表中。

4）输出

输出包括：

- PSP（通过评审的）。
- 冲刺评审记录。
- Product Backlog（更新后的）。

7．冲刺回顾会议

1）角色与职责

Scrum Master：负责引导冲刺回顾会议过程并控制会议时间，在过程回顾、问题分析、改进措施等方面为团队提供方法指导。

Product Owner：与开发团队一起参与回顾，探讨可改进事项，或者旁听。

开发团队：负责对冲刺中的人、关系、过程和工具等进行检视和调整，给出改进计划。

其他参与人员：项目经理、测试经理、业务人员代表、应用维护人员、各技术管理部门代表等所有干系人及感兴趣的人员，只能受邀旁听。

2）输入

冲刺回顾会议没有特定的输入文档，输入依赖于会议主题，可以是冲刺交付的成果，也可以是冲刺中碰到的问题，或者什么都不准备直接参加会议。

3）方法

冲刺回顾会议与冲刺评审会议一样，在每个迭代的最后一天进行，目的是检视和调整团队如何开展工作，对过程进行持续改进。Scrum Master 负责引导冲刺回顾会议过程并控制会议时间，鼓励团队在 Scrum 的流程框架内改进开发流程和实践。

冲刺回顾会议是开发团队专注于自身发展的检查和适应调整的机会。开发团队通过回顾冲刺期间发生的事实，检查人、关系、过程、工具及自身行为，识别并排序做得好的和能潜在改进的主要事项，分析并创建改进措施，以期改变开发团队的工作方式，使开发团队能在后续迭代中更高效、更愉快地工作。

在冲刺回顾会议结束时，开发团队应该确定下一个冲刺需要落实的具体改进措施。在下一个冲刺中实施这些改进是基于开发团队对自身检查而做出的适应。

敏捷回顾的方法有很多，可采用“心情曲线”（Emotion Curve）、“焦点呈现”（Focused Conversation）等常用方法来进行冲刺回顾。

4）输出

输出回顾会议记录（待办事项列表等）。

4.2.7 验收测试

软件中心的敏捷开发流程以功能测试为交付点，提交的产品增量必须通过验收标准和冲刺评审。功能测试按照软件中心的要求统一管理，在产品迭代开发过程中，功能测试人员须提前介入，作为开发团队的测试人员全程参与迭代。

在某些特殊情况下，经信息科技部、软件中心、数据中心共同议定，对于特定的产品（或项目）以投产作为交付点。Scrum 团队在完成迭代内的开发和测试之后，即可进行演练及投产。迭代内的验收标准应该包含以功能测试为标准的所有测试，以确保系统可以达到真正的交付水平；测试实施部门委派测试经理全程参与冲刺过程，并在冲刺完成后出具《功能测试报告》。

4.2.8　投产

按照敏捷开发流程实施的产品，投产过程与 ISO 体系现有过程一致，按照信息科技部及软件中心的统一要求参加演练及投产。

4.3　敏捷与 DevOps 基础实践

不管敏捷不敏捷，Dev 还是 DevOps，有些基础实践是一定要做好的，否则敏捷或 DevOps 就无从谈起。

4.3.1　SRE 与发布工程

我们在前面的章节中提到了 Google 的 SRE 方法，该方法总结起来包括以下几点：

- 确保长期关注研发工作。
- 在保障 SLO（Service Level Object，服务等级目标）的前提下最大化迭代速度。
- 监控系统。
- 应急事件处理。
- 变更管理。
- 需求预测和容量规划。
- 资源部署。
- 效率与性能。

SRE 强调自动化的价值在于：

- 一致性。
- 平台性。
- 修复速度更快。
- 行动速度更快。
- 节省时间。

其中，发布工程（Release Engineering）是 SRE 通过自动化体现交付价值的一个领域。

发布工程是软件工程中一个较新、发展较快的学科。发布工程专注于构建和交付软件。发布工程的知识体系包括源代码管理、编译器、构建配置语言、自动化构建工具、包管理和安装部署工具等，涉及开发、配置管理、测试集成、系统管理等多个领域。

发布工程是 Google 内部的一项具体工作。产品研发部门的软件工程师（SWE，Software Engineer）和 SRE 一起定义发布软件过程中的全部步骤，包括软件是如何存储于源代码仓库中的，构建时是如何执行编译的，以及如何测试、打包，直至最终进行部署的。

1．Google 总结的发布工程需要遵循的原则

1）自服务模型

发布工程师开发工具，制定最佳实践，以便让产品研发团队可以自己掌控和执行自己的发布流程。

2）追求速度

我们的目标是让用户可见的功能越快上线越好，频繁的发布可以使每个版本之间的变更减少，使测试和调试变得更简单。

3）密闭性

构建工具必须确保一致性和可重复性。如果两个工程师试图在两台不同的机器上基于同一个源代码版本构建同一个产品，构建结果应该是相同的。

4）强调策略和流程

多层安全和访问控制机制可以确保在发布过程中只有指定的人才能执行指定的操作：

- ❑ 批准源代码变更（通过源代码仓库中的配置文件决定）。
- ❑ 指定发布流程中需要执行的具体动作。
- ❑ 创建新的发布版本。
- ❑ 批准初始的集成请求（也就是一个以某个源代码仓库版本为基础的构建请求），以及后续的 Cherry Picking（拣选合并，即拣选另一条分支上的某个提交条目的改动到当前分支上）请求。
- ❑ 实际部署某个发布版本。
- ❑ 修改某个项目的构建配置文件。

Google 用了超过 10 年的时间打磨发布流程，总结出了好的发布流程需要具备的一些特征。

1）轻量级

占用很少的开发时间。

2）健壮性

能够最大程度地避免简单的错误。

3）完整性

完整、一致地在各个环节内跟踪重要的细节问题。

4）可扩展性

可以应用在很多简单的发布上，也可以用在复杂的发布过程中。

5）适用性

可以适用于大多数常见的发布（例如，在产品界面上增加新的 UI 组件），也可以适应全新的发布类型（例如，Chrome 浏览器和 Google Fiber 的第一次上线）。

Google 开发了一个自动化的发布系统——Rapid。该系统利用一系列 Google 内部技术执行可扩展的、密闭的、可靠的发布流程。

1）构建

Blaze 是 Google 的构建工具，支持多编程语言。

工程师利用 Blaze 定义构建目标，同时给每个目标指定依赖关系，当进行构建时，Blaze 会自动构建目标的全部依赖。

在 Rapid 的项目配置文件中定义构建目标，如二进制文件及对应的测试等，会由 Rapid 传递给 Blaze。

所有二进制文件都支持用一个命令显示自身的构建时间、构建源码版本及构建标识符，这样就很容易将一个二进制文件与构建过程对应起来。

2）分支

所有的代码都默认提交到主分支（Mainline）上，但是大部分项目都不会直接从主分支上进行发布。一般会基于主分支的某个版本创建新分支，新分支的内容永远不会再合并入主分支；Bug 修复先提交到主分支，再 Cherry Picking 到发布分支上。

3）测试

Google 在一个项目发布上线的过程中有一套完整的测试流程规范。

有一个持续测试系统会在每个主分支改动提交之后运行单元测试。

在发布过程中，会使用该发布分支重新运行全部单元测试，同时为测试结果创建审核记录。

对于 Cherry Picking 发布，在发布分支上可能会包含主分支上不存在的一个代码版本，必须确保在发布分支上全部测试通过。

使用一套独立的测试环境在打包好的构建结果上运行一些系统级别的测试，这些测试可以在 Rapid 网站上手动启动。

4）打包

MPM（Midas Package Manager，Midas 软件包管理工具）是 Google 的打包与分发工具。

MPM 基于 Blaze 规则列出的构建结果和权限信息构建 MPM 包。每个包有固定的名称，记录构建结果的哈希值，并且会加入签名，以确保真实性和完整性。MPM 支持给某个版本的包打标签，同时 Rapid 也会加入一个构建 ID 标签给 MPM 包打位置标签，标记该 MPM 包在整个发布过程中的位置（如 Dev、Canary 或 Production）。

2. Rapid 系统

图 4-5 所示展示了 Rapid 系统中的主要组件。

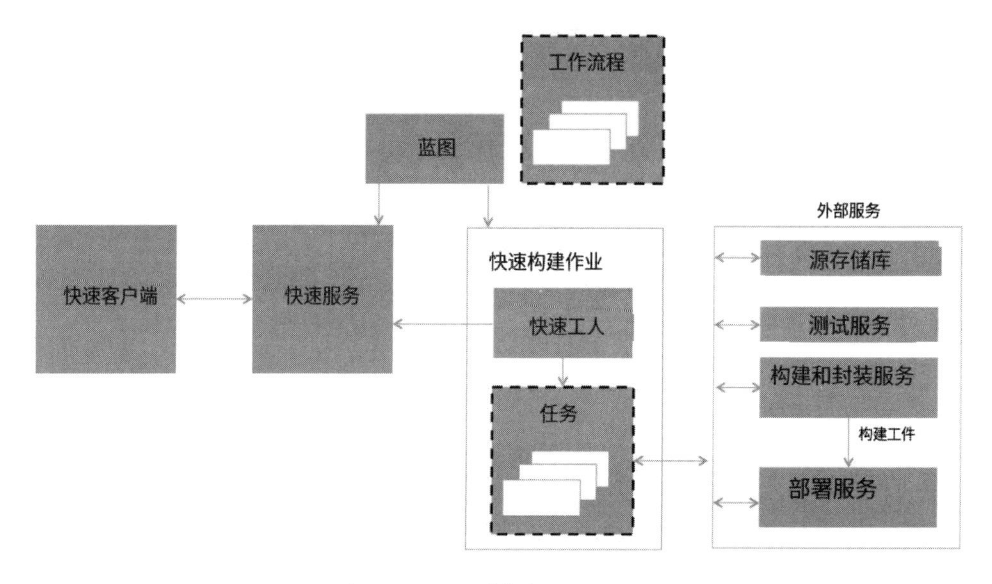

图 4-5　Rapid 系统中的主要组件

Rapid 是用 Blueprint 文件配置的，Blueprint 是利用 Google 内部配置语言写成的，用来定义构建目标、测试目标、部署规则及一些管理用信息（如项目负责人信息）。

基于角色的访问控制列表可以决定谁能执行哪些动作。

每个 Rapid 项目都有一些工作流，定义了发布流程中的具体动作，工作流可以线性或并发执行，某个工作流也可以启动另外一个工作流。

Rapid 将工作请求分发给运行在 Borg 系统上的生产服务器，具备同时处理几千个发布请求的能力。

典型的 Rapid 发布流程如下：

Rapid 使用集成版本号（通常自动从持续测试系统获取）创建新的发布分支。

Rapid 利用 Blaze 编译所有的二进制文件，同时执行所有的单元测试，以上两个过程是并发的，编译和测试分别有相对独立的环境。

构建结果随后可以用来运行系统级集成测试，同时进行测试部署，典型的测试部署过程是在系统测试完成之后，在生产环境中启动一系列的 Borg 任务。

每一步的执行结果都有日志记录，另外产生一份报告，包含与上次发布对比的所有新改动内容。

Rapid 可以管理发布分支与 Cherry Picking，每个具体的 Cherry Picking 请求可以被单独批准或拒绝。

3. 部署

Rapid 经常被用来直接驱动简单的部署流程，可以根据 Blueprint 文件定义的部署规则，利用具体的任务执行器（Executor）来使用新的 MPM 包更新 Borg 任务。

Google SRE 开发的一个发布自动化框架——Sisyphus，用来执行更复杂的部署任务。

一个发布（Rollout）是由一个或多个任务组成的一个逻辑单元。

Sisyphus 提供了一系列可扩展的 Python 类，以支持任意部署流程；还提供一个监控台，用以详细控制每个发布的执行，以及监控发布流程。

在一次典型的集成流程中，Rapid 在某个 Sisyphus 系统中创建一个新的发布，传入指定的 MPM 包的 build 标签，Sisyphus 据此执行发布逻辑并进行部署。

Sisyphus 可以支持简单的发布流程，也可以支持复杂的发布流程，可以立即更新所有的相关任务，也可以在几个小时的周期内一个接一个地更新集群版本。

部署流程的选择是与应用的抗风险能力相结合的：

- 对于开发环境或预生产环境，可能会每小时构建一次，同时在所有测试通过后立即自动发布更新。
- 对于大型面向用户的服务，可能会先更新一个集群，观察和验证后再以指数速度更新其他全部集群。
- 对于敏感的基础设施服务，可能会将发布扩展到几天内完成，根据这些基础实例所在的地理位置交替进行。

4. 配置管理

Google 使用多种配置管理模型，但所有模型都需要将配置文件存放于代码仓库中，同时进行严格的代码评审。

使用主分支版本配置文件，这是配置 Borg 服务的第一个方法，通过修改主分支上的配置文件，同时对所有发布分支生效。这个模型更像一种配置文件模板，会应用到所有的发布分支上去，但需要经过更新才能应用这些变更。

将配置文件与二进制文件打包在同一个 MPM 包中，类似于一个 war 包在内部直接使用正确的信息进行配置文件的设置，这个模型在灵活性上受限，但简化了部署。

将配置文件打包成 MPM 配置文件包，利用编译系统和打包系统发布配置文件，这样可以反复发布多次配置文件，而不需要每次都重新对二进制文件做构建。

从外部存储服务中读取配置文件，某些项目的配置文件需要经常改变，或者动态改变，Google 把这些配置文件存放在 Chubby、Bigtable，或者基于源代码仓库的文件系统中。

项目负责人在颁发和管理配置文件时有多种选择，可以按需决定究竟哪种最适合该服务。

当采用合适的工具、合理的自动化方式及政策时，开发团队和 SRE 都无须担心如何发布软件，发布过程可以像按一个按钮那么简单。

项目团队应该在开发流程开始时就留出一定资源进行发布工程工作，尽早采用最佳实践和最佳流程可以降低成本，以免以后改动这些系统。

4.3.2 配置管理——版本管理

版本管理是配置管理的一个重要部分，在产品的演化过程中，开发人员每修改一个配置项，如程序、脚本、配置文件、投产手册等，都会形成一个新版本。我们需要对这些版本进行跟踪、记录、控制和管理，保持版本的完整性、一致性和可追溯性，在必要时可以随时恢复到某个历史版本。

以下是某银行研发中心制定的版本管理规范。

1. 版本管理总体要求

1）主干版本管理

主干版本需与生产环境保持一致，即主干版本源码全量编译后可以用于生产部署。每次版本投产（包括但不限于需求、故障、优化任务）都应将投产版本源码合并至主干版本。

2）分支版本管理

分支版本应基于主干版本进行开发，即分支版本的初始基线应与主干版本保持一致，而且版本投产后应将投产基线版本源码合并至并行分支版本。

并行版本的分支应该相互独立，避免版本混乱。（如有特殊情况，分支版本需合并未投产版本的，需要项目组分析风险并确认不会再拆版，同时通过邮件向项目办、测试组说明缘由申请提前合版，双方均回复同意后方可合版）

3）环境版本管理

环境版本应以生产环境版本作为基础，即环境的初始版本应与生产环境版本保持一致，而且版本投产后应将投产版本程序合并至各个环境。

2. 版本策划阶段

1）确定配置管理计划

配置管理员根据版本计划（含迭代开发、测试计划）定制版本配置管理计划，包含各阶段的配置项识别、基线建立计划、版本同步计划等。

2）确认测试环境资源

配置管理人员需确认敏捷需求版本，根据敏捷版本计划确定版本测试环境资源。月度版本、零散需求、故障版本根据投产时间确认测试环境资源。

3．开发阶段的版本管理活动

1）分支版本初始化

配置管理人员确定版本分支，将主干版本（生产环境最新版本）源码初始化至开发分支（DEV，开发流）后，创建初始版本基线。

配置管理人员以邮件方式正式通知项目组版本分支初始化完成，需使用该分支进行对应版本的开发。

邮件内容应包含版本类型、投产窗口、分支名称、任务清单等。

2）环境版本核对

配置管理人员在版本提交测试前，需要确认增量构建环境、敏捷环境、SIT（System Integrate Test，系统集成测试）、UAT（User Acceptance Test，用户验收测试）等环境版本已完全追平生产环境版本（环境组已接管的环境由环境管理人员处理）。

在版本构建前，应核查构建环境中的依赖介质版本为当前应用构建需使用的版本。

4．测试阶段的版本管理活动

1）版本构建打包

配置管理人员根据测试计划获取需要提版的任务清单，针对每次提版的任务进行构建打包，以及创建测试版本基线。

2）版本提版部署

配置管理人员针对每次的测试任务进行提版部署，自管环境需由配置管理人员自行部署。

3）自动化构建工具维护

配置管理人员需维护自动化构建工具的应用配置部分及应用的构建脚本，并进行日常构建问题处理（仅针对已接入自动化构建工具的应用）。

5．定版核查阶段

1）版本清单及代码确认

配置管理人员通过基线比对导出增量版本源码清单，并要求项目组核查清单及对应源码文件，反馈确认版本的清单及代码是否与版本涉及的变更一致，如有遗漏则需及时补充，如有多余则需及时拆除（测试环境也需进行相应整改）。

2）配置文件确认

如有需替换配置文件的情况，则配置管理人员在替换前必须在开发组长确认待替换的版本无误后方可进行替换。

3）数据库脚本检查

配置管理人员需检查定版的数据库脚本为此版本的全量脚本，若使用自动化部署，则还需确认脚本的格式为规定格式，以及脚本执行文件 updatepro.sh 的 dbupdate 已改为 dbfull，可执行全量脚本。

4）投产手册检查

配置管理人员需核查投产手册中已写入针对此版本项目组要求写入的内容，以及手册内嵌的文档能正常打开。

5）程序包检查

配置管理人员把定版包及相关资料整理后上传至 SVN/Git，先发给开发人员、开发组长等检查，与开发组长确认无误后再发布。

6）定版材料确认

配置管理人员需确认定版包中除了执行数据库脚本的配置和配置文件中涉及 IP、端口、路径等与生产不一致的字段值，其他程序文件、SQL 等文件应该与此版本最后一次提版部署版本一致。

6．版本投产阶段

1）投产源码入库及创建投产基线

配置管理人员在投产当天将投产版本的代码提交至主干后，在主干 PRD（Production，生产）流创建投产基线。（紧急需求、故障、优化单在非月度版窗口投产的可以在 *T*+1 日完成基线创建）

2）并行版本追平及创建追平基线

配置管理人员将主干版本代码追平至其他并行分支后，在分支[DEV、TEST（测试流）]创建追平基线。同步时限：敏捷分支要求 *T* 日完成版本同步，其他版本要求 *T*+1 日完成版本同步。

3）环境版本同步

配置管理人员将投产版本程序追平至各环境，含增量构建环境、SIT、UAT、敏捷 SIT 等测试环境，并做好环境程序版本备份（环境组已接管的环境由环境管理人员处理）。同步时限：敏捷环境要求 *T* 日完成版本同步，其他版本要求 *T*+1 日完成版本同步。

7．版本调出管理

1）分支版本拆版

配置管理人员协助项目组调出版本的代码回滚，并做好拆版前、后的基线管理。

2）环境版本拆版

配置管理人员对各环境进行版本回滚，含增量构建环境、SIT、UAT、敏捷测试、敏捷 SIT 等环境，并做好环境程序版本备份（环境组已接管的环境由环境管理人员处理）。

8．故障分析

配置管理人员应配合完成故障原因分析，若是版本问题导致的，则配置管理人员应该彻查引起版本问题的操作，包括操作者、操作时间等，并基于此进行管理优化。

时限要求：版本投产窗口的故障当时完成分析；当天 17:30（含）前的故障当天完成分析，17:30 之后的故障次日 9:00 前完成分析；周末的故障周一（次工作日）9:00 前完成分析。

4.3.3　配置管理——发布包制作规范

1．发布包目录结构

使用自动化部署平台构建的目录结构如下所述，若自行制作发布包进行上传部署，结构中仅包含 program 目录即可。

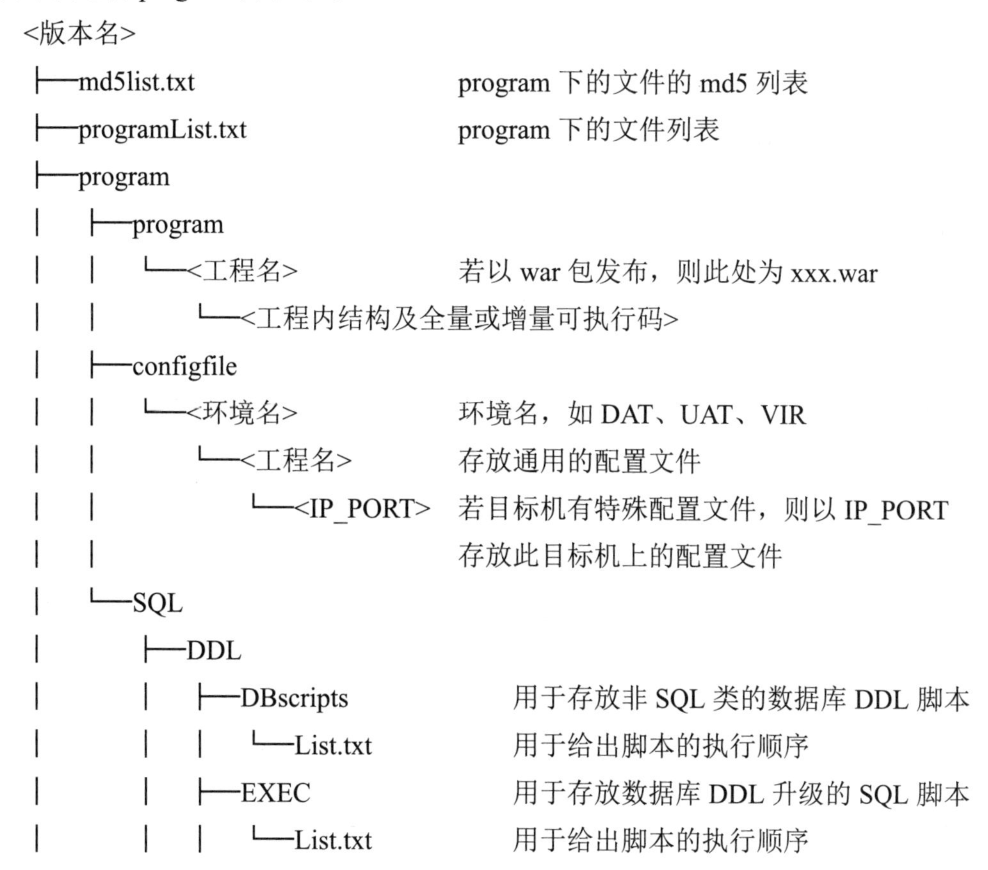

```
<版本名>
├──md5list.txt                 program 下的文件的 md5 列表
├──programList.txt             program 下的文件列表
├──program
|    ├──program
|    |    └──<工程名>           若以 war 包发布，则此处为 xxx.war
|    |         └──<工程内结构及全量或增量可执行码>
|    ├──configfile
|    |    └──<环境名>           环境名，如 DAT、UAT、VIR
|    |         └──<工程名>      存放通用的配置文件
|    |              └──<IP_PORT>  若目标机有特殊配置文件，则以 IP_PORT
|    |                            存放此目标机上的配置文件
|    └──SQL
|         ├──DDL
|         |    ├──DBscripts         用于存放非 SQL 类的数据库 DDL 脚本
|         |    |    └──List.txt     用于给出脚本的执行顺序
|         |    ├──EXEC              用于存放数据库 DDL 升级的 SQL 脚本
|         |    |    └──List.txt     用于给出脚本的执行顺序
```

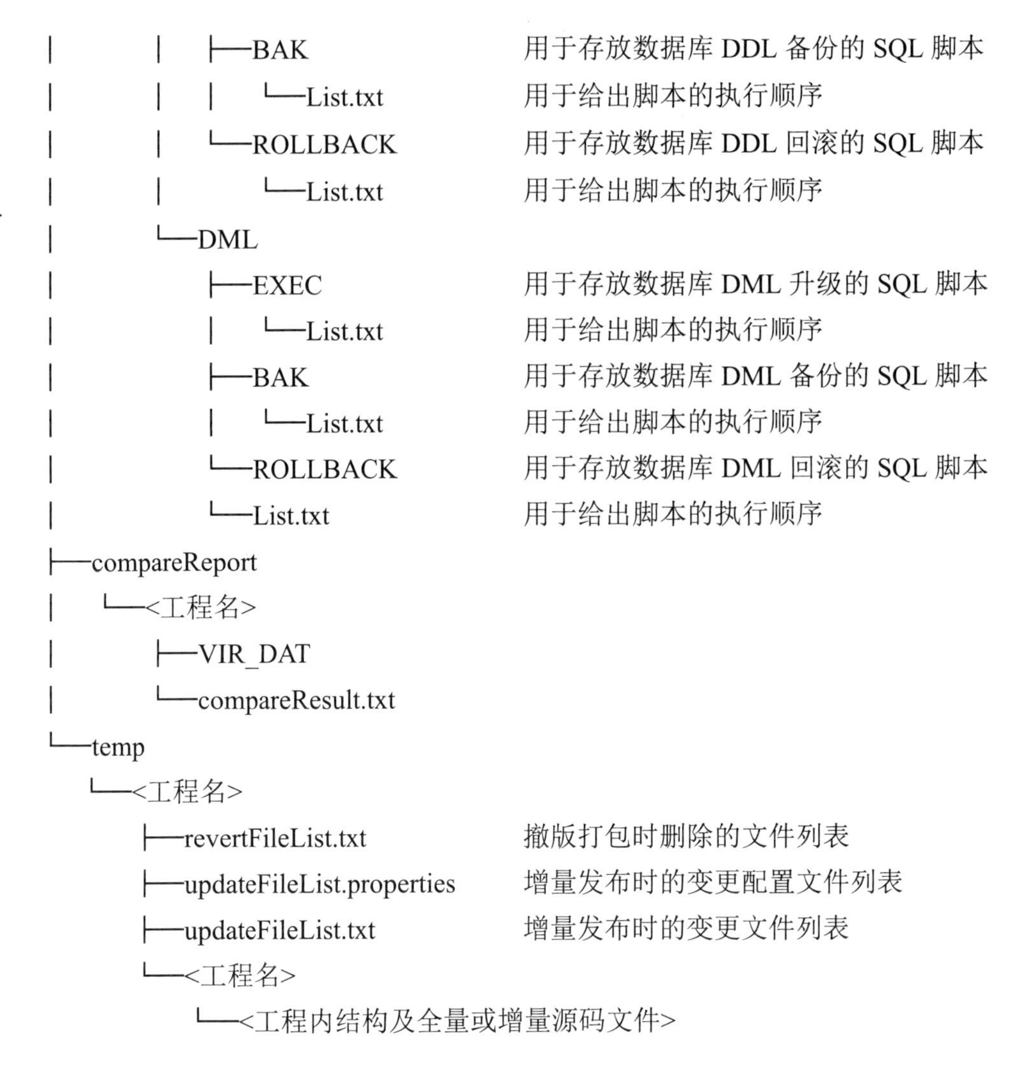

```
|         |   ├──BAK                      用于存放数据库 DDL 备份的 SQL 脚本
|         |   |    └──List.txt            用于给出脚本的执行顺序
|         |   └──ROLLBACK                 用于存放数据库 DDL 回滚的 SQL 脚本
|         |        └──List.txt            用于给出脚本的执行顺序
|         └──DML
|             ├──EXEC                     用于存放数据库 DML 升级的 SQL 脚本
|             |    └──List.txt            用于给出脚本的执行顺序
|             ├──BAK                      用于存放数据库 DML 备份的 SQL 脚本
|             |    └──List.txt            用于给出脚本的执行顺序
|             └──ROLLBACK                 用于存放数据库 DML 回滚的 SQL 脚本
|             └──List.txt                 用于给出脚本的执行顺序
├──compareReport
|    └──<工程名>
|         ├──VIR_DAT
|         └──compareResult.txt
└──temp
    └──<工程名>
         ├──revertFileList.txt            撤版打包时删除的文件列表
         ├──updateFileList.properties     增量发布时的变更配置文件列表
         ├──updateFileList.txt            增量发布时的变更文件列表
         └──<工程名>
              └──<工程内结构及全量或增量源码文件>
```

2．版本名称

以<YYYYMMDDHHMM>命名，例如：201707201531。

3．打包要求

压缩格式：zip。

发布包名称：与版本名一致。

4.3.4 缺陷管理

2000 年前后，美国政府统计署的数据显示：全球最大的软件消费商——美国军方，每年要花费数十亿美元购买软件，而在其所购软件中，可以直接使用的只占 2%，另外 3%需要做一些修改，其余 95%都成了无用的“垃圾”。

据调查，软件行业只有 28%的项目成功率，而建筑行业却有 94%的成功率。

软件行业有哪些特殊的地方导致软件研发项目成功率不高呢？如图 4-6 所示表述了软件行业的一些特点导致的频繁修改问题。

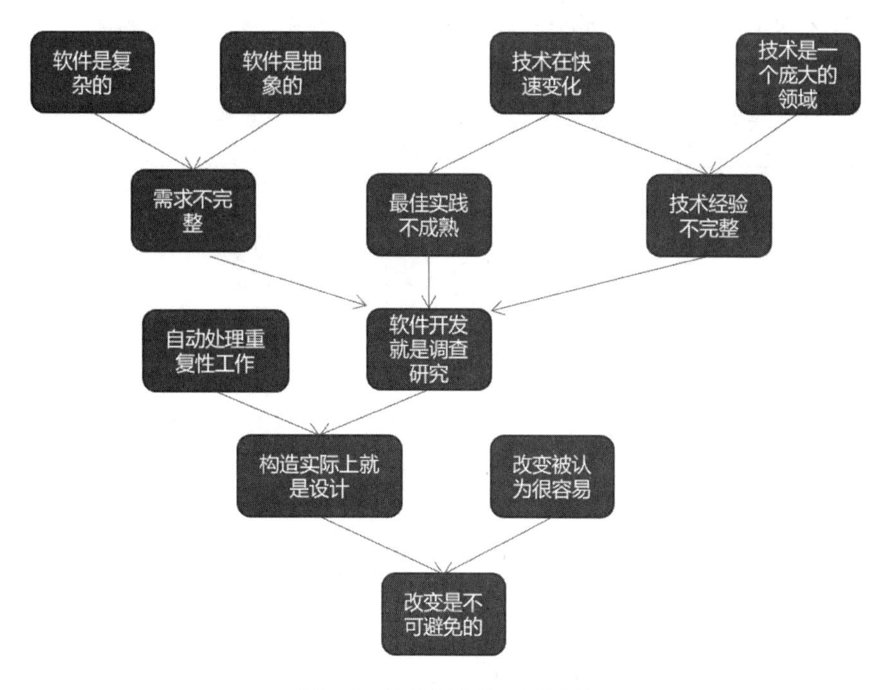

图 4-6　软件行业的一些特点

Gleik 说："计算机程序是迄今为止所有人类工业产品中最错综复杂、优美平衡和精细交织的产品。它们是具有比任何引擎都多得多的运动机件的机器：机件不会磨损，但是它们会交互，并以程序员自身无法预知的方式相互产生影响。"

《项目管理之殇：为什么你的软件项目会失败》提到，由于不能物理地触摸软件，而软件是大量行为的集合，形象地表示软件很困难，这使得绘制软件的蓝图也很困难。因此，软件的抽象性增加了复杂度，而越复杂的东西越容易出错，这就是软件充满缺陷的原因。

缺陷不可完全杜绝，因此需要管理，借助缺陷来驱动软件的质量优化，将缺陷修改和质量优化作为技术债务管理的重要组成部分，并参与到迭代计划中。

4.3.5　缺陷预防

从敏捷和 DevOps 的原则出发，只有将缺陷扼杀在萌芽状态，才能最大程度地减少浪费。

下面先看一段故事。

有一天，一个村民在村边的小河边上走着，看到有人在河里快被淹死了，就马上跳到河里把人救上来。但是他还没有休息好就看到河里还有一个人，他一边喊着，一边回去救人。河里出现了更多的溺水者，更多的村民也被召集来加入救人的行伍。在一团混乱中，有一个人走开了，沿着河边的一条小路向上游走去。有人叫住他说："你去哪里呀？帮忙救人呀！"

他说："我要找出是谁把这些人扔到河里的。"

再看一段故事。

华佗行医一生，在诊断、治疗方面都有卓越的成就。其医术高明，名扬四海，很多人都对其医术赞叹不已。华佗却说："我可比我两个哥哥差远了！"有人诧异道："你还有两个哥哥，我们怎么都没听说过呢？"

华佗说："我大哥擅长把防病与日常生活习惯结合起来，把病消灭在发病以前；我二哥擅长发现，在小病初起时，就及时进行纠正调理，没等它影响身体机能就已经好了；只有我是在人病入膏肓以后，没法调理、自我纠正了才开刀放血，被迫做些挽回性命的抢救手术。"

4.3.6　迭代周期的时间

迭代开发成为顺序的瀑布式开发的解药。

敏捷开发和 DevOps 强调以迭代方式进行开发，下面的内容将有助于我们参考并定义适合自身项目的迭代周期。

1. 两小时故事

目前，最短的剧场版电影片长大约为 80 分钟，最长的大约为 140 分钟。两小时限制已经惯性地包含在制片合同中。这种限制具有很好的商业诱因：它是在影片计划阶段规定项目**范围**的一种手段，可以指导制片阶段的步调和**节奏**，可以帮助影院最大化放映时间，而且市场调查研究表明绝大部分观众已经**习惯**了两小时的片长。

2. 45 天拍摄

45 天是片长为两小时的电影的拍摄时间惯例。这个制片过程的时间约束条件会根据剧本被很谨慎地调整和预算，而且会写到几位主演和所有项目团队成员的合约中。

3. IT 行业自由散漫的特性

特性如下：

- 不确定的交付日期。

- 不确定的选择标准。
- 忽视对企业目标的支撑。

迭代的长度因项目的不同而不同，通常是 2～6 周。

小的批次划分是流的根本，也是质量的根本。在软件开发中，人的本性创造了这样一种趋势：工程师要考虑的批次越大，对于细节的耐心与关注就越少。每周花 4 小时进行代码评审要好过每个月末评审 2 天，更好过每个季度末评审 1 周。

4.4　敏捷与 DevOps 反模式

4.4.1　急功近利

关于持续集成、敏捷、DevOps，我们来看一段故事。

开发：我们想建立一个统一的源代码管理系统。

经理：免费的吗？再想想吧，我们好像也没有太多时间弄这个。再议吧。

开发：我们想花一些时间建立一套全自动化的测试集。

经理：免费的吗？再想想吧，我们好像也没有太多时间弄这个。再议吧。

运维：我们想花一些时间建立一套自动化的服务器配置管理系统。

经理：免费的吗？再想想吧，我们好像也没有太多时间弄这个。再议吧。

运维：生产环境已经 Crash（崩溃）了。

经理：你要把它修复好再下班回家，我给你订快餐！

开发：现在产品雏形是勉强可以了，但是还需要重写一些东西才能交付客户试用。

经理：别担心，后面会有时间重写的。

运维：产品雏形在生产环境一直报错。

经理：你要把它修复好再下班回家，我给你订快餐！

开发&运维：我们想以测试驱动开发的模式工作。

经理：这样做的话只会拖慢进度，我们没有时间。

运维：我想我可以尝试调整生产服务器来改进性能和稳定性，攻克现在碰到的难题。

经理：我完全相信你的判断。快！尽管去做。

运维：上周我手工调整了一下，结果磁盘满了，服务器当掉了。

经理：你和 Devina 都不能下班直到问题修复。我给你们订快餐！

这似乎是国内很多企业，尤其是中小企业研发的现状，急功近利、考虑少的成本投入而造成后续的浪费和返工成本提高，缺少源代码管理、配置管理、自动化测试，疲于应付进度形成技术债务，宁愿员工加班也不想引入自动化工具。

4.4.2 跨部门协作的浪费

我们再来看一段故事。

开发：我们需要紧急修复一个性能问题，需要检查生产服务器的一些系统配置参数。

运维：你找经理申请权限了吗？

开发：经理，你能叫 Oscar 开一个权限让我看看服务器配置参数吗？

经理：好，我会给他发一封邮件。我要开会，还要烦这些性能问题。

开发：我已经获得查看服务器配置参数的权限了。你能提供吗？

运维：哪个服务器？

开发：我们也不清楚，应该是运行登录服务的那台服务器。

运维：你必须更清晰地指出是哪台服务器，我们有几百台服务器呢。会不会在哪个项目计划中列出来了？

开发：我们找到了一个旧的项目计划，里面写的是“DC02MM03DB16”。

运维：那应该能找到对应的服务器。你需要什么信息？

开发：JVM 的堆栈大小。

运维：16GB，但是服务器只有 8GB!

开发：那可不妙，难怪会有性能问题。我们能增加内容到 16GB 吗？这是应用需要的最小内存空间。

运维：那你先提交一个变更申请单吧。

开发：好。那如果我想修改应用部署的参数，改为 8GB 呢？你能现在更新系统配置吗？

运维：那属于基础设施变更。你必须提交一个基础设施变更申请单。

开发：那能不能多加几台新服务器，这样可以分担一下压力。

运维：那属于 DC（Data Center，数据中心）基础设施变更，你必须提交一个 DC 基础设施变更申请单。

开发：经理，能不能优先申请一下基础设施变更和 DC 基础变更？要尽快。

经理：当然可以，我尽快。现在有一个性能问题的会议要开。

运维：现在所有变更审批都通过了。我们准备好实施变更了。

运维：由于堆栈大小改变了，可能对生产平台造成大的影响，因此我们需要看到集成测试、性能测试和功能测试的结果。

开发：啊！我不干了！

在传统开发运维模式下，各个部门的人员只看到自己领域的度量，我们听到最多的字眼是“申请”“审批”……缺乏流程上的高效协作、技术和工具上的共享。

经理：我认为这样的安排没什么问题，一直都采用这样的做法，这也是最符合逻辑的做法，是 IT 运营总监定下来的，我可不想破坏它。

开发：发布不是我的事情，我只需要准备部署就行了，我得忙着写代码。

运维：每次发布我都提心吊胆，每次都一样，没有一次是顺利的，我得花上很长时间才能让它工作，之后还要清理一堆乱七八糟的东西。

因此，DevOps 要做的很重要的事情就是发现低效环节（度量方法=价值时间/浪费时间，如图 4-7 所示），以及消除浪费（尽量借助自动化）。

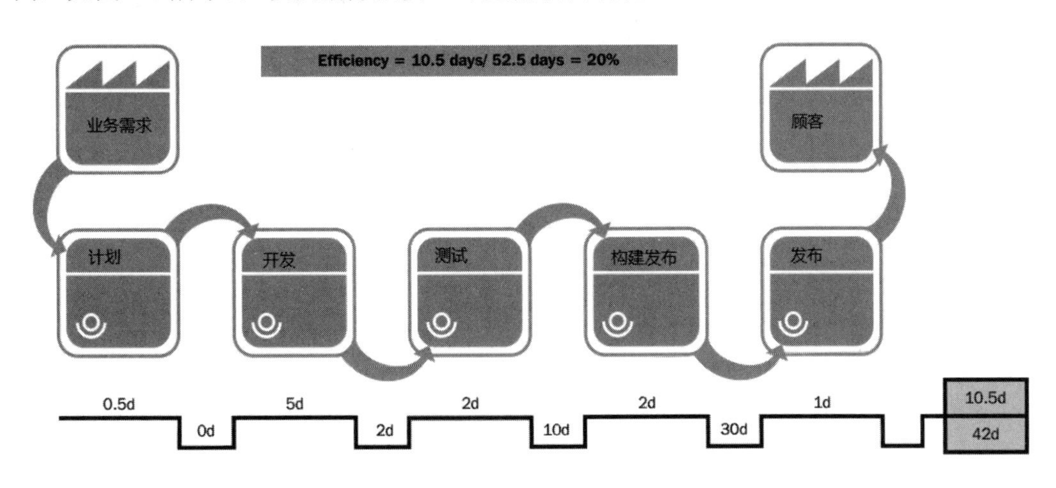

图 4-7　度量方法

4.4.3　持续集成“坏味道”

1．持续编译

现象：某些团队仅仅使用持续集成服务进行编译，并生成最终的构建结果。

影响：持续集成无法给开发人员和管理人员带来有价值的快速反馈。

原因：开发团队可能缺乏编写易于测试的代码的能力，或者不了解现代软件开发过程中测试的流程和作用。

解决方案：测试优先（单元测试、功能测试、验收测试）。

2．构建长时间失败

现象：没有开发者愿意修复失败的构建，持续集成工具上的构建已经持续失败很长时间。

影响：开发者忽视持续集成服务器发布的结果，修复构建的成本和难度提高，开发团队和管理团队无法得到快速反馈，缺乏安全感。

原因：长时间不进行代码更新且一次提交太多代码，构建时间太长导致开发者没有耐心运行本地构建，任务过于复杂。

解决方案：简单设计，小步前进，缩短构建时间。

3．过多的失败构建

现象：持续集成服务器上有很多失败的构建，开发者常常在其上强制运行构建。

影响：团队其他成员无法提交代码，开发效率下降。

原因：通常这是项目中存在随机失败测试的信号，例如，某些测试存在顺序依赖、时间敏感，或者没有在测试结束时正确回收资源。这样，虽然开发者本地构建通过，却无法保证在持续集成服务器上成功构建，开发者会不断地尝试在服务器端重新运行构建，试图得到一个成功的构建。

解决方案：简单设计，编写正确的单元测试。

4．构建时间过长

现象：本地构建时间超过 10 分钟。

影响：生产率严重下降。

原因：可能是由重复测试引起的，由于测试之间没有很好的隔离，导致同一逻辑在对不同对象进行测试时被重复测试；或者是由软件规模大、测试多引起的。

解决方案：分布式构建。

5．构建结果不醒目

现象：没有开发者意识到持续集成服务器上的构建已经失败了。

影响：构建长时间失败，修复难度变大。

原因：没有将构建结果明显地发布出来。

解决方案：安装构建指示灯，或者在构建失败的时候播放音乐。

4.4.4 手工完成所有部署

下面列举一些发布作业中的反面教材：

- 手动进行发布作业。
- 发布作业的内容每次都不相同。
- 发布作业需要特殊的知识（其他人不知道如何发布）。
- 不能反复进行任意次数的发布。

如图 4-8 所示为软件部署和软件发布相关领域的成熟度模型。目前很多企业处于 1

级和 2 级的状态：手工完成所有部署；过程复杂不可控；定期大批量部署；失败率较高，并且无法实现回滚；修复时间不可控。

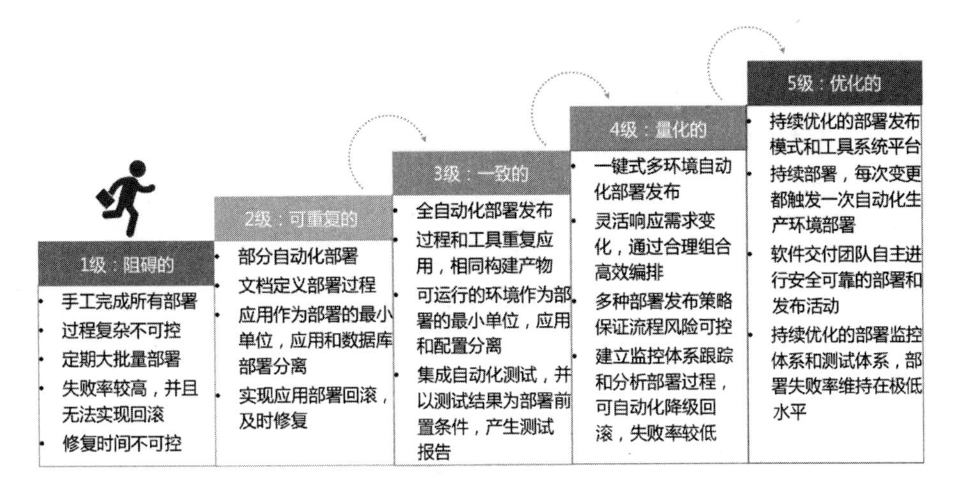

图 4-8　软件部署和软件发布相关领域的成熟度模型

4.4.5　开发与运维各一套自动化部署系统

要推进部署的自动化就要解决这样一个问题：最初应该由谁主导实施？答案是由想实施部署自动化的人着手实施。但问题是，其实开发、测试、运维都对自动化部署有或多或少的需求。因此在某些企业就会出现这样的情况，开发、测试、运维基于各自的环境建立自动化部署系统。

这样不仅劳民伤财，而且没有从根本上理解 DevOps。

从实施经验来看，我们建议最好以对服务器及网络相关事宜有决定权的运维人员作为核心成员。因为不可避免地要预先做好与环境相关的准备及调整，以及最终向正式环境实施自动化部署所需的准备工作。所以由运维人员来牵头部署自动化，项目的进展会比较顺利。

在支撑自动化的技术方面，要选用开发人员和运维人员都能够使用的技术，最好协商达成一致。因为部署是指从开发向正式环境发布应用程序的一系列工作，缺少任何一方的协助都无法顺利实现自动化部署。

要实现自动化部署，需要全体成员达成共识：

- 全部采用版本管理。
- 所有的环境都要用同样的方式构建。
- 实现发布工作的自动化，并事先进行验证。
- 反复多次进行测试。

4.4.6 重建数据库比较困难

在构建模拟环境或正式环境时，比较容易出现数据库的处理问题，比如，不知道在环境中使用哪些 SQL，从而导致没有察觉到遗漏了某些 SQL；多个人修改数据库，不知道如何管理才能避免修改冲突。

正确做法应该是把数据库变更也纳入配置管理。

（1）定义数据库 Schema 及数据配置管理对象，可以纳入管理的对象包括：

- 关系型数据库。
- 文本文件。
- XML 文件。
- 对象数据库。
- MongoDB 等 NoSQL 数据库。

（2）定义数据库 Schema 及数据配置管理规范，以及数据库变更脚本规范，包括：

- SQL 文件命令规则。
- SQL 执行顺序。
- 回滚机制。
- 数据加载机制。
- 需要整合等的数据迁移工具。

第三部分

工具技术篇

第 5 章 精准测试技术

5.1 什么是精准测试技术

5.1.1 传统测试方法面临大型软件时的问题与瓶颈

瓶颈 1：低效。

传统测试主要基于用人工评定的黑盒测试方法，检测后期会遇到“杀虫剂”效应，除非消耗大量的人工成本，否则无法打造具有高软件可靠性的产品。

瓶颈 2：检测结果可信度低。

传统测试的程序缺陷数通常无法预知，而且检测数据的人工因素占绝大比重，导致检测数据本身不具备技术公信力。

瓶颈 3：无法精准量化控制。

传统测试无严谨的量化结果，数据可追溯性差，以人工干预的主观观测和定性评价结果为主导，高度依赖人员经验，如精准测试周期缺陷率，如图 5-1 所示。

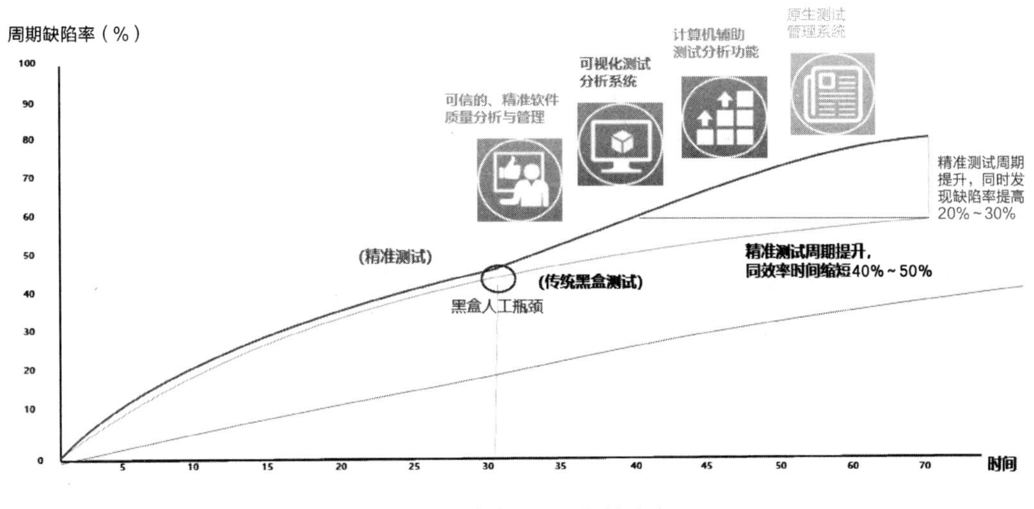

图 5-1　精准测试周期缺陷率

5.1.2　传统白盒测试方法的问题

传统白盒测试打开黑盒的成本较高，而且不具备智能性，难度大，普通测试工程师也无法使用。

（1）通常以单元为白盒测试的切入点，只针对覆盖率进行用例设计和测试，对于大型软件的测试周期长、成本高。在快速迭代中存在测试数据无法继承的问题。

（2）覆盖率以代码覆盖为主导，几乎不区分到功能用例层级，属于混合式覆盖率分析，效力大打折扣，高级算法无法应用。要求测试人员具有较高的开发能力。

（3）以单机再开发环境内测试方式为主，不支持团队的分布式测试和分析。

5.1.3　开发团队和测试团队协同工作难

测试结果仅表现为缺陷，对开发过程并没有更加深入的帮助，使测试价值无法有效放大。

1．开发团队（以代码为工作核心）

（1）花费大量时间复现和调试缺陷，无法精确把握缺陷现场的详细信息。

（2）不清楚用例的执行逻辑，无法有效帮助测试进行用例审核。

2．测试团队（以测试用例为工作核心）

（1）通常开发团队给测试团队的是非常模糊的功能逻辑描述，这会因测试团队对需求理解不一致而存在一些隐患。

（2）依照开发团队变更的解释及业务经验，从功能层面去判断和执行回归测试存在很大的风险。

（3）无法获取测试充分度的精确数据。

5.1.4 精准测试方法解决的问题

1．可视

（1）代码覆盖率计算可视化技术，最高支持航天航空专用 MC/DC（Modified Condition/Decision Coverage，修正条件/判定覆盖率）标准。

（2）可视化每个测试用例的所有代码执行逻辑。

（3）实时的程序运行指标图形输出。

（4）人工交互式的代码动静态控制流程图、函数调用图。

2．智能

（1）智能的回归测试用例选取算法及跨版本的波及分析算法。

（2）基于程序执行频谱的智能，全自动缺陷定位。

（3）面向真实、复杂软件的全自动智能测试用例生成和搜索技术。

3．可信

（1）设置源码路径即可完成工程编译，无须任何人工干预。

（2）静态分析结果和符号信息自动上传云端。

（3）用例一执行即可获得海量程序运行数据。

（4）用例执行后所有结果在服务端实时完成运算和结果输出。

4．精准

（1）独创性地发明了软件示波器技术，只要程序运行即可超高速、实时、可视化采集程序运行逻辑。

（2）测试用例到代码逻辑的精准记录和双向追溯。

5.1.5 精准测试的工作模式与工作原理

精准测试通过代码插装后打包部署应用，在运行过程中动态收集应用执行信息并上传测试数据，包括程序骨架信息、程序控制流程图、程序结构调用图等数据，工作模式如图 5-2 所示。

上传的测试数据在云端进行存储，与测试用例进行关联，建立代码与测试用例的双向追溯关系，从而进行测试覆盖度分析、测试漏洞分析、智能缺陷定位、回归测试用例选取等计算和结果呈现，工作原理如图 5-3 所示。

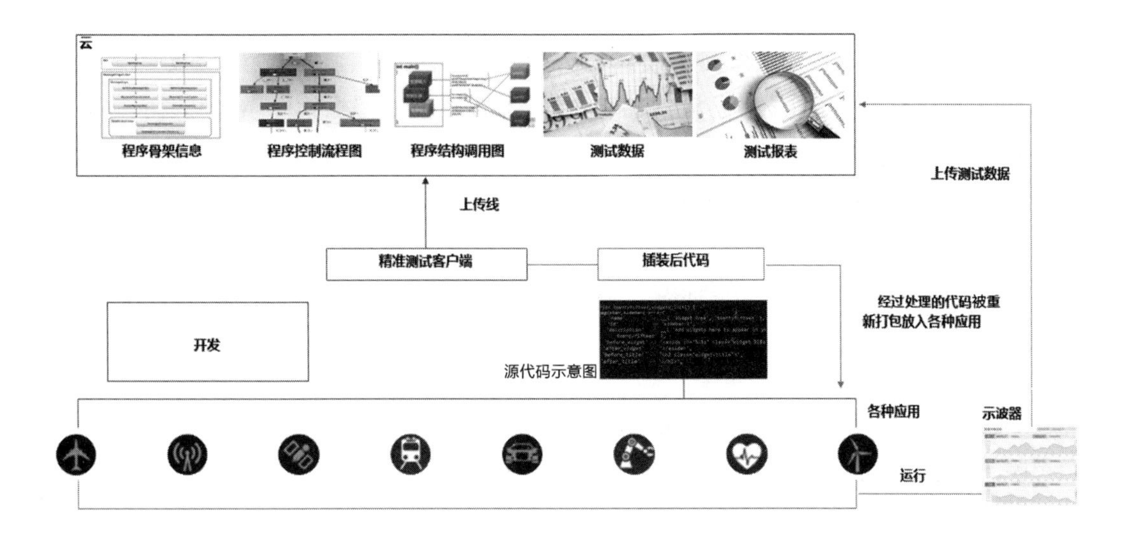

图 5-2　精准测试工作模式

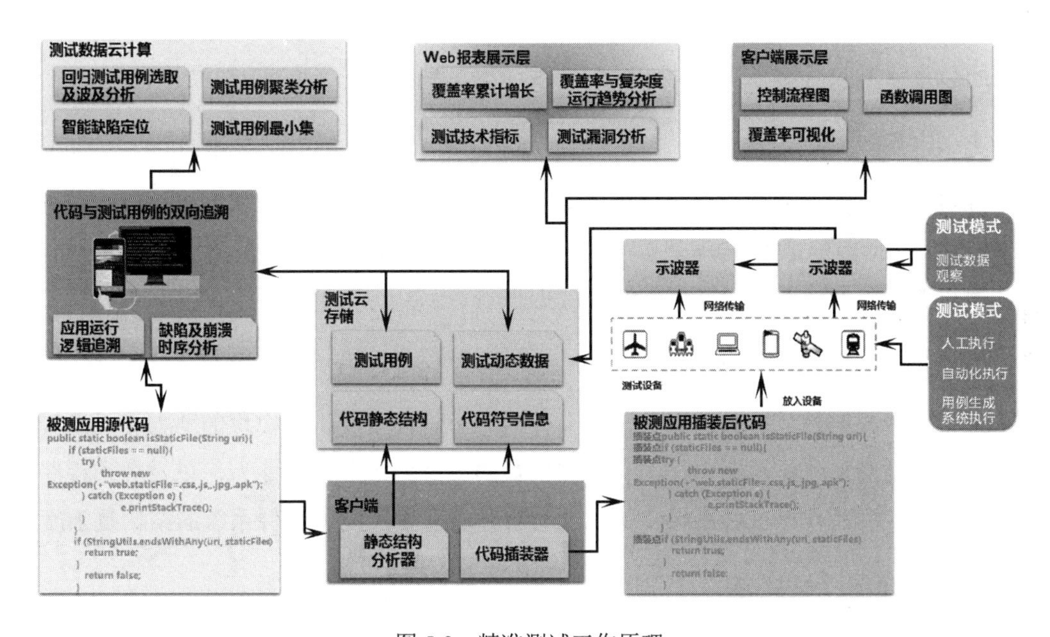

图 5-3　精准测试工作原理

5.2　精准测试云平台

5.2.1　测试复杂度分析

测试复杂度不是指广义上的时间、空间复杂度，而是指代码中所含分支语句的数目，包括“if”“for”“while”“do-while”“switch-case”等语句，通过测试复杂度分析可以找出高复杂度的模块进行重构（通常 20%的高复杂度模块含有整个软件 80%左右的缺陷）。代码超过额定行数则表示其复杂度过高，有必要进一步模块化。对于高复杂度模块，还可以进一步得知其控制流程图和逻辑框图的复杂度，从而有利于用户与维护者判断该软件产品的可测试性与可维护性。

此外，对各种具体的复杂度问题，精准测试云平台还提供一系列针对性的措施。

1．计算复杂度

通过执行路径追溯分析、逻辑分析和控制流程分析与可视化，不仅可以图形化地展示程序的算法，而且可以查出算法实现中的逻辑错误，帮助开发人员与测试人员有效地进行问题排查。

2．功能复杂度

通过需求的功能化分解与可视化查错，精准测试云平台不仅可以检测系统的功能，而且可以展示其执行路径等，达成功能测试结果与系统需求之间的双向追溯。

3．组分复杂度

通过动静态深入分析工具，如模块调用结构分析、类及其继承关系分析、变量分析与分析结果、函数的扇入/扇出分析、系统及各个模块的量化质量分析、类的组分分析等，用户可以直观且便捷地得出需要的测试数据报告。

4．结构复杂度

提供系统的结构分析与图形化，凸显任何一个模块及其相关模块的能力、类及其继承关系分析与图形化显示能力、类与独立函数的关系分析与显示能力，以及各个程序模块的逻辑、控制流程分析与图形化显示能力等，能有效地应付软件系统的结构复杂度。

5.2.2 测试复杂度种类

每个函数有基本的复杂度 1，而每个判断语句（if）或循环语句（for、while、do-while）的复杂度都是在基本复杂度上加 1。

使用 switch 语句时，有包含 case 语句和不包含 case 语句两种复杂度标准。

CC0 为 Cyclomatic Complexity （with case），也就是包含 case 语句在内的圈复杂度，每 N 路 switch 语句加复杂度 N+1。

CC1 为 Cyclomatic Complexity（without case），即不包含 case 语句在内的圈复杂度，每个 switch 语句结构加复杂度 2，如图 5-4 所示。

跳转 单页函数数目 请输入搜索函数名、函… 搜索 搜索下一个 SC0 14.53% 4198/28896 高级搜索 1/833 1 跳转 导出

编号.	函数Id	函数名称	函数路径	类	所属程序名称	SC0	TRUE	FALSE	BOTH	C/DC	Branch	MC/DC	CC0	CC1
1	7190	businessDemandEdit	com\gtja\demand\...	com/gtja/demand/...		45.1	45.4	24.9	15.1	25.6	18.8	5.4	206	206
2	9187	equals	com\gtja\person\d...	com/gtja/person/d...		0	0	0	0	0	0	0	154	154
3	4346	importContractFile	com\gtja\pm\web\...	com/gtja/pm/web/...		0	0	0	0	0	0	0	87	87
4	16583	updateIssues	com\gtja\oreilly\ser...	com/gtja/oreilly/se...		0	0	0	0	0	0	0	85	85
5	14374	setButtonAuthority...	com\gtja\demand\...	com/gtja/demand/...		0	0	0	0	0	0	0	74	74
6	12469	getPMRootTree	com\gtja\pm\servic...	com/gtja/pm/servi...		51.9	47.1	52.9	36.8	43.1	35	4.4	77	71
7	7229	exportBusinessDe...	com\gtja\demand\...	com/gtja/demand/...		0	0	0	0	0	0	0	63	63
8	7184	businessDemandLis...	com\gtja\demand\...	com/gtja/demand/...		56	36.7	40	0	0	0	0	61	61
9	7561	StatisticalWorkHou...	com\gtja\task\timin...	com/gtja/task/timi...		0	0	0	0	0	0	0	60	60
10	2226	exportSoftDemand	com\gtja\demand\...	com/gtja/demand/...		0	0	0	0	0	0	0	58	58
11	14307	login	com\gtja\web\Logi...	com/gtja/web/Logi...		32.8	18.2	61.8	16.4	20.5	15.4	1.8	56	56
12	4291	getpdmProjectBase...	com\gtja\pm\web\...	com/gtja/pm/web/...		0	0	0	0	0	0	0	56	56
13	2188	selectSoftDemand	com\gtja\demand\...	com/gtja/demand/...		15.2	27.5	19.6	13.7	6.1	13.4	0	52	52
14	14184	createJavaScript	com\gtja\sys\servic...	com/gtja/sys/servi...		71.8	44	62	26	34.6	23.2	2	51	51
15	15652	synJira	com\gtja\wbs\web\...	com/gtja/wbs/web...		0	0	0	0	0	0	0	50	50
16	2225	selectSoftDemand...	com\gtja\demand\...	com/gtja/demand/...		13.6	6.1	16.3	0	0	0	0	50	50
17	7187	selectBusinessDem...	com\gtja\demand\...	com/gtja/demand/...		15.9	30.6	20.4	16.3	6.3	15.6	2	50	50
18	2189	selectSoftDemand...	com\gtja\demand\...	com/gtja/demand/...		0	0	0	0	0	0	0	50	50

图 5-4 复杂度种类示例

5.2.3 覆盖率分析

覆盖率可视化针对函数 SC0、TRUE、FALSE、BOTH、BRANCH、C/DC、MC/DC 七种覆盖率给出可视化展示，表 5-1 针对每种覆盖率展示界面给出说明。

表 5-1 覆盖率展示界面说明

覆盖率类型	颜色	分子/分母	覆盖语句类型	颜色的含义	覆盖率定义
SC0	绿色	分子	语句块	被覆盖块	语句块测试覆盖：如果程序的所有程序块至少被执行一次，则该语句块程序的 SC0 覆盖率达到 100%
	绿色+蓝色（未覆盖块）	分母	语句块	应该统计的所有块	
TRUE	绿色	分子	条件块	条件执行真	条件真覆盖
	绿色+蓝色（是条件块但未执行真）	分母	条件块	应该统计的所有条件块	
FALSE	绿色	分子	条件块	条件执行假	条件假覆盖
	绿色+蓝色（是条件块但未执行假）	分母	条件块	应该统计的所有条件块	
BOTH	绿色	分子	条件块	条件真假都执行	条件真、假覆盖
	绿色+蓝色（是条件块但未同时执行）	分母	条件块	应该统计的所有条件块	

续表

覆盖率类型	颜色	分子/分母	覆盖语句类型	颜色的含义	覆盖率定义
BRANCH	绿色	分子	判定块	判定真假都执行过	分支覆盖（判定覆盖）。每个判定的取真分支和取假分支至少执行一次
	绿色+蓝色（判定真假没有同时执行）	分母	判定块	应该统计的所有判定块	
C/DC	绿色	分子	条件块+判定块	条件+判定真假执行过	条件、判定真假都执行过至少一次
	绿色+蓝色（条件+判定真假未同时执行过）	分母	条件块+判定块	应该统计的所有判定块	条件、判定真假都执行过至少一次
MC/DC	绿色	分子	条件块	满足 MC/DC 准则的条件	修订条件判定覆盖
	绿色+蓝色（不满足 MC/DC 准则的条件）	分母	条件块	应该统计的所有条件块	

1. SC0 覆盖率

SC0 为语句块测试覆盖，颜色区分对象为基本语句块。绿色部分是被覆盖的语句块，蓝色部分是未覆盖到的语句块。

计算方法：覆盖到块/应统计块，如图 5-5 所示。

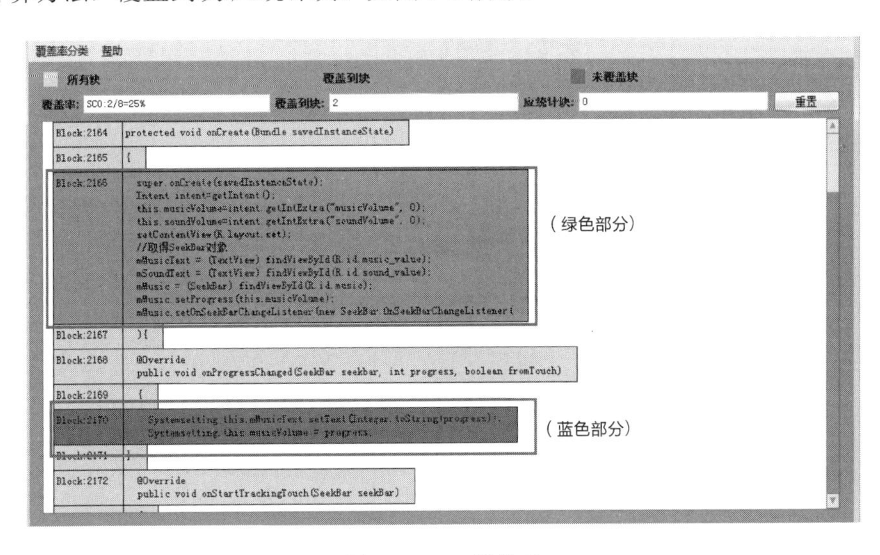

图 5-5 SC0 覆盖率

2. TRUE、FALSE、BOTH 覆盖率

TRUE、FALSE、BOTH 为条件块覆盖，颜色区分对象为单一条件。蓝色部分表示该

条件不满足对应覆盖率，绿色部分表示该条件满足对应覆盖率。

计算方法：覆盖到块/应统计块，如图 5-6 所示。

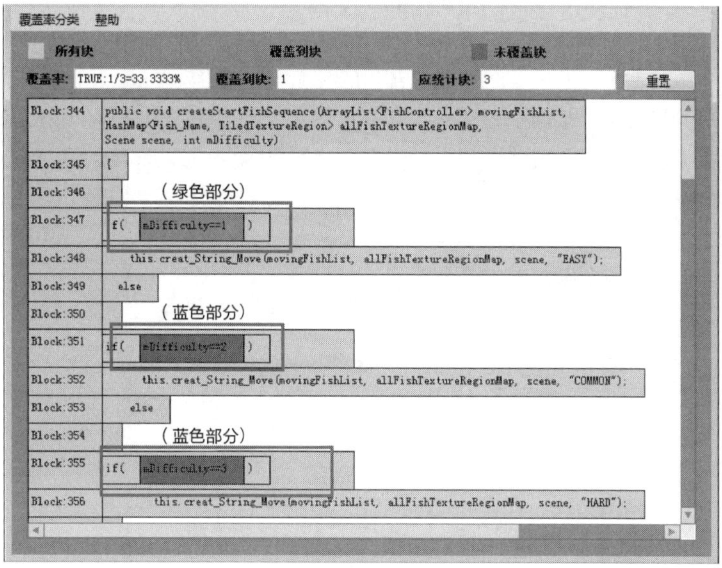

图 5-6　TRUE 覆盖率

3．BRANCH 覆盖率

颜色区分对象为判定语句，外围矩形框表示判定语句块，绿色部分表示满足分支覆盖，蓝色部分表示不满足分支覆盖。

计算方法：覆盖到块/应统计块，如图 5-7 所示。

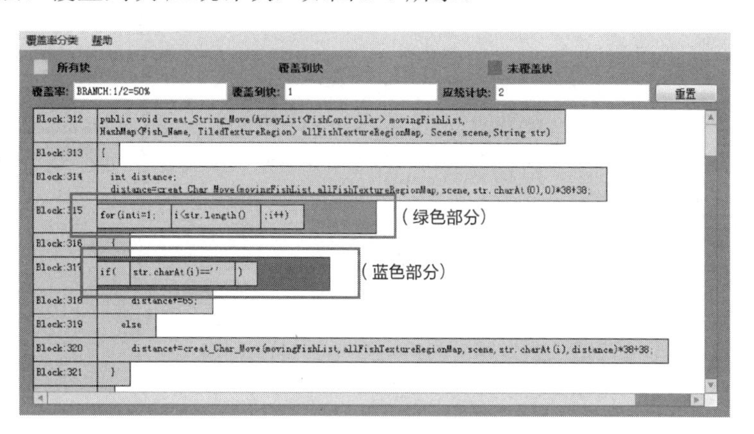

图 5-7　BRANCH 覆盖率

4．C/DC 条件判定覆盖率

颜色区分对象为条件+判定，如果条件只有一个判定，则条件展示时按照判定语句块展示，如图 5-8 中单一条件情况所示。如果条件多于一组，如图 5-8 中含有多个条件的情况所示，则条件与判定分开展示。

计算方法：覆盖到块/应统计块，如图 5-8 所示。

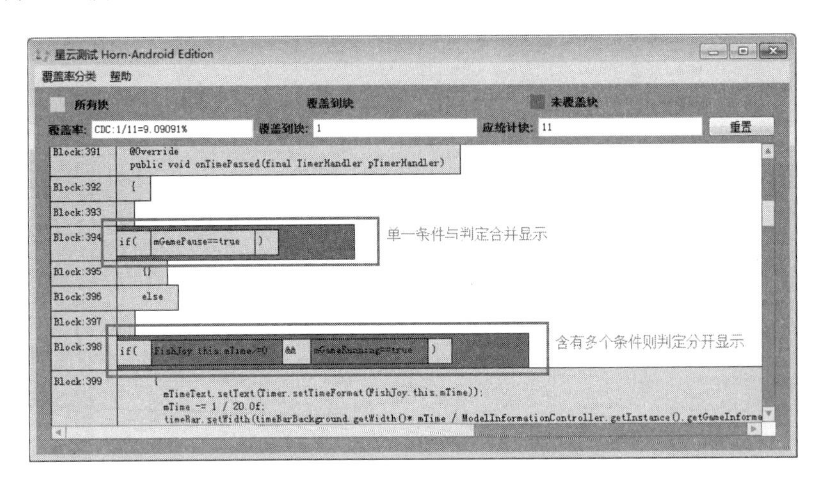

图 5-8　C/DC 条件判定覆盖率

5．MC/DC 覆盖率

任一条件或组合条件，单一条件单元在其余条件取值不变的情况下，如果条件真假取值能唯一影响整个判定真假取值，那么该条件单元满足 MC/DC 覆盖。如果满足 MC/DC 覆盖，那么显示绿色，蓝色表示不满足，并且对 MC/DC 覆盖做了详细信息展示（单击选择 MC/DC 覆盖率，显示 MC/DC 的详细信息）。

计算方法：覆盖到块/应统计块，如图 5-9 所示。

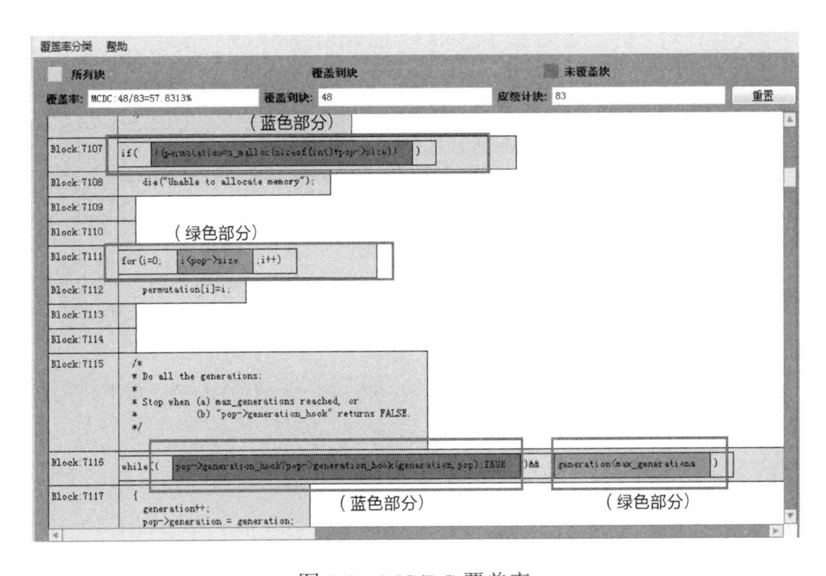

图 5-9　MC/DC 覆盖率

5.2.4　软件内部逻辑结构可视化

精准测试云平台的逻辑可视化部分主要基于函数调用图和控制流程图，其中，函数调用图是代码级的逻辑图形，控制流程图是函数模块级的逻辑图形，两种图形形成了源代码逻辑交替深入展示的一种形式，并且在图形中加入了覆盖率、复杂度等信息，使展示的信息元素更加丰富。

1．函数调用图

1）函数调用图

函数调用图可以为用户提供一系列关于软件系统的整体信息，例如，类或函数及类的成员函数的总数目，调用关系或类的继承关系的深度、层次结构、语句总行数和总体复杂度，整体的测试覆盖率（分累计的结果和最后一次运行的结果，可以选择语句、分支和 MC/DC 测试覆盖率标准），整体的性能分析结果，各模块所占的用时比例，全局变量和静态变量的分析结果等。同时，又给出了各个模块的具体信息，包括各模块的源码行数和复杂度、测试覆盖率分析结果、扇入/扇出信息，以及高亮显示一个模块及其所有相关模块，或者以任何一个模块为根生成局部子树等，如图 5-10 所示。

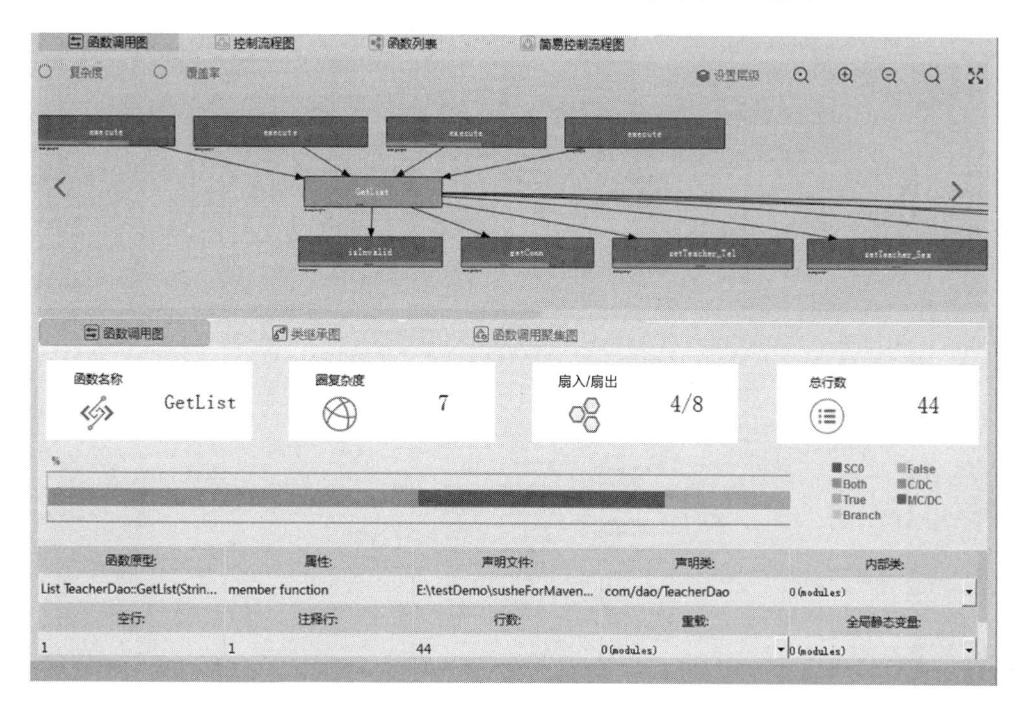

图 5-10　函数调用图

2）函数调用聚集图

函数调用聚集图以类为聚集，函数调用层次关系不再是最重要的，而是以类对函数进行分组，同一类函数聚集在一起，当单击函数调用聚集图后，在控制流程图窗口显示以该函数为根的函数调用关系，形成一个函数调用关系图，如图 5-11 所示。

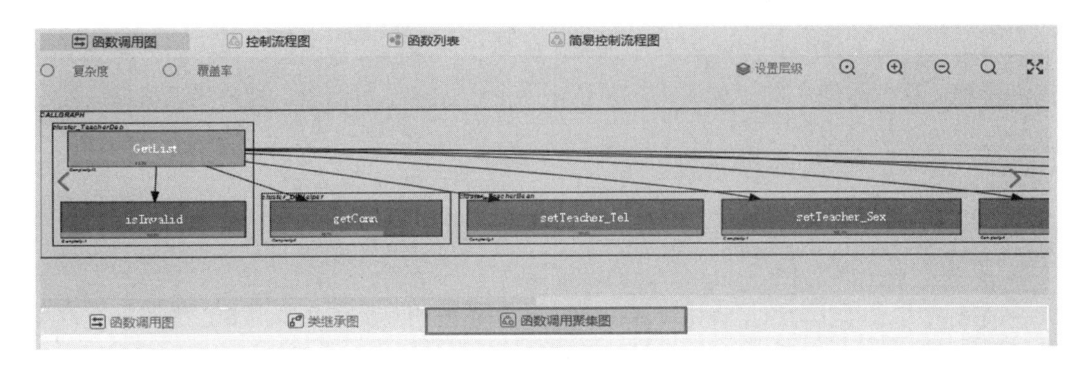

图 5-11　函数调用聚集图

2．控制流程图

控制流程图的基础功能是表示函数的控制流程，显示测试覆盖率结果，实现半自动高效率测试用例设计，进行逻辑流程查错，以及源码、测试用例和相关文档之间的双向追溯等，如图 5-12 所示。

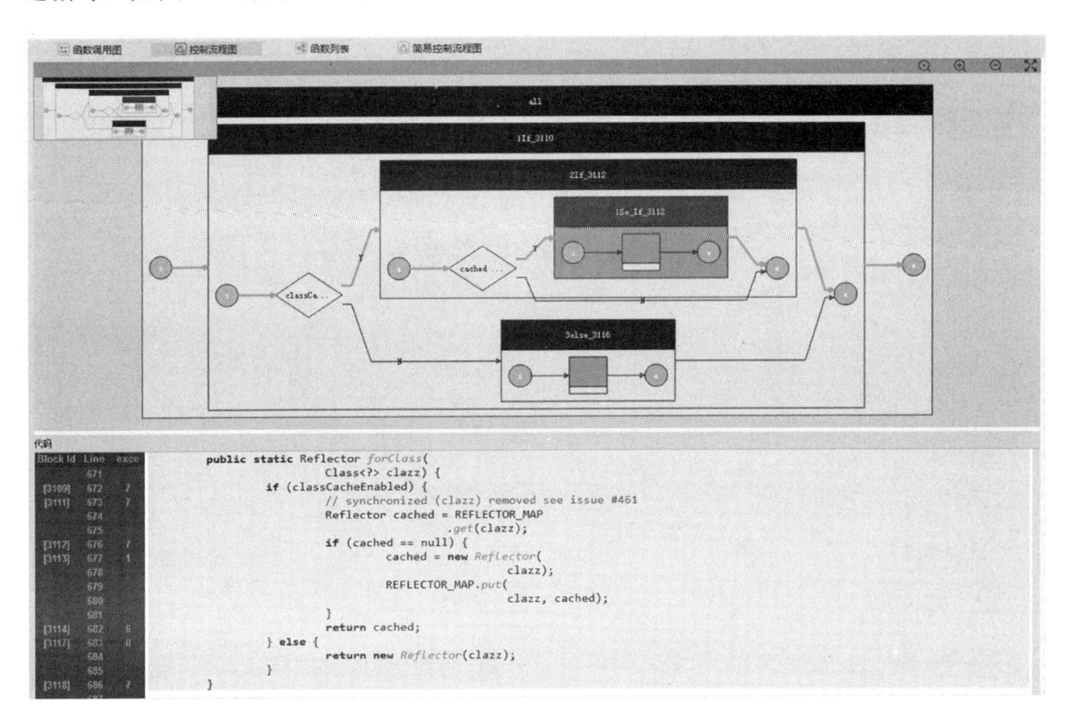

图 5-12　控制流程图与代码映射关系

控制流程图的展示方式区别于函数调用图调用模式的展示方式，控制流程图主要以嵌套的形式展现函数的内部逻辑关系，这种方式更贴合代码的逻辑流程。在双向追溯中，控制流程图还可以通过颜色对每个程序块进行覆盖率标识，在缩略图中整个模块的覆盖率非常直观（背景色为绿色表示有测试用例覆盖到该块，以 SC0 覆盖为参考标准）。

1）信息展示

信息展示界面展示函数逻辑过程的结构，如 if、while、do-while、for、switch-case 等结构将以数据流的方式显示，如图 5-13 所示。

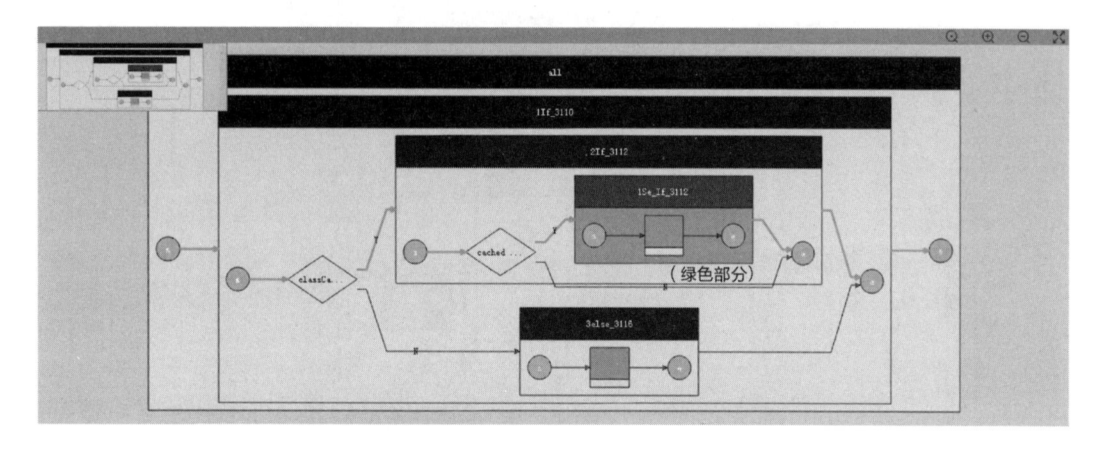

图 5-13　控制流程图（信息展示界面）

2）源码展示

源码展示与控制流程图配合展示：程序整体（全部源码）的结构树（模块调用关系）；整体的测试覆盖率分析结果；整体的复杂度（含有分支语句的数目）分析结果；整体的语句分类（有效逻辑语句、解释语句、空行等）和百分比，以及整体的程序逻辑等，如图 5-14 所示。

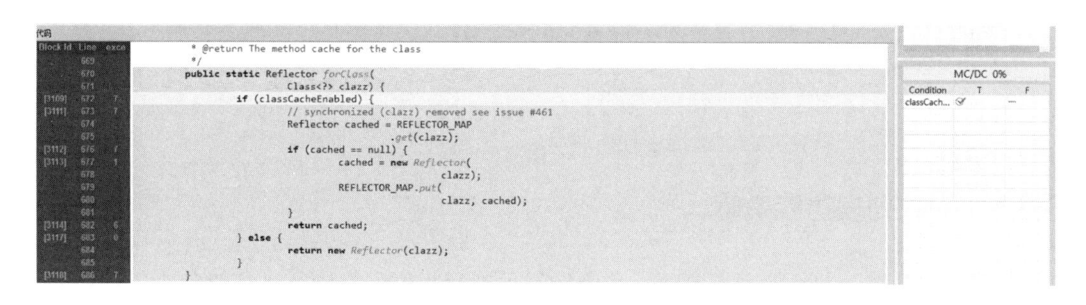

图 5-14　控制流程图（源码展示界面）

3．简易控制流程图

简易控制流程图以语句块的形式清晰地展示函数内部的控制逻辑，在界面上可以直观地看出控制流程各节点的测试覆盖情况。在展示中，简易控制流程图还可以通过颜色对每个程序块进行覆盖率标识，在缩略图中整个模块的覆盖率非常直观，如图 5-15 和图 5-16 所示（背景色为绿色表示有测试用例覆盖到该块，以 SC0 覆盖为参考标准）。

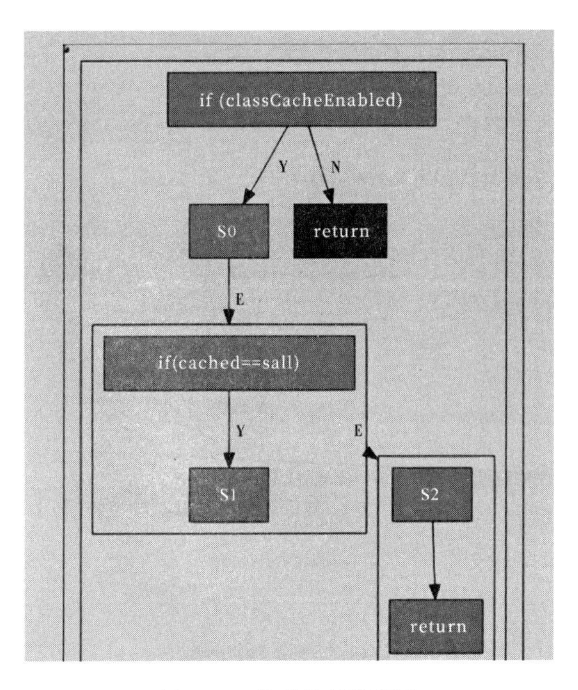

图 5-15　简易控制流程图

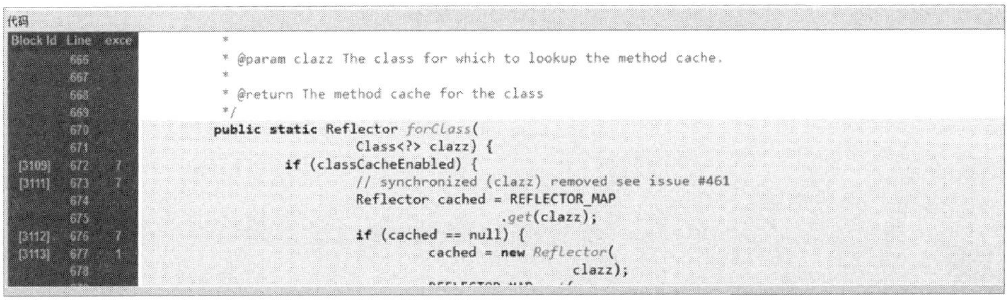

代码

```
Block Id  Line  exce
                       *
          666          * @param clazz The class for which to lookup the method cache.
          667          *
          668          * @return The method cache for the class
          669          */
          670      public static Reflector forClass(
          671                      Class<?> clazz) {
[3109]    672  7           if (classCacheEnabled) {
[3111]    673  7                   // synchronized (clazz) removed see issue #461
          674                      Reflector cached = REFLECTOR_MAP
          675                                      .get(clazz);
[3112]    676  7                   if (cached == null) {
[3113]    677  1                           cached = new Reflector(
          678                                              clazz);
```

图 5-16　简易控制代码示例

5.2.5　函数列表功能说明

如图 5-17 所示为函数列表界面，其中展示了工程中的所有函数，是对整个工程函数、函数复杂度和函数覆盖率信息的基本展示，包括函数名称、函数所在的类、七种覆盖率和其中的两种复杂度。

具有的功能包括：

（1）能根据七种覆盖率和其中的两种复杂度进行排序。

（2）能设置每页显示的函数个数，可以自定义选择比较常用的个数。

（3）能对排序后的函数列表进行翻页，可以翻到上一页、下一页或指定页。

编号.	函数Id	函数名称	函数路径	类	所属程序名称	SCO	TRUE	FALSE	BOTH	C/DC	Branch	MC/DC	C
1	127	setInvalid	org\apache\ibatis\i...	org/apache/ibatis/i...		100	100	50	50	100	66.7	50	3
2	1389	handleRowValuesFo...	org\apache\ibatis\e...	org/apache/ibatis/...		100	100	50	50	100	66.7	50	3
3	1359	invoke	org\apache\ibatis\p...	org/apache/ibatis/...		80	100	50	50	100	66.7	50	3
4	860	getBodyData	org\apache\ibatis\p...	org/apache/ibatis/...		100	50	100	50	100	66.7	50	3
5	1431	suffixStr	com\lanyuan\plugi...	com/lanyuan/plugi...		83.3	33.3	100	33.3	50	50	33.3	4
6	1053	getBoundSql	org\apache\ibatis\...	org/apache/ibatis/...		66.7	25	75	25	33.3	40	25	5
7	1350	getInstance	org\apache\ibatis\i...	org/apache/ibatis/i...		66.7	60	100	60	66.7	71.4	20	6
8	1667	convertArgsToSqlC...	org\apache\ibatis\b...	org/apache/ibatis/...		87.5	40	80	20	33.3	28.6	20	6
9	210	parse	org\apache\ibatis\p...	org/apache/ibatis/...		77.8	71.4	71.4	42.9	60	44.4	14.3	8
10	1647	evalNode	org\apache\ibatis\p...	org/apache/ibatis/...		100	100	100	100	100	100	0	2
11	1502	recursionFn	com\lanyuan\util\Tr...	com/lanyuan/util/T...		100	100	100	100	100	100	0	3
12	501	get	com\lanyuan\shiro\...	com/lanyuan/shiro...		100	100	100	100	100	100	0	2
13	1503	getChildList	com\lanyuan\util\Tr...	com/lanyuan/util/T...		100	100	100	100	100	100	0	3
14	536	readHtml	com\lanyuan\util\C...	com/lanyuan/util/C...		100	100	100	100	100	100	0	2
15	846	getBooleanAttribute	org\apache\ibatis\p...	org/apache/ibatis/...		100	100	100	100	100	100	0	2
16	118	getResult	org\apache\ibatis\t...	org/apache/ibatis/t...		100	100	100	100	100	100	0	2
17	844	getStringAttribute	org\apache\ibatis\p...	org/apache/ibatis/...		100	100	100	100	100	100	0	2
18	1470	cachedMapperMet...	org\apache\ibatis\b...	org/apache/ibatis/...		100	100	100	100	100	100	0	2

图 5-17　函数列表界面

5.2.6　覆盖率可视化

覆盖率可视化技术采用图形的方式对覆盖率指标进行剖析，用颜色的表示形式在代码中区分分子、分母，以告知覆盖率的计算过程。

覆盖率可视化界面根据需要显示的覆盖率类型显示对应覆盖到的块，如图 5-18 所示。

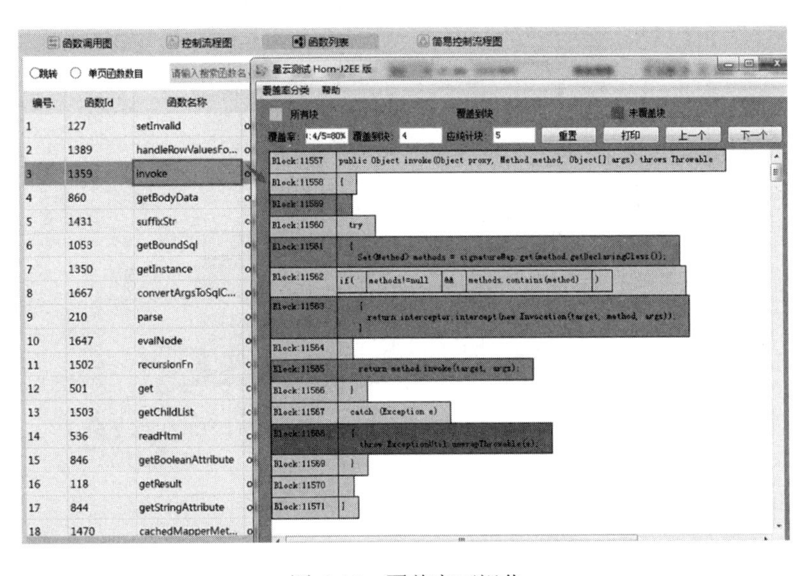

图 5-18　覆盖率可视化

针对每种覆盖率，覆盖到块用绿色 覆盖到块 表示，未覆盖块用 未覆盖块 表示。

对于 MC/DC 覆盖有详细信息说明（选择 MC/DC 覆盖—单击判定显示详细信息），如图 5-19 和图 5-20 所示。

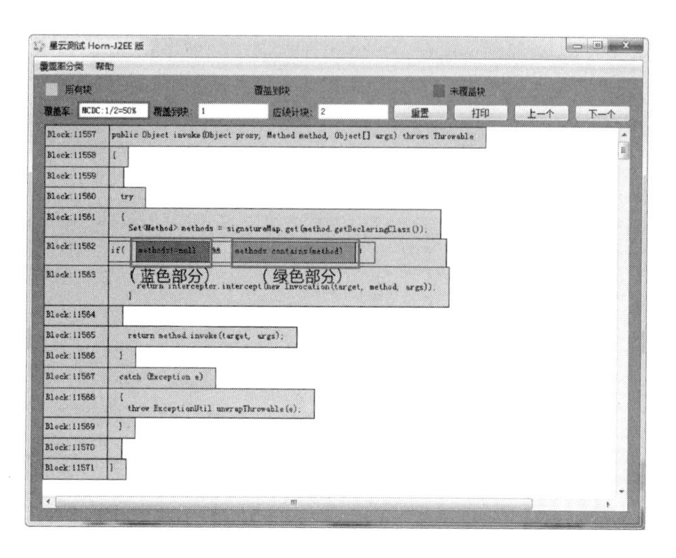

图 5-19　MC/DC 覆盖率

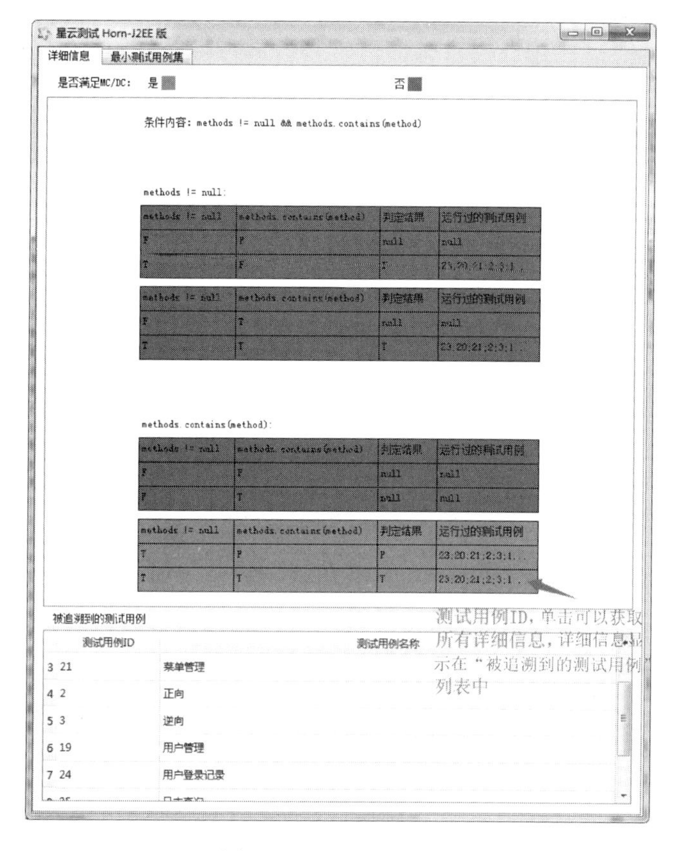

图 5-20　显示详细信息

5.2.7　动态实时测试监控

1．测试用例

精准测试云平台可以对测试用例进行增加、删除、修改、查看操作，并且由用户自定义进行分类等操作，记录一种程序的执行方法，方便对执行进行重现或查看。

2．实时数据监测

通过测试时的实时数据监测，数据实时动态刷新，刷新数据包括：接收到和写入数据库的 Block 数据数量和曲线图示；接收到和写入数据库的条件判定数据数量和曲线图示；接收到和写入数据库测试的函数数量和曲线图示；为当前测试用例提供最直观的测试数据展示，如图 5-21 所示。

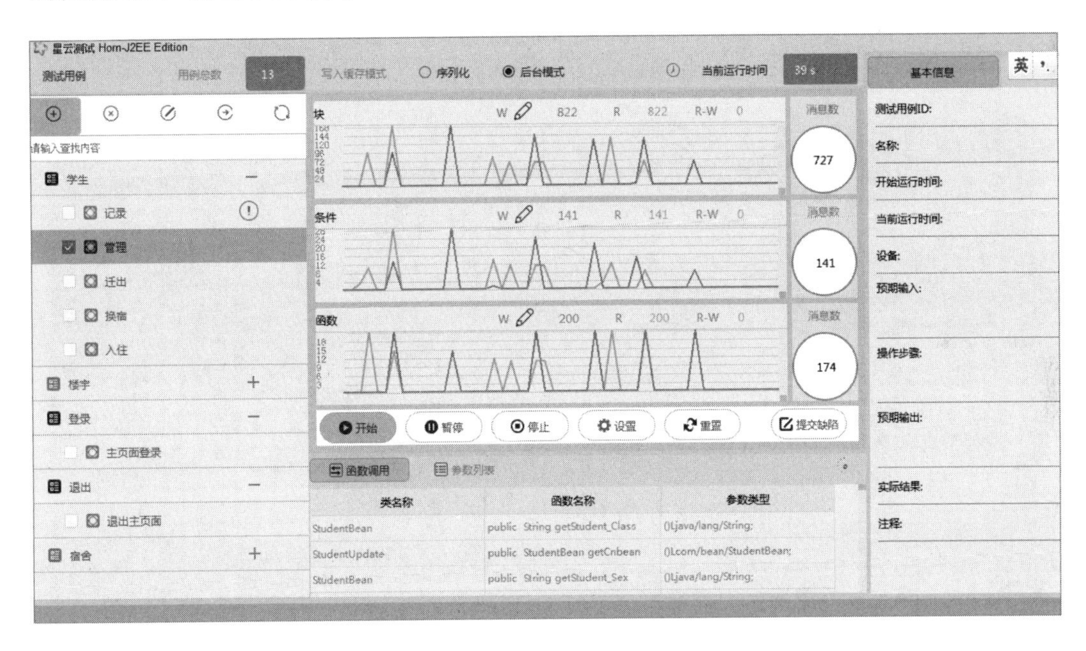

图 5-21　动态实时监测界面

5.2.8　Bug 管理系统

为了让测试人员更好地对 Bug 进行管理，采用测试用例、代码、Bug 相关联的方式，精准测试云平台使用了历史 Bug 追查功能，这使在版本迭代过程中同一个测试用例的所有 Bug 情况一目了然，避免了因人员变动或版本变动导致的对相同 Bug 的排查，以及重复提交未被解决的 Bug，如图 5-22 和图 5-23 所示。

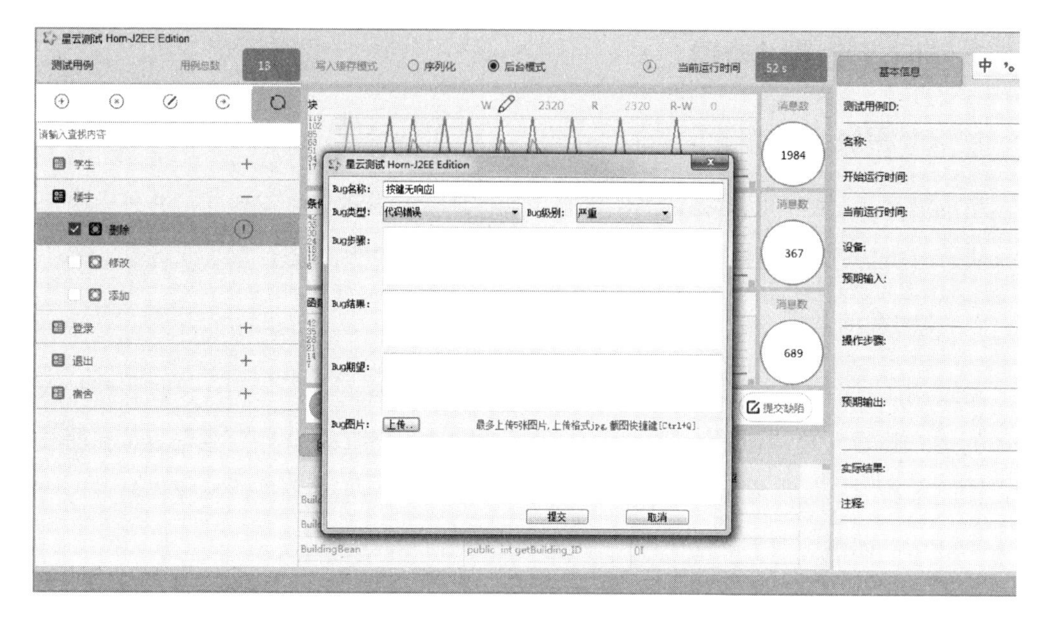

图 5-22　Bug 提交与管理

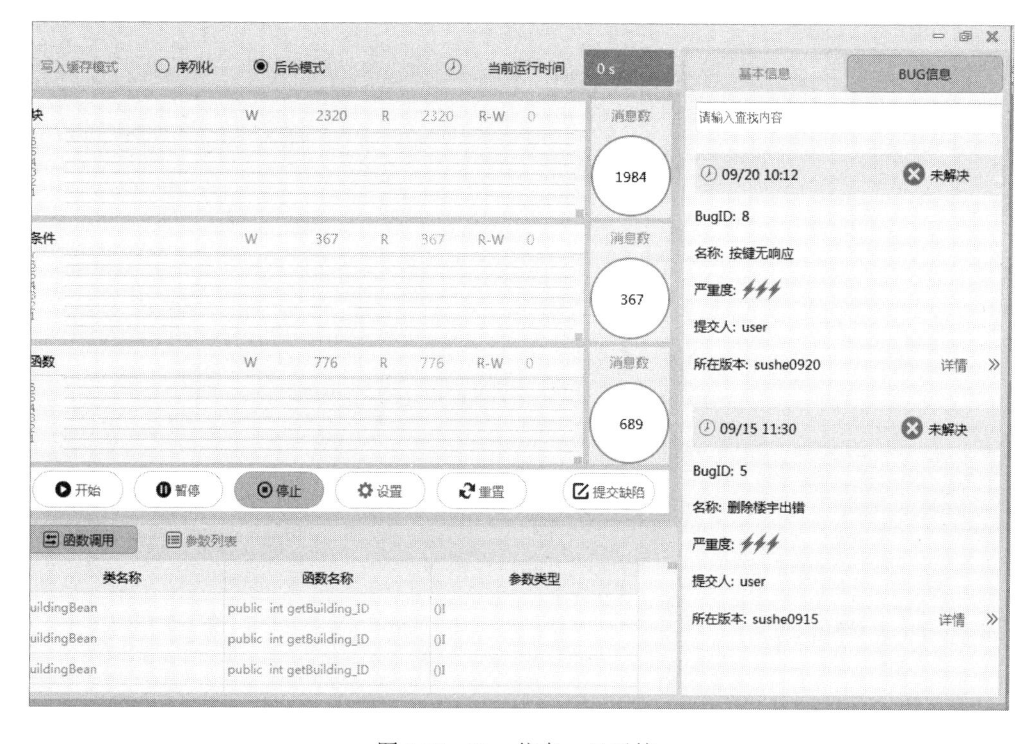

图 5-23　Bug 信息一目了然

5.2.9　Bug 与崩溃代码级捕获

精准测试云平台采用测试用例、代码、Bug 相关联方式，并在出现 Bug 或崩溃时记录最后 50 块代码视图，如图 5-24 所示，最终达到快速定位到错误代码的目的，避免开发人员进行反复的代码审查，并很好地保全 Bug 现场，避免难以复现的情况。

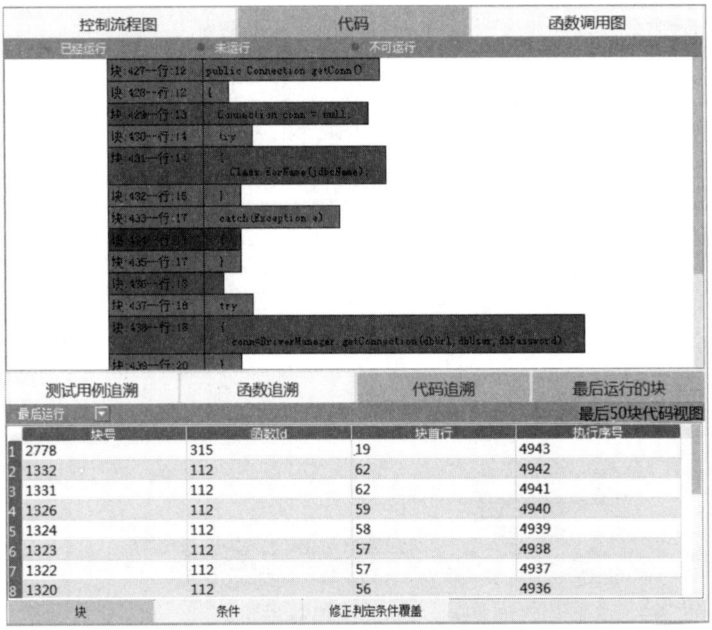

	块号	函数Id	块首行	执行序号
1	2778	315	19	4943
2	1332	112	62	4942
3	1331	112	62	4941
4	1326	112	59	4940
5	1324	112	58	4939
6	1323	112	57	4938
7	1322	112	57	4937
8	1320	112	56	4936

图 5-24　最后 50 块代码视图

单击最后 50 块代码视图，显示最后运行块的详细信息，不同的函数使用不同的背景色显示，如图 5-25 所示。

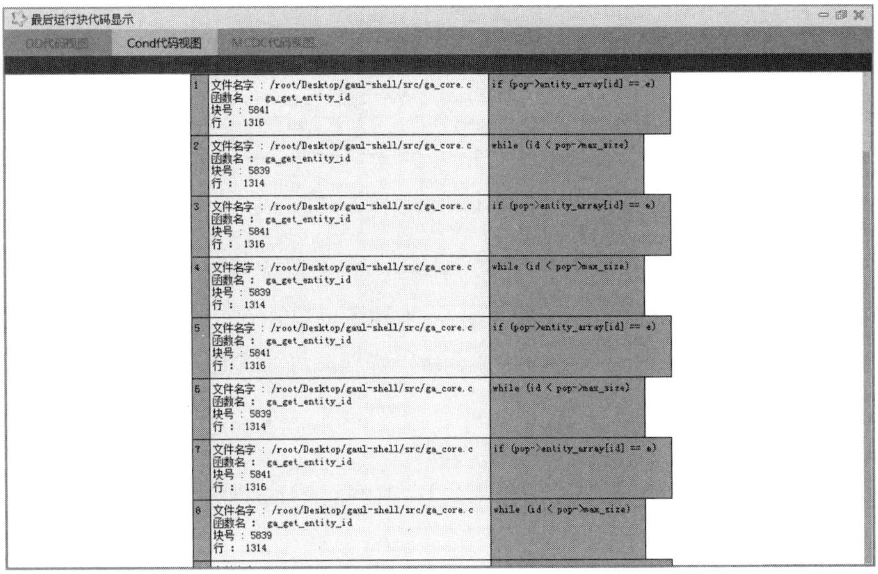

图 5-25　最后运行块的详细信息

5.2.10 双向追溯

双向追溯指通过运行测试用例，实现测试用例与被测源码间的相互追溯。根据测试用例查看相关被测源码为正向追溯，根据被测源码查看相关测试用例为逆向追溯。在测试用例列表中选择测试用例，可以追溯到该测试用例的内容描述信息，在模块调用图中显示被测试的函数；也可以在模块调用图中单击相关函数，追溯到相关测试用例。该追溯技术方便了用户查看和设计测试用例。

1. 正向追溯

过程：选中需要查看的测试用例，在双向追溯窗口中，列出该测试用例执行过的函数信息与代码信息，选择需要查看的函数后，针对该函数显示相应的函数调用关系图、控制流程图、代码图，如图 5-26 所示。

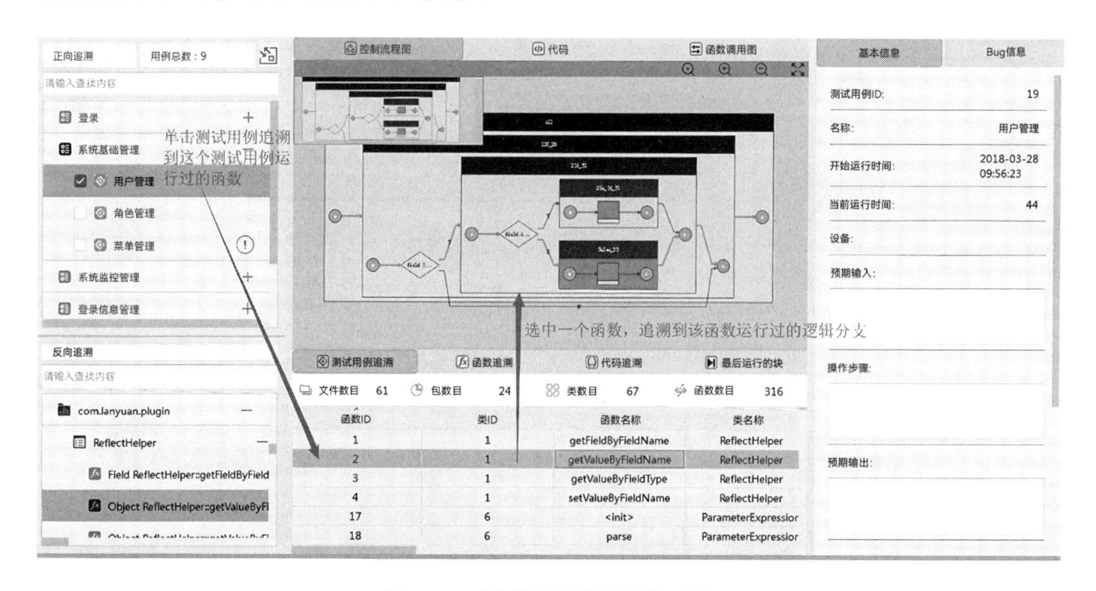

图 5-26 测试用例追溯到的函数

优势：迅速定位 Bug 对应的代码执行逻辑，帮助快速修复 Bug，可追踪难复现的 Bug；精确、详尽地记录测试用例运行情况，为精准软件测试提供大量原生分析性数据；可以进行事后 Bug 分析、追踪，辅助开发人员进行功能确认，如图 5-27 所示。

2. 逆向追溯

过程：单击需要查看的函数或函数中的某行代码，自动列出可以测试到该函数或程序分支的测试用例，如图 5-28 所示。

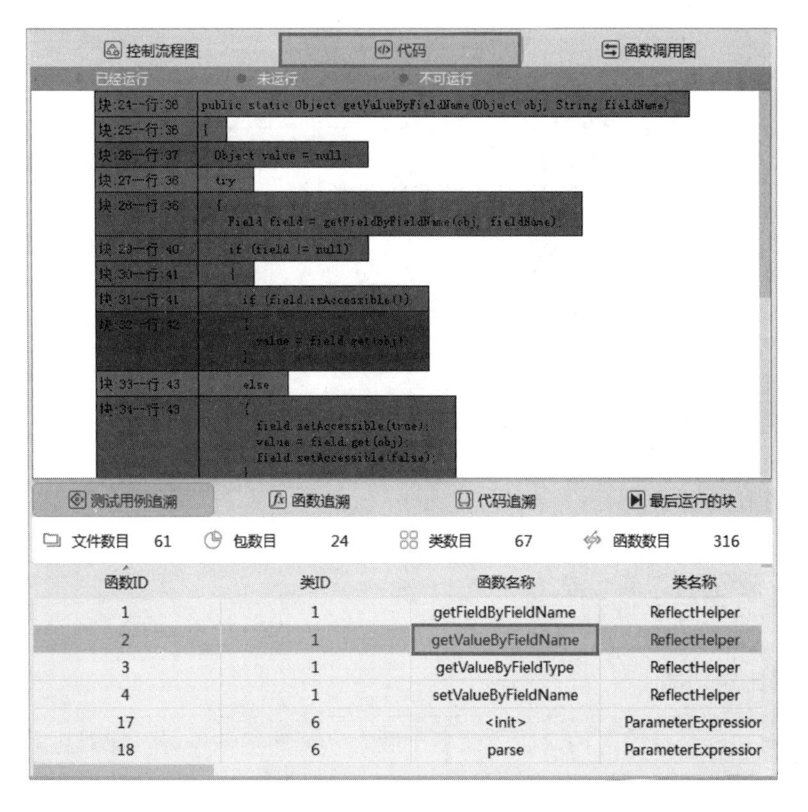

图 5-27　追溯到的代码信息

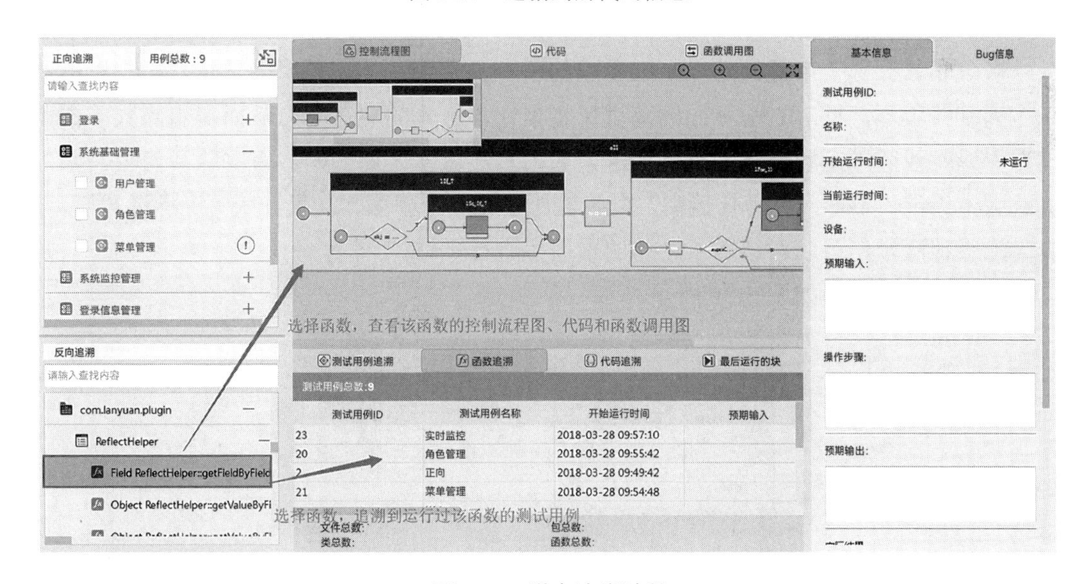

图 5-28　逆向追溯过程

优势：分析代码关联的功能，为开发人员与测试人员分析系统、进行代码一致性修改，以及回归测试分析提供精确数据，如图 5-29 所示。

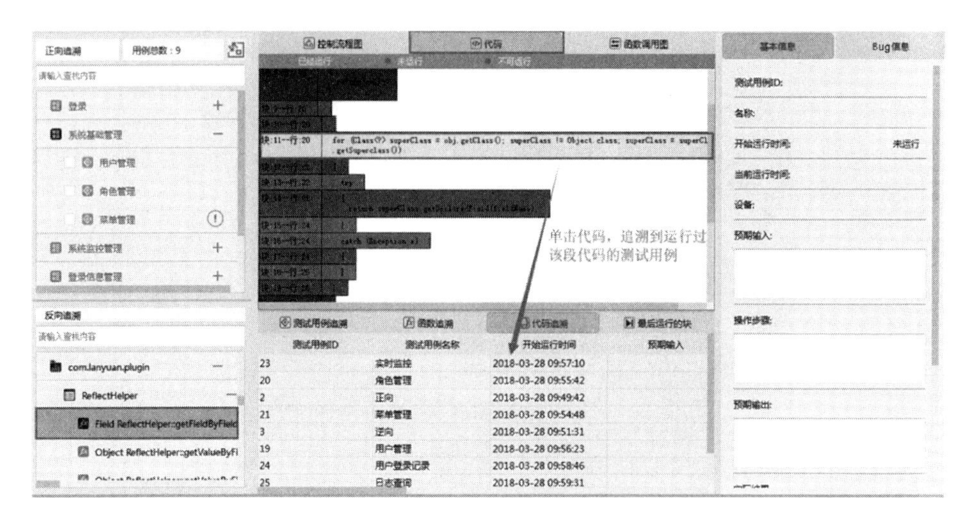

图 5-29　逆向追溯窗口

5.2.11　多版本与累计覆盖率

1．版本比对功能

版本比对功能是指比对两个版本或多个版本之间的函数差异，比对过后列出函数之间的变化。

2．累计覆盖率

多版本累计覆盖率是针对多个版本中的所有测试用例的覆盖率的累计，用户以最新版本为基线版本，针对之前不同的测试场景累计该版本的覆盖率，从而得出函数的覆盖情况。以基线版本函数信息为基础信息，如果基线版本之前的函数有删除和修改，则以基线版本为准，不计入累计覆盖率，最终累计生成一个新版本（累计版）进行形式展示。

加载该版本，可以对该版本之前的覆盖率进行累计。

累计版本的选择如图 5-30 所示。

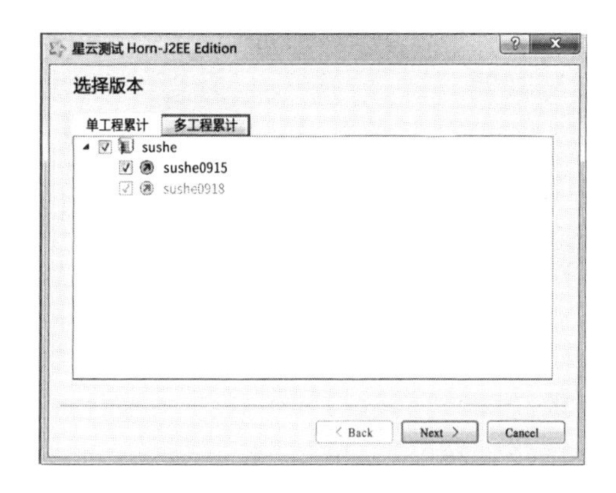

图 5-30　累计版本的选择

生成累计之后的版本如图 5-31 所示。

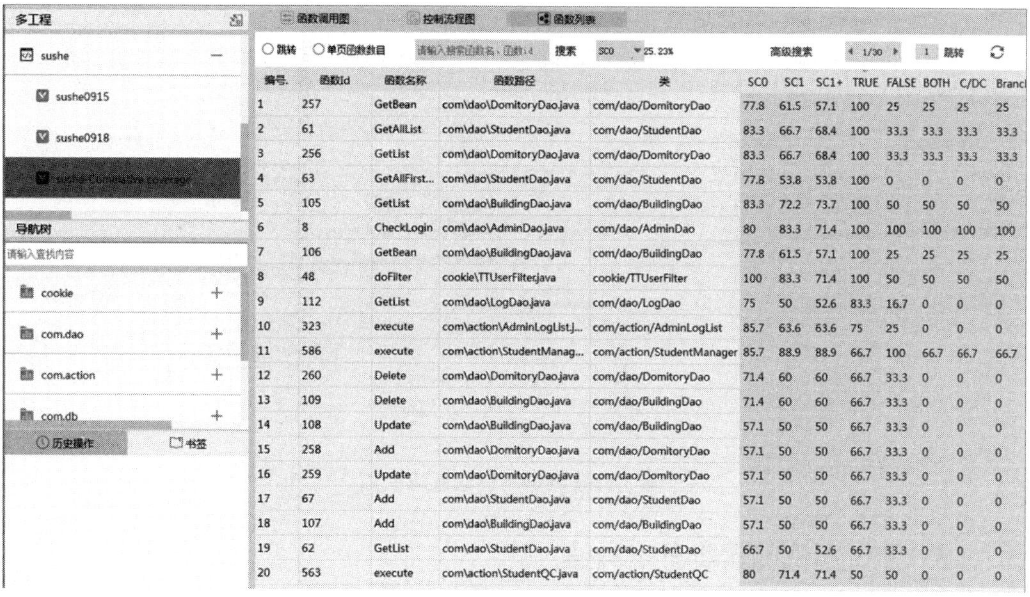

编号.	函数Id	函数名称	函数路径	类	SC0	SC1	SC1+	TRUE	FALSE	BOTH	C/DC	Branc
1	257	GetBean	com\dao\DomitoryDao.java	com/dao/DomitoryDao	77.8	61.5	57.1	100	25	25	25	25
2	61	GetAllList	com\dao\StudentDao.java	com/dao/StudentDao	83.3	66.7	68.4	100	33.3	33.3	33.3	33.3
3	256	GetList	com\dao\DomitoryDao.java	com/dao/DomitoryDao	83.3	66.7	68.4	100	33.3	33.3	33.3	33.3
4	63	GetAllFirst...	com\dao\StudentDao.java	com/dao/StudentDao	77.8	53.8	53.8	100	0	0	0	0
5	105	GetList	com\dao\BuildingDao.java	com/dao/BuildingDao	83.3	72.2	73.7	100	50	50	50	50
6	8	CheckLogin	com\dao\AdminDao.java	com/dao/AdminDao	80	83.3	71.4	100	100	100	100	100
7	106	GetBean	com\dao\BuildingDao.java	com/dao/BuildingDao	77.8	61.5	57.1	100	25	25	25	25
8	48	doFilter	cookie\TTUserFilter.java	cookie/TTUserFilter	100	83.3	71.4	100	50	50	50	50
9	112	GetList	com\dao\LogDao.java	com/dao/LogDao	75	50	52.6	83.3	16.7	0	0	0
10	323	execute	com\action\AdminLogList.j...	com/action/AdminLogList	85.7	63.6	63.6	75	25	0	0	0
11	586	execute	com\action\StudentManag...	com/action/StudentManager	85.7	88.9	88.9	66.7	100	66.7	66.7	66.7
12	260	Delete	com\dao\DomitoryDao.java	com/dao/DomitoryDao	71.4	60	60	66.7	33.3	0	0	0
13	109	Delete	com\dao\BuildingDao.java	com/dao/BuildingDao	71.4	60	60	66.7	33.3	0	0	0
14	108	Update	com\dao\BuildingDao.java	com/dao/BuildingDao	57.1	50	50	66.7	33.3	0	0	0
15	258	Add	com\dao\DomitoryDao.java	com/dao/DomitoryDao	57.1	50	50	66.7	33.3	0	0	0
16	259	Update	com\dao\DomitoryDao.java	com/dao/DomitoryDao	57.1	50	50	66.7	33.3	0	0	0
17	67	Add	com\dao\StudentDao.java	com/dao/StudentDao	57.1	50	50	66.7	33.3	0	0	0
18	107	Add	com\dao\BuildingDao.java	com/dao/BuildingDao	57.1	50	50	66.7	33.3	0	0	0
19	62	GetList	com\dao\StudentDao.java	com/dao/StudentDao	66.7	50	52.6	66.7	33.3	0	0	0
20	563	execute	com\action\StudentQC.java	com/action/StudentQC	80	71.4	71.4	50	50	0	0	0

图 5-31　生成累计之后的版本

5.2.12　智能的回归测试用例选取分析算法

精准测试在回归测试时基于智能算法，完全自动筛选计算出每个测试用例受影响的程序，用户可以根据此数据进行测试用例回归的优先级排序，把高风险的测试用例放到前面，这样大大缩短了测试用例回归的时间，如图 5-32 和图 5-33 所示。

回归生成测试用例数：117　　排序：测试用例回归优先级

回归版本测试用例ID	回归版本测试用例名称	测试用例最后运行版本	测试用例最后运行时间	测试用例最后运行状态	测试用例回归优先级	函数剖面变化比例	
7	App运行（有互联网）	15/11/23	2015-11-25 11:22:18	通过	18	11.5%	详细
14	附近酒店地图未登录	15/11/23	2015-11-25 15:15:24	通过	18	10%	详细
10	附近酒店地图列表切换（未登录状态）	15/11/23	2015-11-25 14:10:12	通过	6	4.8%	详细
16	选择城市后查看列表	15/11/23	2015-11-25 15:16:08	BUG	4	3.7%	详细
24	主题	15/11/23	2015-11-25 16:00:32	通过	4	5.3%	详细
26	综合排序筛选列表信息	15/11/23	2015-11-25 16:11:40	BUG	4	4.8%	详细
29	筛选	15/11/23	2015-11-25 16:21:44	通过	4	3%	详细

图 5-32　测试用例回归优先级

函数总数：1515　改变的函数数：11　删除的函数数：25　未发生变化的函数数：1479

回归版本测试用例ID	回归版本测试用例名称	测试用例最后运行版本	测试用例最后运行时间	测试用例最后运行状态	测试用例回归优先级	函数剖面变化比例
69	借记卡转借记卡，转账类型[0-实时模式]+金额[<=5万]	3.0	2018-01-19 13:42:06	通过	61	2.4%

详细函数列表计算　导出

回归版本函数ID	函数名称	函数路径	类名	函数变化	示识位
12278	convertToECUPAuthType	bocompebsutilPEBSUtil.java	com/bocom/pebs/util/PEBSUtil	修改	+1
8314	checkUserLogin	bocompebsjumpservicesimplUserManangerImpl.java	com/bocom/pebs/jump/services/impl/UserManangerImpl	修改	+1
4081	softEncrypt	bocompebsjumpservicesimplSafeServiceImpl.java	com/bocom/pebs/jump/services/impl/SafeServiceImpl	修改	+1
1402	getAccounts	bocompebsjumpservicesimplAccountServiceImpl.java	com/bocom/pebs/jump/services/impl/AccountServiceI...	修改	+1

图 5-33　测试用例受影响函数

5.2.13　测试用例的聚类分析算法

测试用例的聚类分析算法（见图 5-34）精准测试根据测试用例的函数执行剖面的向量化信息，对测试用例进行聚类分析，从类中检测出中心点测试用例及其附近的测试用例，可以快速确定类中是否存在较多 Bug，快速定位 Bug 的分布，并对大量的测试用例进行评审，分析其有效性。

13　欧氏距离

类别	测试用例ID	类内个数	类内最大距离	类内平均距离	类内直径	类间距离
1	68	20	8.72	4.04	9.54	4.12
2	56	25	13.78	4.24	15.52	2.45
3	142	73	6.08	0.41	7.07	2.45
4	144	9	13.34	6.25	15.68	8.00
5	152	1	0.00	0.00	0.00	16.52
6	109	4	3.16	1.54	3.16	6.00
7	95	10	5.48	2.12	6.16	5.83
8	119	3	2.00	1.14	2.45	8.06
9	50	12	6.48	2.33	7.75	4.12
10	114	1	0.00	0.00	0.00	17.61
11	80	9	3.32	1.28	3.61	6.48
12	163	4	9.11	5.82	9.70	10.05
13	128	2	13.56	6.78	13.56	13.89

11

测试用例ID	测试用例名称
75	添加好友
74	全部和公共主页切换
77	全部好友信息页面查看
76	全部好友页面刷新
79	公共主页刷新
78	查看好友主页
81	公共好友列表查看
80	公共好友信息查看
72	好友切换菜单

图 5-34　测试用例的聚类分析算法

5.3　精准测试与度量分析

5.3.1　获取度量信息

登录 Web 平台，先在浏览器中输入地址（地址根据自己连接的服务 IP 确定），再输入客户端登录时使用的账号，单击“确定”按钮。

选择客户端编译的项目和版本，如图 5-35 所示。

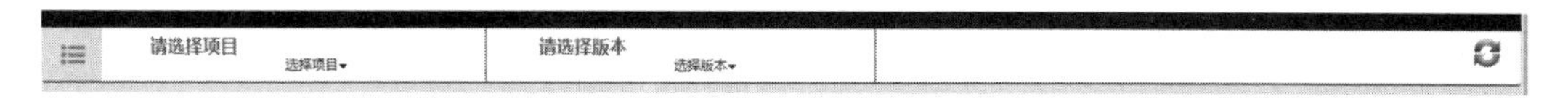

图 5-35　选择项目和版本

项目信息显示所选取编译项目的一些基本信息，包括项目指标信息、项目信息、版本信息、测试汇总信息、测试过程监控趋势图、测试设备组成和分布图、版本覆盖率汇总图、复杂度统计图。

5.3.2　项目度量指标

有关被测项目中各个指标的汇总信息，如代码、测试漏洞、机型、重复度、复杂度、覆盖率等。

1. 程序代码信息汇总

程序代码信息汇总中显示代码注释行数比例、可维护性等基本信息。它能有效地检查出代码的整体状况，并且指出相应的薄弱点，如图 5-36 所示。

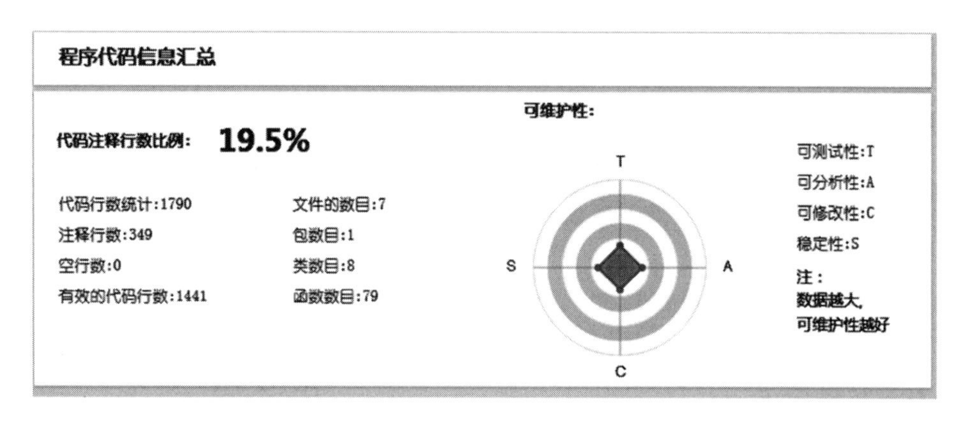

图 5-36　程序代码信息汇总

计算上述指标需要通过如表 5-2 所示指标映射表中的数据来确定可分析性、可修改性、稳定性、可测试性的最终等级。

表 5-2　指标映射表

分　类	基于代码行数	基于代码段复杂度（CC0）	基于代码重复度	基于方法代码行数	基于代码段测试覆盖率（SC0）
可分析性	√		√	√	√
可修改性		√	√		
稳定性					√
可测试性		√		√	√

可分析性=（基于代码行数等级+基于代码重复度等级+基于方法代码行数等级+基于代码段测试覆盖率等级）/4

可修改性=（基于代码段复杂度等级+基于代码重复度等级）/2

稳定性=基于代码段测试覆盖率等级

可测试性=（基于代码段复杂度等级+基于方法代码行数等级+基于代码段测试覆盖率等级）/3

页面中对应显示可分析性、可修改性、稳定性、可测试性的计算结果。如表 5-3 所示将级别分为多个等级。

表 5-3　级别等级

等　级	0	1	2	3	4
描　述	极差	差	中	良	优

2. 各项指标属性分级表

精准地根据行业标准按照各项指标进行属性分级，用于最后的等级计算。

（1）基于代码行数：有效代码行数，如表 5-4 所示。

表 5-4　基于代码行数

等　级	0	1	2	3	4
基于代码行数	> 1 310 000	> 655 000	> 246 000	> 66 000	> 0%

（2）基于代码重复度：重复行数/有效代码行数，如表 5-5 所示。

表 5-5　基于代码重复度

等　级	0	1	2	3	4
基于代码重复度	> 20%	> 10%	> 5%	> 3%	> 0%

（3）基于代码段测试覆盖率（SC0）：基于 SC0，如表 5-6 所示。

表 5-6　基于代码段测试覆盖率

等　级	0	1	2	3	4
基于代码段测试覆盖率	> 0%	> 20%	> 60%	> 80%	> 95%

（4）基于代码段复杂度（CC0）：基于函数的 CC0 计算。

第一步：根据圈复杂度的范围确定在方法代码行中的百分比，如表 5-7 所示。

表 5-7　基于代码段复杂度

等　　级	Low	Medium	High	VeryHigh
基于代码段复杂度	> 0	> 10	> 20	> 50

第二步：根据分布使用如表 5-8 所示表格来计算等级。

表 5-8　计算等级（1）

等　　级	Medium	High	VeryHigh
1	< 50%	< 15%	< 5%
2	< 40%	< 10%	< 0%
3	< 30%	< 5%	< 0%
4	< 25%	< 0%	< 0%

若计算的等级不在上述范围内，则等级是 0。

（5）基于方法代码行数。

第一步：根据行数的范围确定基于方法代码行数的百分比，如表 5-9 所示。

表 5-9　确定基于方法代码行数的百分比

等　　级	Low	Medium	High	VeryHigh
基于方法代码行数	> 0	> 10	> 50	> 100

第二步：根据分布使用如表 5-10 所示表格来计算等级。

表 5-10　计算等级（2）

等　　级	Medium	High	VeryHigh
1	< 50%	< 15%	< 5%
2	< 40%	< 10%	< 0%
3	< 30%	< 5%	< 0%
4	< 25%	< 0%	< 0%

若计算的等级不在上述范围内，则等级为 0。

5.3.3　项目汇总

1．项目信息

项目信息和版本信息会通过看板的形式展示出来，如图 5-37 所示。

测试汇总信息如图 5-38 所示。

- 测试用例通过率：无 Bug 的测试用例。
- Bug 累计：测试用例运行完毕后提交的 Bug 数。

- 当前版本覆盖率（SC0）：（执行过的语句块/总语句块）×100%。
- 覆盖率增长：相比前一天的 SC0 增长差值。
- 高复杂度预警函数个数：高复杂度的函数个数。

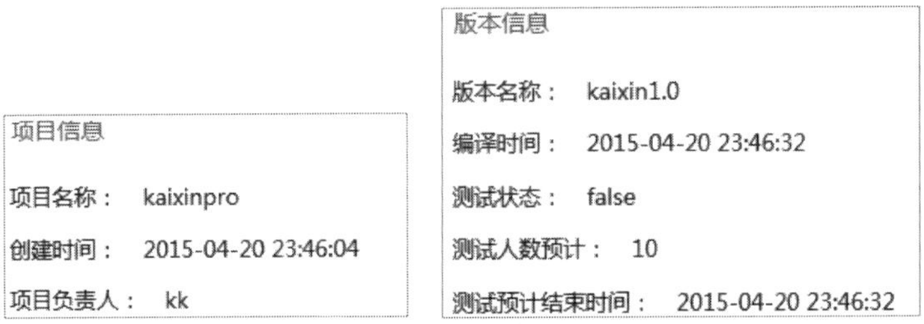

项目信息

项目名称： kaixinpro

创建时间： 2015-04-20 23:46:04

项目负责人： kk

版本信息

版本名称： kaixin1.0

编译时间： 2015-04-20 23:46:32

测试状态： false

测试人数预计： 10

测试预计结束时间： 2015-04-20 23:46:32

图 5-37 项目信息和版本信息

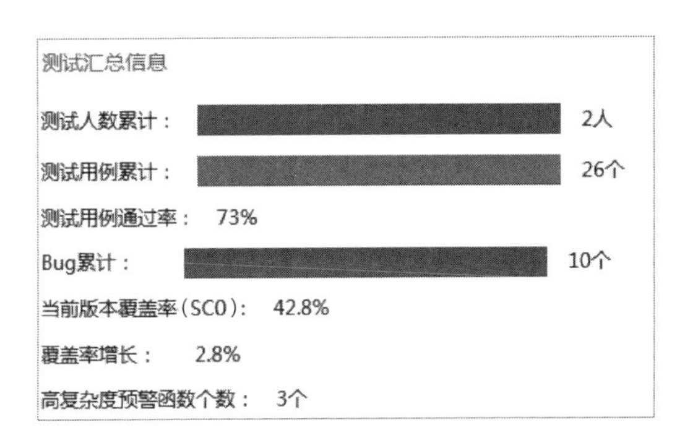

图 5-38 测试汇总信息

2. 测试过程监控趋势图

折线图 和柱形图 可以在不同的图形示例中切换，单击“还原”按钮 显示默认折线图。其中，纵轴代表数量，取值自动适应最高值；横轴代表日期，如图 5-39 所示。

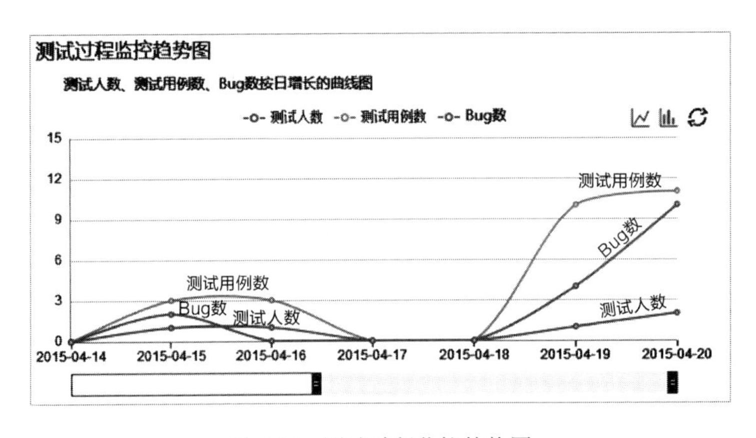

图 5-39 测试过程监控趋势图

3. 版本各个覆盖率汇总图

横轴代表覆盖率的不同等级，取值 SC0、FALSE、TRUE、BOTH、BRANCH、C/DC、MC/DC，单击可以自动切换到相应覆盖率；纵轴代表覆盖率（%），取值范围为 0～100。总量代表当前版本的函数总量。图 5-40 中内容显示当前版本的函数在各个覆盖率之间的分布，最后执行用例覆盖率指最后一次执行的测试用例的覆盖率，当前版本覆盖率指当前版本最终的覆盖率。

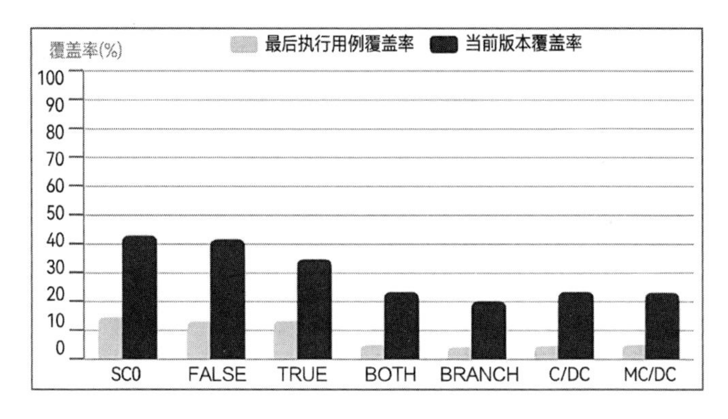

图 5-40　覆盖率汇总图

4. 版本各个复杂度汇总图

纵轴代表复杂度的不同等级，取值 JC0、JC1、JC1+、JC2、CC0、CC1，单击可以自动切换到相应复杂度；横轴代表复杂度区间，取值 0～10、10～20、20～30、30～40、40～50、50+。总量代表当前版本的函数总量。图 5-41 内容显示当前版本的函数在各个复杂度之间的分布。

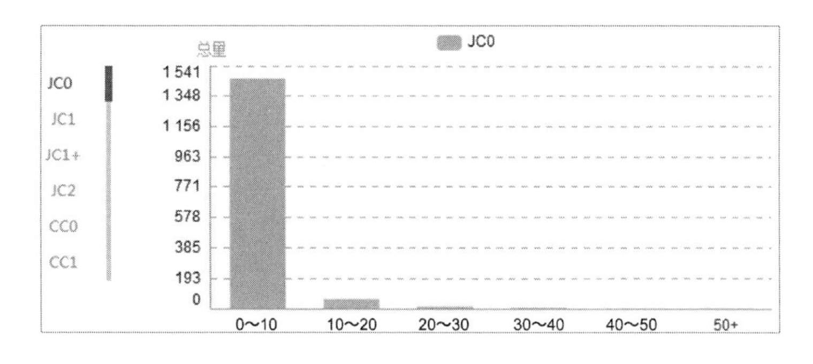

图 5-41　复杂度汇总图

5.3.4　测试用例

1. 测试用例汇总信息

测试用例汇总信息如图 5-42 所示。

- 测试用例数目：显示制作测试用例的总和。
- 测试用例通过率：显示制作测试用例正确与错误的百分比。
- 测试用例状态：显示测试用例通过状态。
- 测试用例覆盖/关联的代码块累计：显示关联的块的代码个数。
- 测试用例覆盖/关联的条件个数累计：显示关联的块的条件个数。
- 测试用例覆盖/关联的函数个数累计：显示关联的块的函数个数。

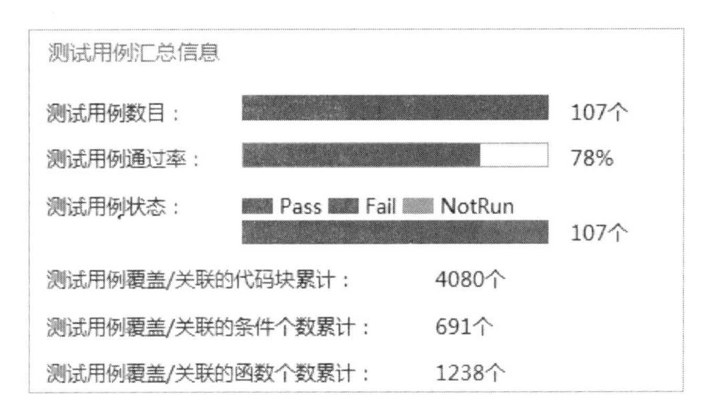

图 5-42　测试用例汇总信息

2. 各个功能模块测试用例占比

各个功能模块测试用例占比显示当前测试用例按提交模块进行划分的占比，如图 5-43 所示。

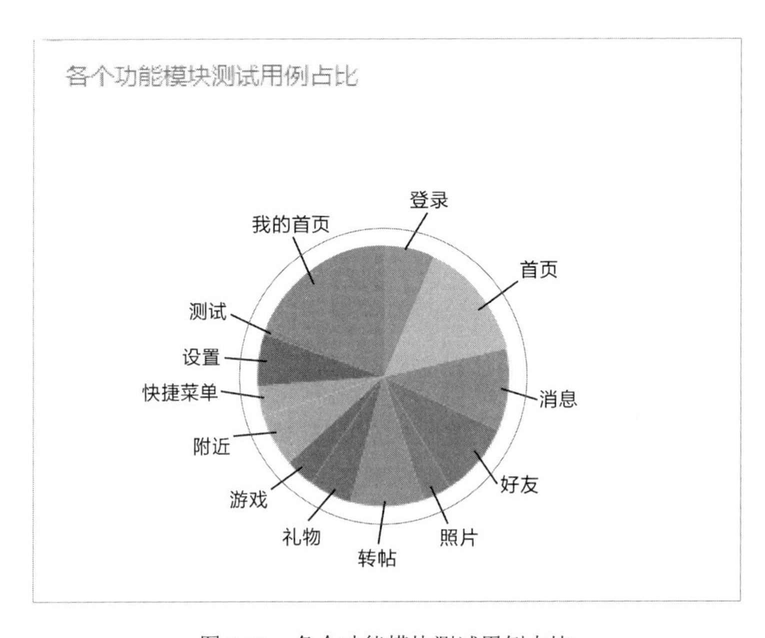

图 5-43　各个功能模块测试用例占比

3. 测试用例按日趋势图

折线图 和柱形图 可以在不同的图形示例中切换，单击“还原”按钮 显示默认折线图。其中，纵轴代表数量，取值自动适应最高值；横轴代表日期，如图 5-44 所示。

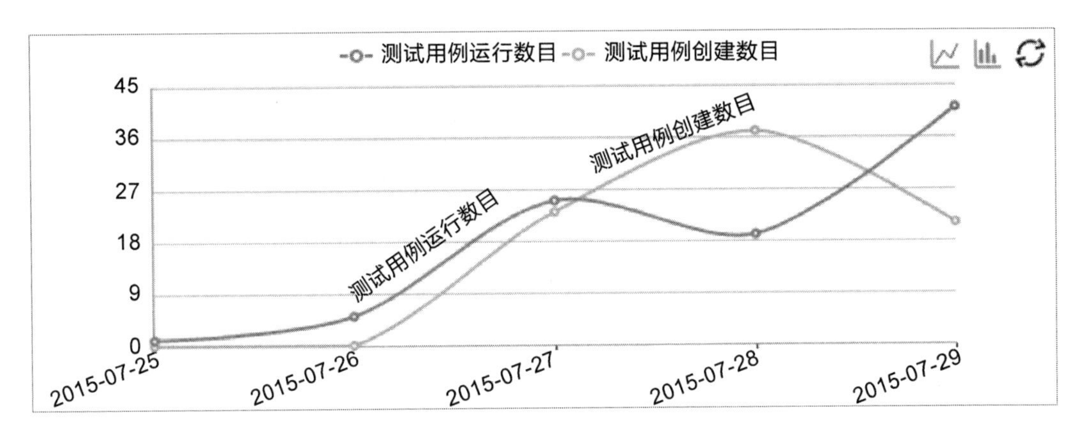

图 5-44　测试用例按日趋势图

4. 测试用例排行图

测试用例排行是指每个测试工程师对自己执行的测试用例所对应的代码覆盖率贡献与提交的 Bug 数排行榜，通过它可以迅速找出表现突出的测试人员，如图 5-45 所示。

排名	用例量	所属工程师编号	工程师姓名	贡献度
1		79	测试a部014	38.6%
2		15	测试a部006	30.5%
3		10	测试a部001	26.6%
4		76	测试a部011	24.5%
5		14	测试a部005	23.7%
6		11	测试a部002	22.4%
7		77	测试a部012	16.5%
8		13	测试a部004	12.3%
9		12	测试a部003	10.9%
10		16	测试a部007	10.6%

图 5-45　测试用例排行图

5. 测试用例详细信息表

测试用例详细信息表如图 5-46 所示，用来显示制作的测试用例的详细信息，包括测试用例的名称、创建时间、执行时间、执行的设备、关联的 Bug、关联的函数、覆盖率占比、通过的状态、测试人等。

NO	测试用例ID	测试用例名称	创建时间	执行时间	执行的设备	关联的Bug	关联的函数	覆盖率占比	通过的状态	测试人	操作
1	16	查看上传进度	2015-04-19 23:04:49	2015-04-19 23:04:51	U9508_HUAWEI U9508	0	9	0.35	Pass	user	跟踪
2	15	导入好友	2015-04-19 23:03:13	2015-04-19 23:03:37	U51GT-W_U51GT-W	1	9	0.35	Error	user	跟踪
3	17	用户反馈	2015-04-19 23:05:16	2015-04-19 23:05:19	U9508_HUAWEI U9508	0	10	0.4	Pass	user	跟踪
4	18	设置	2015-04-19 23:05:53	2015-04-19 23:06:05	MSM8974_MI 4LTE	0	9	0.5	Pass	user	跟踪
5	3	消息中心	2015-04-19 22:30:51	2015-04-19 22:31:03	MSM8974_MI 4LTE	2	26	0.55	Error	user	跟踪
6	7	照片	2015-04-19 22:51:33	2015-04-19 22:51:54	MSM8974_Lenovo K910	0				user	跟踪
7	4	好友功能	2015-04-19 22:33:55	2015-04-19 22:34:02	U51GT-W_U51GT-W	0				user	跟踪
8	30	写记录（表情）	2015-04-20 15:34:26	2015-04-20 15:34:35	U9508_HUAWEI U9508	0				user1	跟踪
9	5	首页	2015-04-19 22:36:54	2015-04-20 10:00:51	MSM8974_Lenovo K910	0				user	跟踪
10	10	游戏	2015-04-19 22:58:34	2015-04-19 22:58:36	U51GT-W_U51GT-W	1	49	2.39	Error	user	跟踪
11	29	写记录（照片发布）	2015-04-20 15:30:43	2015-04-20 15:32:32	MSM8974_Lenovo K910	1	44	2.39	Error	user1	跟踪
12	26	照片（照片发布）	2015-04-20 15:07:49	2015-04-20 15:07:52	U51GT-W_U51GT-W	1	45	2.59	Error	user1	跟踪

图 5-46　测试用例详细信息表

6. 数字化平台示波器（测试用例跟踪）

1）测试用例描述

测试用例描述如图 5-47 所示，用来表述选定测试用例的详细信息，包括用例所属功能模块、用例创建的日期、本条记录录制人、执行时间等。

测试用例描述

用例所属功能模块： 功能测试

用例创建的日期： 2015-04-19 22:30:51

测试用例录制的人数累计：

本条记录录制人： user

测试用例名称： 消息中心

测试用例描述：

通过与否： Error

关联的Bug： 2

关联的函数： 26

执行时间： 23 s

图 5-47　测试用例描述

2）两次数据采集的对比

两次数据采集记录示波器最后接收的块、条件、函数的总信息，分为最新录制记录和上一次录制记录，用于等价类测试对比，如图 5-48 所示。

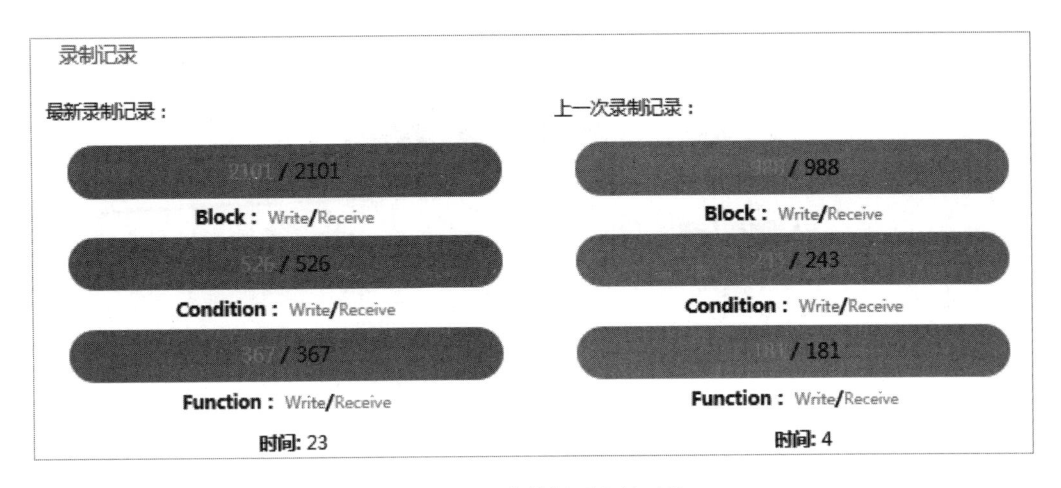

图 5-48　两次数据采集的对比

3）数据采集记录

数据采集记录是指示波器接收数据跟踪表（见图 5-49），并按时间倒序排列接收到的函数，记录程序最后运行的函数状况，用于定位程序错误和测试用例运行过程中的逻辑分析。

测试用例覆盖到的函数列表

设置时间排序：◉升序 ◯降序　设置一页显示的个数：10

共26条记录

NO	函数ID	函数名	函数类名	函数执行顺序	执行次数	第一行	最后一行	第一块	最后一块	查看代码执行情况
1	294	open	/kaixin/android/activity/MainActivity	42809770564505	1	426	430	2583	2590	跟踪
2	295	onChangeView	iixin/android/activity/MainActivity$1	42811319705599	1	126	195	2369	2426	跟踪
3	296	dismiss	iixin/android/activity/MainActivity$2	42810646980184	1	202	212	2430	2440	跟踪
4	297	show	iixin/android/activity/MainActivity$3	42812807843568	34	219	229	2444	2454	跟踪
5	733	onTouch	om/kaixin/android/menu/Desktop$2	42811180499298	1	146	155	6274	6281	跟踪
6	753	getCount	oid/menu/Desktop$DesktopAdapter	42811337931432	6	397	399	6432	6435	跟踪
7	755	getItemId	oid/menu/Desktop$DesktopAdapter	42811333493152	1	405	407	6440	6443	跟踪
8	757	getView	oid/menu/Desktop$DesktopAdapter	42811347509922	8	413	485	6448	6492	跟踪
9	758	onClick	n/kaixin/android/menu/Desktop$13	42811316826328	1	413	482	6462	6489	跟踪
10	875	getView	com/kaixin/android/menu/Message	42811322408881	1	77	79	7575	7578	跟踪

< 1 2 3 >

图 5-49　示波器接收数据跟踪表

5.3.5　测试人、测试机

注：测试设备只针对 Android 版本。

1．测试环境汇总

测试环境汇总包括测试人数累计、测试设备累计及设备的硬件信息汇总，如图 5-50 所示。

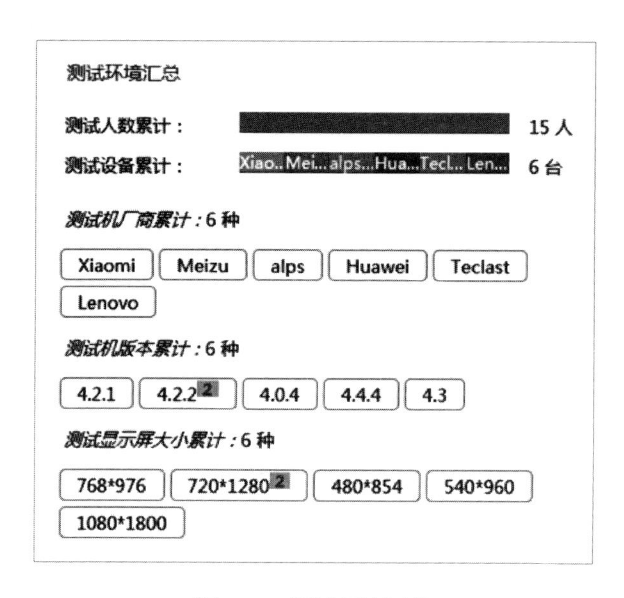

图 5-50　测试环境汇总

2．测试设备组成分布图

测试设备组成分布图可以直观地显示每天测试的设备组成情况，以及测试设备台数累计，如图 5-51 所示。

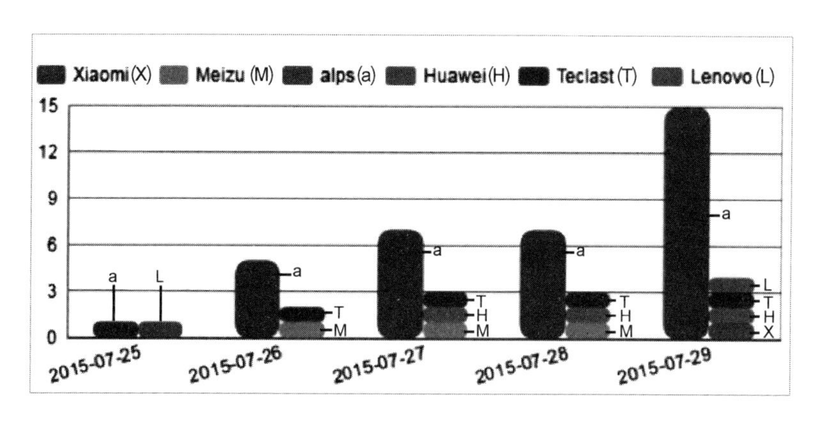

图 5-51　测试设备组成分布图

3．测试人、测试机列表

在测试人、测试机列表中会列出所有的测试人信息和测试机信息，如图 5-52 所示。

序号	测试人ID	测试人姓名
1	79	测试a部014
2	15	测试a部006
3	10	测试a部001

序号	测试机编号	测试机制造厂商	测试机分辨率	测试机版本
1	0123456789ABCDEF	Huawei	480*854	15
2	unknown	Meizu	1080*1800	17
3	CLV3512CFB4	Teclast	768*976	17
4	0123456789ABCDEF	alps	540*960	17
5	92a1165c	Xiaomi	720*1280	18
6	6ca7f2db	Lenovo	720*1280	19

图 5-52　测试人、测试机列表

5.3.6　测试 Bug

1．Bug 按日趋势图和 Bug 类型分布组合

Bug 按日趋势图直观地反映 Bug 提交趋势，如图 5-53 所示，单击折线图上的点会显示相应的 Bug 组成。

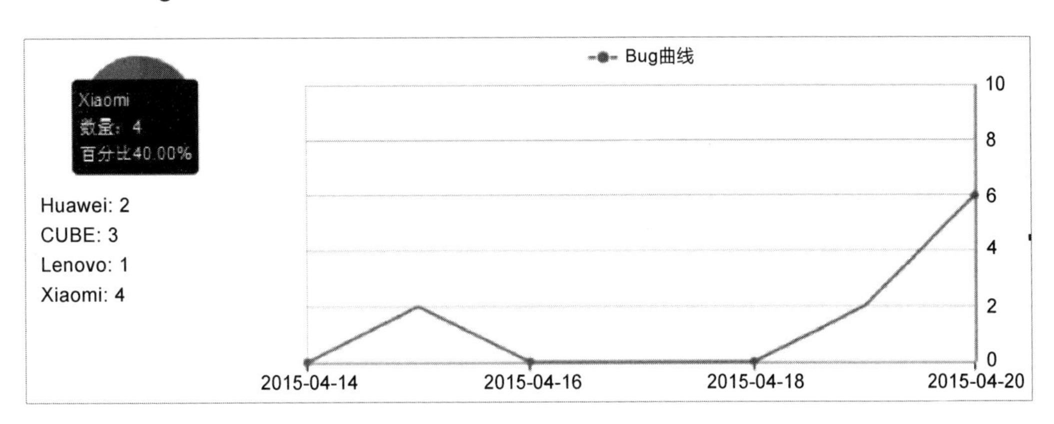

图 5-53　Bug 按日趋势图

2．Bug 提交排行榜

给出提交 Bug 的测试工程师的排行榜，彩条图可以选择按照 Bug 级别显示，也可以选择按照 Bug 类型显示，如图 5-54 所示。

Bug提交排行榜

严重　中等　普通

9条记录

排名	用例量	所属工程师编号	工程师姓名	贡献度
6	（严重|中等）	10	测试a部001	8.3%
7	（严重）	12	测试a部003	8.3%
8	（严重）	17	测试a部008	4.2%
9	（严重）	79	测试a部014	4.2%
1	（严重|中等）	11	测试a部002	16.7%
2	（普通）	16	测试a部007	16.7%

Showing: 1 to 9 Total: 9 rows　<< < 1 > >>

图 5-54　Bug 提交排行榜

3．Bug 详细信息图

Bug 详细信息图（见图 5-55）会显示提交的 Bug 的详细信息，包括提交人、Bug 类型、所属的测试用例等。

NO	Bug ID	Bug类型	最后执行时间	提交人	执行的设备	Bug级别	Bug状态	设备厂商	设备分辨率	是否为新Bug	所属的测试用例	Bug曲线
1	1	功能BUG	2015-04-15 22:32:18	wy	MI 4LTE	一级	未解决	Xiaomi	1080*1920	NO	3	undefined
2	2	功能BUG	2015-04-15 22:32:47	wy	MI 4LTE	一级	未解决	Xiaomi	1080*1920	NO	3	undefined
3	3	功能BUG	2015-04-19 22:59:38	wy	U51GT-W	一级	未解决	CUBE	320*521	NO	10	undefined
4	4	功能BUG	2015-04-19 23:04:34	wy	U51GT-W	一级	未解决	CUBE	320*521	NO	15	undefined
5	5	缺陷BUG	2015-04-20 15:10:17	wy	U51GT-W	二级	未解决	CUBE	320*521	NO	26	undefined
6	6	缺陷BUG	2015-04-20 15:33:50	lyeelshanchuyonghu	Lenovo K910	二级	未解决	Lenovo	1080*1920	NO	29	undefined
7	7	功能BUG	2015-04-20 16:07:57	wy	MI 4LTE	一级	未解决	Xiaomi	1080*1920	NO	31	undefined
8	8	功能BUG	2015-04-20 16:11:41	wy	MI 4LTE	一级	未解决	Xiaomi	1080*1920	NO	31	undefined
9	9	功能BUG	2015-04-20 16:25:01	lyeelshanchuyonghu	HUAWEI U9508	一级	未解决	Huawei	720*1280	NO	32	undefined
10	10	功能BUG	2015-04-20 16:29:42	lyeelshanchuyonghu	HUAWEI U9508	一级	未解决	Huawei	720*1280	NO	32	undefined

图 5-55　Bug 详细信息图

5.3.7　覆盖率

1. 覆盖率信息汇总

通过如图 5-56 所示的覆盖率信息汇总图可以查看当前版本覆盖率的信息，也可以选择多种覆盖率进行查看，还可以查看各个功能测试用例的覆盖率。

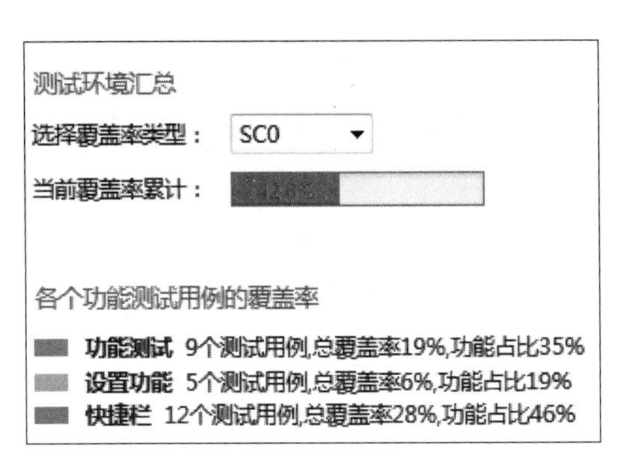

图 5-56　覆盖率信息汇总图

2. 覆盖率按日增长曲线图

通过如图 5-57 所示的覆盖率按日增长曲线图可以让管理者更好地把握测试过程。

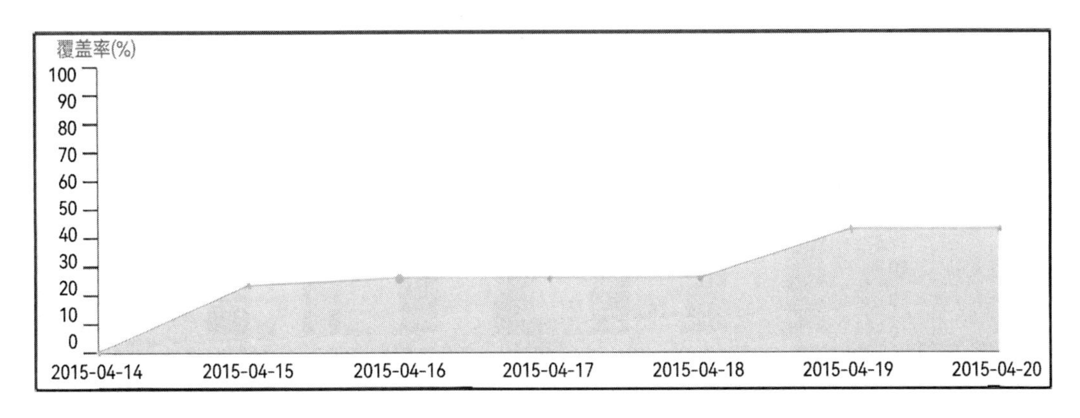

图 5-57　覆盖率按日增长曲线图

3. 雷达图

根据项目的需要，由测试人员设置覆盖率的上限，通过雷达图展示是否达到预期。

是否每项覆盖率指标都达到 100%才算测试结束呢？在覆盖率达标方面用户按每个应用的实际情况进行达标线设置，给出的数字化的覆盖率展示可以让测试人员更好地完善测试用例，使用如图 5-58 所示的覆盖率雷达图可以让测试人员观察测试是否达到预期。

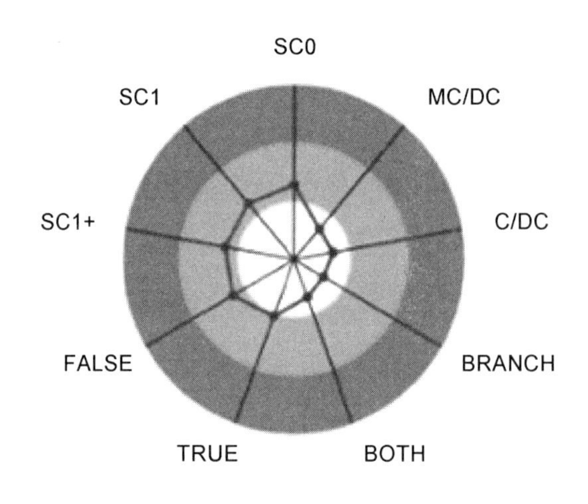

图 5-58　覆盖率雷达图

4．版本各个覆盖率汇总图

最后执行用例覆盖率是指最后一次执行的测试用例的覆盖率，当前版本覆盖率是指当前版本最终的覆盖率。纵轴代表不同范围的覆盖率（%），取值范围为 0～100；横轴表示多种不同的覆盖率，如图 5-59 所示。

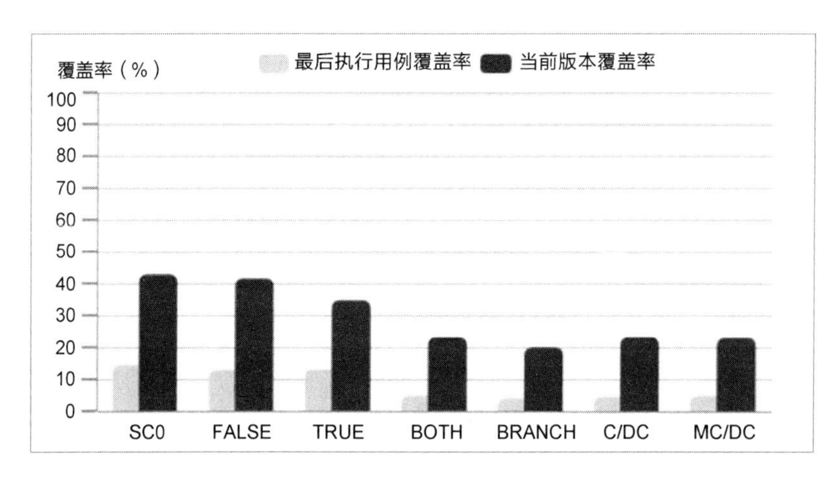

图 5-59　覆盖率汇总图

5．函数、类、文件覆盖率统计图

函数、类、文件覆盖率统计图（见图 5-60）分析汇总了函数、类、文件的各个覆盖率量度值，更清晰地掌握目的代码的复杂度。纵轴代表覆盖率的不同等级，取各种覆盖率值，单击后自动切换到相应的覆盖率；横轴代表覆盖率（%）区间，取值为 0～20、20～40、40～60、60～80、80～100。总量代表当前版本的函数总量。图 5-60 内容显示当前版本的函数、类、文件在各个覆盖率之间的分布。

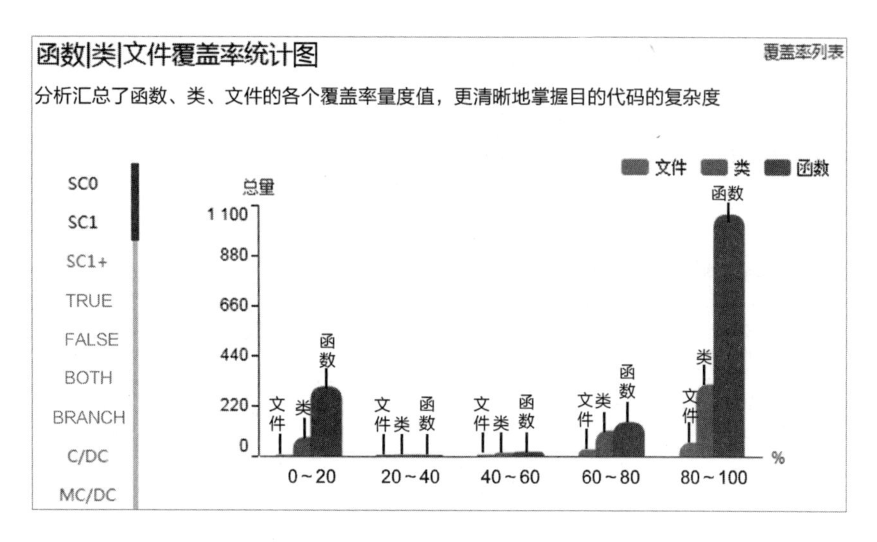

图 5-60　函数、类、文件覆盖率统计图

6．函数、类、文件复杂度和覆盖率关系图

函数、类、文件复杂度和覆盖率关系图（见图 5-61）以散点图的形式展示各种复杂度和覆盖率的关系，更清晰地掌握各种程度覆盖率的分布。纵轴代表复杂度不同等级，取各种复杂度值，单击后自动切换到相应复杂度。横轴代表覆盖率不同等级，取各种覆盖率值，单击后自动切换到相应覆盖率。黑圈 62 代表当前版本所选的复杂度类型中最高复杂度值，灰圈 100 代表当前版本所选的覆盖率类型中最高覆盖率值。图 5-61 中的点代表每个函数，单击后可以看到相关信息。

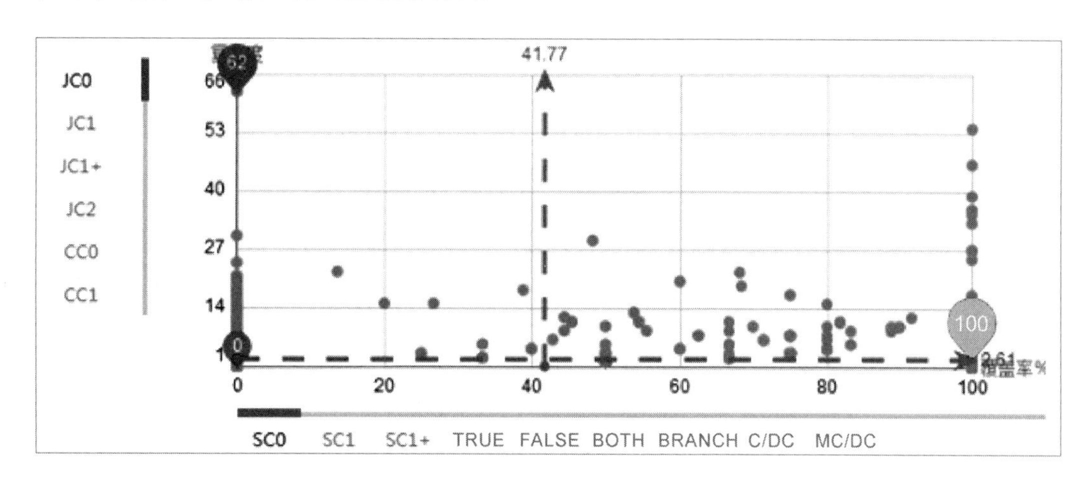

图 5-61　函数、类、文件复杂度和覆盖率关系图

7．覆盖率列表与单个函数的覆盖率、复杂度雷达图

覆盖率列表与单个函数的覆盖率、复杂度雷达图（见图 5-62）通过对单个函数覆盖

率的雷达图进行设置，使用数字化形式展示核心模块的测试充分度。

函数列表

默认显示当前版本函数各种覆盖率数值，单击列表中某一行，绘制函数覆盖率和复杂度雷达图，并在底部显示函数调用关系图

Search

序号	函数 ID	函数名	所在的类	段覆盖[SC0(%)]	标准段覆盖[SC1(%)]	增强标准段覆盖[SC1+(%)]	条件真覆盖
1	926	setWallpager	com/kaixin/android/menu/User	100.0	100.0	100.0	-
493	1164	setPhoto	com/kaixin/android/result/HomeResult	100.0	100.0	100.0	-
494	1135	getGid	com/kaixin/android/result/GiftResult	100.0	100.0	100.0	-
495	1105	getFriend_count	com/kaixin/android/result/FriendInfoResult	100.0	100.0	100.0	-
496	1106	setFriend_count	com/kaixin/android/result/FriendInfoResult	100.0	100.0	100.0	-
492	1163	getPhoto	com/kaixin/android/result/HomeResult	100.0	100.0	100.0	-
498	1107	getVisitor_count	com/kaixin/android/result/FriendInfoResult	100.0	100.0	100.0	-
499	1108	setVisitor_count	com/kaixin/android/result/FriendInfoResult	100.0	100.0	100.0	-
500	1111	getDate	com/kaixin/android/result/FriendInfoResult	100.0	100.0	100.0	-
501	1109	getWallpager	com/kaixin/android/result/FriendInfoResult	100.0	100.0	100.0	-
502	1110	setWallpager	com/kaixin/andr				-
491	1165	getName	com/kaixin/and				-
503	1104	setDiary_count	com/kaixin/android/result/FriendInfoResult	100.0	100.0	100.0	-

单个函数的覆盖率详细信息，单击雷达图对该函数进行展示

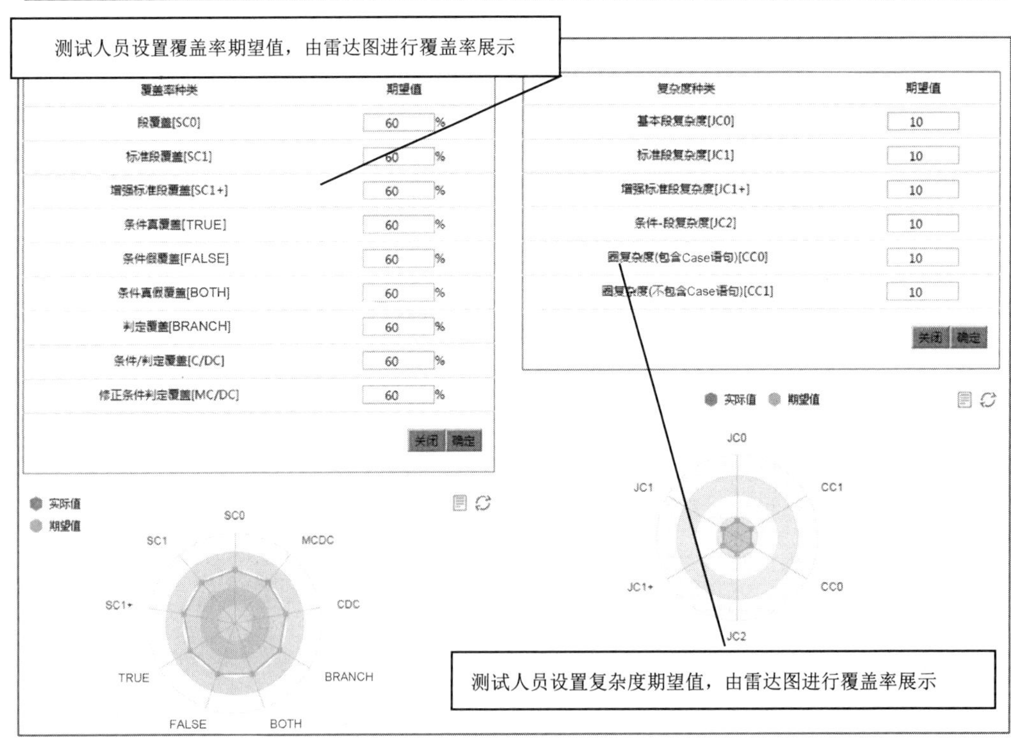

图 5-62　覆盖率列表与单个函数的覆盖率、复杂度雷达图

8．函数对应的调用关系图

选择函数列表中的函数，对应展示该函数上下三层的调用关系，如图 5-63 所示。

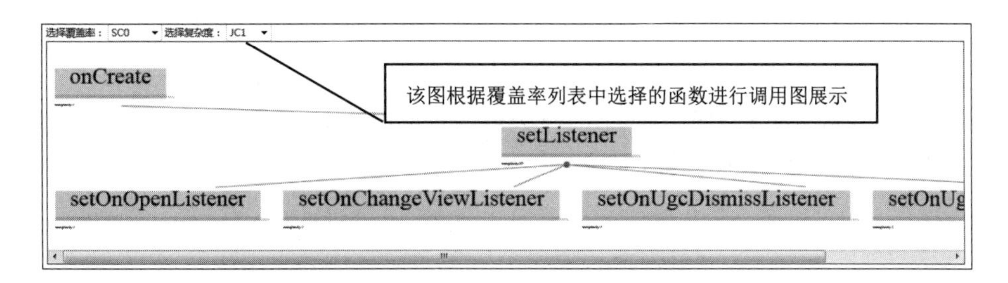

图 5-63　选择单个函数调用关系图

5.3.8　函数、类、包复杂度统计

1. 复杂度统计信息

为了应对复杂度的风险，在数字化平台中给出了预警报告表和复杂度详细列表，如图 5-64 所示，对于安全系数高的客户，测试人员可以要求开发人员重新进行设计，以降低风险。

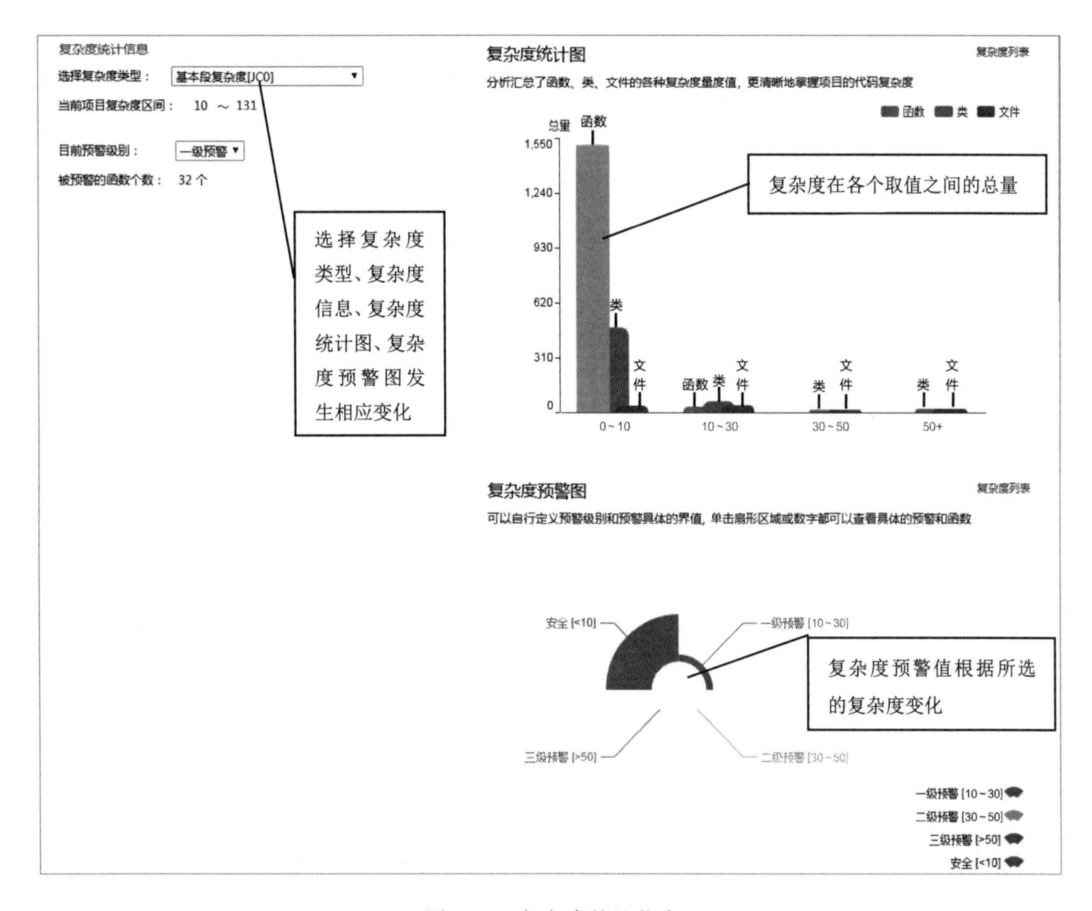

图 5-64　复杂度统计信息

2. 复杂度列表

复杂度列表只显示复杂度，展示所有函数的复杂度信息，单击某个函数，会在列表下方绘制对应的雷达统计图，如图 5-65 所示。

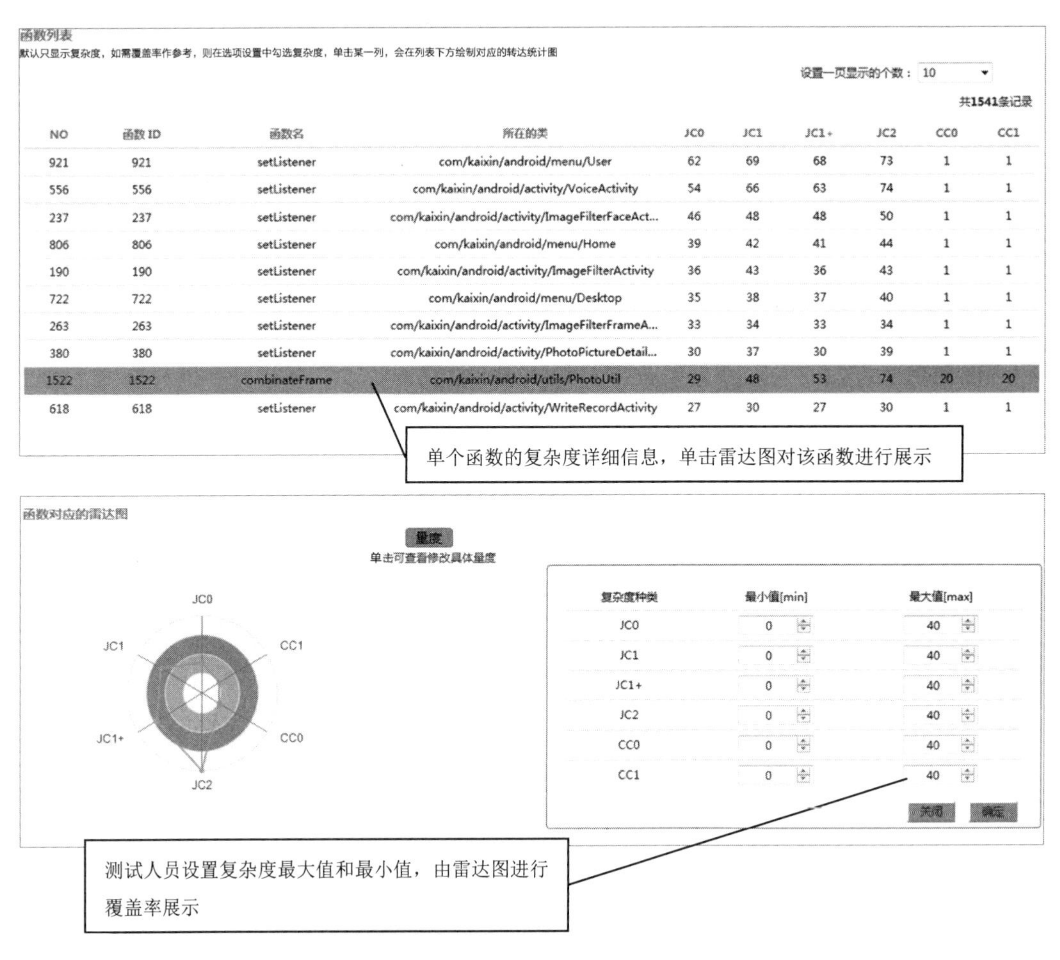

NO	函数 ID	函数名	所在的类	JC0	JC1	JC1+	JC2	CC0	CC1
921	921	setListener	com/kaixin/android/menu/User	62	69	68	73	1	1
556	556	setListener	com/kaixin/android/activity/VoiceActivity	54	66	63	74	1	1
237	237	setListener	com/kaixin/android/activity/ImageFilterFaceAct...	46	48	48	50	1	1
806	806	setListener	com/kaixin/android/menu/Home	39	42	41	44	1	1
190	190	setListener	com/kaixin/android/activity/ImageFilterActivity	36	43	36	43	1	1
722	722	setListener	com/kaixin/android/menu/Desktop	35	38	37	40	1	1
263	263	setListener	com/kaixin/android/activity/ImageFilterFrameA...	33	34	33	34	1	1
380	380	setListener	com/kaixin/android/activity/PhotoPictureDetail...	30	37	30	39	1	1
1522	1522	combinateFrame	com/kaixin/android/utils/PhotoUtil	29	48	53	74	20	20
618	618	setListener	com/kaixin/android/activity/WriteRecordActivity	27	30	27	30	1	1

图 5-65　复杂度列表

5.3.9　测试覆盖率漏洞的智能分析

在整个程序中，某个函数的复杂度越高或被上下文调用的次数越多，则说明其在程序中是越核心的函数。通过与覆盖率的结合，计算查找出这些核心函数的测试不充分之处，并给予排序，如图 5-66 所示。

分析方法如下：

- 通过函数的复杂度和覆盖率的结合进行分析。
- 通过函数的上下文调用关系和覆盖率的结合进行分析。

测试漏洞列表

显示超过测试漏洞的标准警戒值(圈复杂度/段覆盖率>标准设定)的函数列表，其数值大小代表测试漏洞的风险程度

测试漏洞[圈复杂度/段覆盖率](段覆盖率不等于零且漏洞风险指数大于20)

自定义警戒值: 20.0　40条记录

序号	函数 ID	函数名	所在的类	圈复杂度（cc0）	段覆盖率(%)	漏洞风险指数
6058	7190	businessDemandEdit	com/gtja/demand/web/PdmBusinessDemandInfoV2Controller	206	45.1	456.5
1998	2225	selectSoftDemandConfirm	com/gtja/demand/web/PdmSoftDemandInfoV2Controller	50	13.6	366.7
6087	7228	selectBusinessDemandConfirmForProject	com/gtja/demand/web/PdmBusinessDemandInfoV2Controller	48	14	344.0
1966	2188	selectSoftDemand	com/gtja/demand/web/PdmSoftDemandInfoV2Controller	52	15.2	341.7
6055	7187	selectBusinessDemand	com/gtja/demand/web/PdmBusinessDemandInfoV2Controller	50	15.9	314.3
6085	7225	selectBusinessDemandForProject	com/gtja/demand/web/PdmBusinessDemandInfoV2Controller	48	16.3	294.9
6054	7186	selectBusinessDemandForRecycleBin	com/gtja/demand/web/PdmBusinessDemandInfoV2Controller	49	25	196.0
12211	14307	login	com/gtja/web/LoginController	56	32.8	170.7
9606	11299	demandVersionList	com/gtja/demand/web/PdmDemandVersionV2Controller	46	27.3	168.7
10730	12469	getPMRootTree	com/gtja/pm/service/impl/PdmProjectBaseinfoServiceImpl	77	51.9	148.4

Showing: 1 to 40 Total: 40 rows　50　records per page

图 5-66　测试覆盖率漏洞的智能分析

第 6 章 双模发布管理平台的设计与应用

6.1 产生背景

6.1.1 传统企业数字化转型浪潮下的双模挑战

在传统企业数字化转型的过程中存在两种应用模式：记录型系统和参与型系统。记录型系统是指支撑企业关键业务的后台类系统，也称为稳态类系统；参与型系统是指各类提供给最终客户使用的系统，如网上业务办理系统或 App，也称为敏态类系统。这两类系统由于功能定位、业务影响面等诸多不同，导致在项目管理、需求管理、技术架构、基础设施架构、开发模式、代码配置管理、测试模式、运维监控、安全管控等方面都存在很大差异，对比分析如表 6-1 所示。

表 6-1　双模对比分析

分　类	稳　态	敏　态
适用业务场景	记录型（后台业务类）	参与型（如渠道类、营销类系统）
管理方式	项目管理，关注实现过程的管控和项目成果的交付。项目管理工具	产品管理，关注业务价值的过程实现与产品形式。看板管理工具
组织架构	临时组织，规模较大	固定组织，规模较小
人员能力要求	项目经理：计划能力、组织能力、协调能力、应变能力、风险识别能力等。各专业有具体明确的技能要求	产品经理：敏锐的市场洞察力、竞品分析能力、市场营销能力、项目管理能力、战略理解与战术执行能力、较宽泛的技术和业务知识、与各类角色交流无障碍。 技术体系角色要求 T 型人才

续表

分类	稳态	敏态
预算方式	一次性投入	持续投入
开发模式	瀑布开发模式	敏捷开发模式
系统架构	三层架构：数据访问层、业务逻辑层（领域层）、表示层	分布式、微服务、Cloud Native、FaaS……
部署架构	资源视角：物理机（小型机、x86）、虚拟化、云，使用成熟的商业组件保证系统的可用性	应用视角：利用云或容器的弹性伸缩能力，大规模 x86 架构服务器，开源组件，通过分布式架构实现容错，确保整体的可用性
计划管理	有明确的起始和结束时间要求或约束，按照需求、设计、开发、测试、部署等里程碑阶段逐步推进	迭代计划方式，每个迭代周期都存在需求、设计、编码、测试、部署等工作
需求管理	业务需求说明书、系统需求说明书	史诗、用户故事。例如，作为一个<角色>，我想要<活动>，以便于提升<商业价值>
设计	概要设计说明书、详细设计说明书	初始阶段注重架构设计，保证在一段时间内的持续迭代开发和扩展。每个迭代周期都存在设计工作、简化文档工作，只编写必要的设计说明
编码及版本分支策略	分支开发、主干发布；长周期、并行开发；管理复杂，代码合并冲突概率大，解决成本高	主干开发、分支发布；单一开发分支、无并行开发；管理简单，每日提交代码，冲突解决成本低，效率高
测试	开发完成后进行测试，人工与自动化测试工具相结合，以人工测试为主	在一个迭代周期内完成测试用例编写和测试，自动化测试程度高，人工测试程度低
持续集成、部署与发布	完成版本测试后进行部署与发布，采用人工或半自动方式部署。固定的发布周期	按需进行持续集成、部署、测试。相关 DevOps 工具链是必需工具。简单场景按需随时发布；复杂场景采用版本火车或功能开关方式发布
监控与运维	面向资源的层级监控体系与专业化监控工具相结合。IT 服务管理流程繁重	面向应用的监控体系，按照弹性伸缩等架构特点，注重动态监控、会话链监控等。轻量级 IT 服务管理

6.1.2　双模发布管理平台

虽然上述两种应用模式存在诸多差异，但是从软件交付的生命周期来讲，这两种应用模式的过程是一致的，都涵盖需求提出—代码配置管理—持续集成—自动化部署（测试环境）—上线发布—运维监控等过程。

所谓双模发布管理平台，就是指同时支撑两种应用模式的软件发布管理平台，虽然稳态类系统与敏态类系统在软件交付过程方面是一致的，但是在代码配置管理方面及部署架构（单体应用架构的部署模式、微服务架构的部署模式）方面还存在很大不同，因此需要区别对待，具体内容详见后续章节。

双模发布管理平台（见图 6-1）以 DevOps 作为主导设计思想，定位于组织级软件交付协同作业平台，通过集成用户已有的项目管理、需求管理、代码配置管理等工具，实现需求、代码、编译构建、成品库、部署发布等软件交付全过程要素的统一管理；采用持续集成、部署发布自动化流水线的方式，提升代码配置管理、编译、发布包制作、部署发布的规范性和高效性；将软件交付过程中的进度和结果进行快速反馈，增强各类角色在软件交付过程中的沟通和协同。

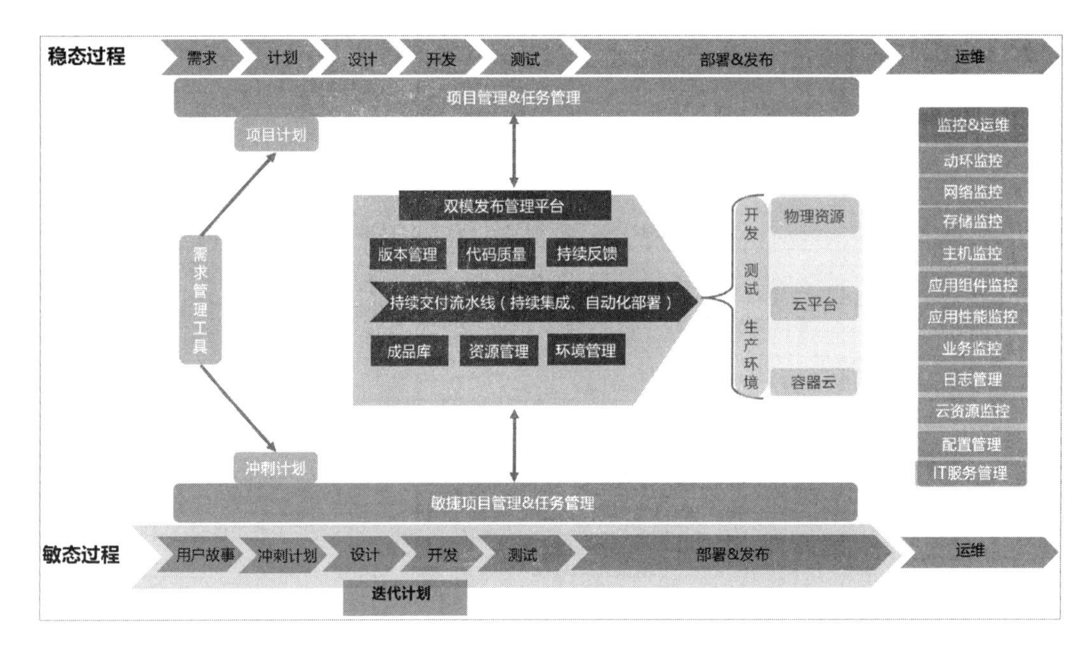

图 6-1　双模发布管理平台

6.2　双模发布管理平台设计

6.2.1　设计思路

基于双模发布管理平台的功能定位，其本质是一套集成整合平台，因此其主导设计思路主要包含以下几部分。

1．面向软件交付场景的资源配置管理

借鉴运维领域 CMDB（Configuration Management Data-Base，运维管理平台）的设计思路，将软件交付过程中的代码配置管理、持续集成、自动化部署等过程中使用到的参数数据，按照业务应用、应用组件、主机的模型进行实例数据的维护和管理。通过对自

动化操作步骤与资源配置数据的解耦，可以满足软件交付自动化流水线的使用场景，当出现资源扩缩容的情况时，修改资源实例即可实现；还可以满足多维度数据分析的数据消费场景，避免资源配置数据散落在各专业工具中难以满足管理和生产分析等管控需求。

2. 软件交付流水线

软件交付流水线（见图 6-2）的设计灵感来源于制造业流水线的高效生产体系，在具体设计过程中主要考虑两方面。一是工具维度。通过对软件交付过程中各专业工具的集成，以及按照软件交付过程进行有机调度执行，快速实现软件交付。二是数据维度。将软件交付过程中的过程数据和结果数据按照一定的逻辑进行关联，形成软件交付端到端要素数据的全过程追溯能力。

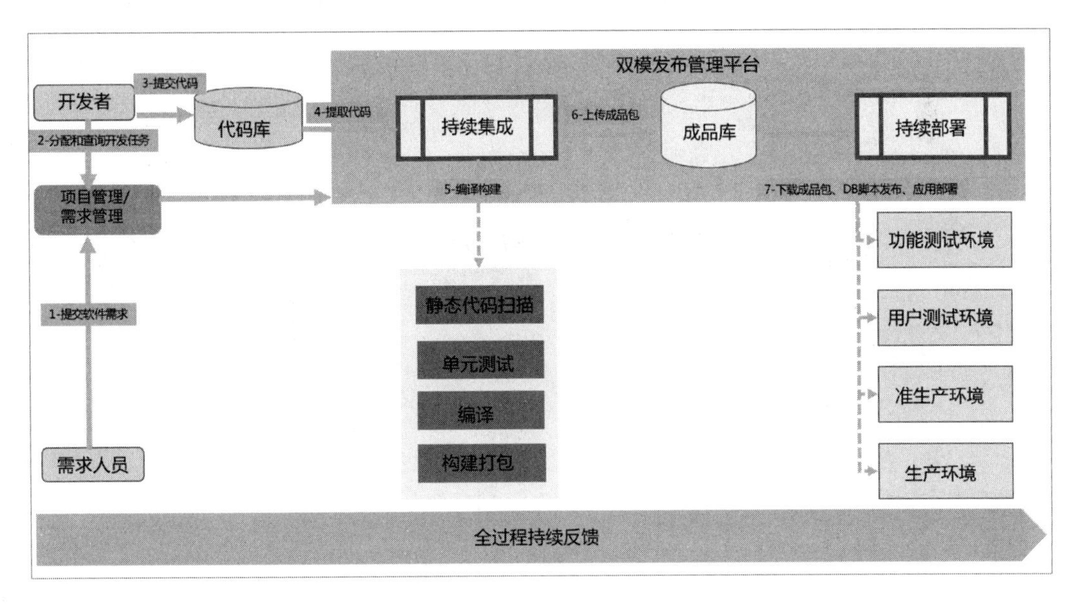

图 6-2　软件交付流水线

6.2.2 架构设计

整体架构设计（见图 6-3）采用分层体系结构的设计理念，将整个平台架构划分为外部系统层、功能驱动层、数据层、展现层。

- **外部系统层**：主要由 Jenkins 持续集成服务、SaltStack 发布与配置管理服务、SVN 代码版本管理服务、项目管理系统等构成。
- **功能驱动层**：主要由接口层和功能层组成。**接口层**实现与各外部系统和组件 API 的对接，主要包含 Jenkins API 适配接口，实现 Jenkins 流水线的编排、调度、执行等功能场景；Salt API 适配接口，主要实现应用发布的批量化操作执行和主机管理等功能场景；SCM Agent 版本配置代理（自主研发），主要实现代码版本合并、冲突检测、比对等功能场景；DB Agent 数据库脚本执行代理（自主开发），主要实现数据库脚本的发布和回滚等功能场景。**功能层**实现版本自动化发布平台的主要功能，根据业务场景和业务逻辑，通过调度引擎触发接口层实现与各类组件的数据和功能的交互。大型应用系统通常是围绕业务流程和业务组件的概念构造的，这些概念是通过功能层中的大量组件、实体、代理和接口来处理的。功能层通常由符合 Web Service 标准的大量组件组成，这些组件由一种或多种支持 J2EE 的编程语言实现。这些组件为实现可伸缩的分布式组件解决方案进行了扩充，或者为实现业务逻辑的描述进行了扩展。功能层通过服务接口为展现层提供服务，服务接口是对业务对象和业务逻辑的封装接口。

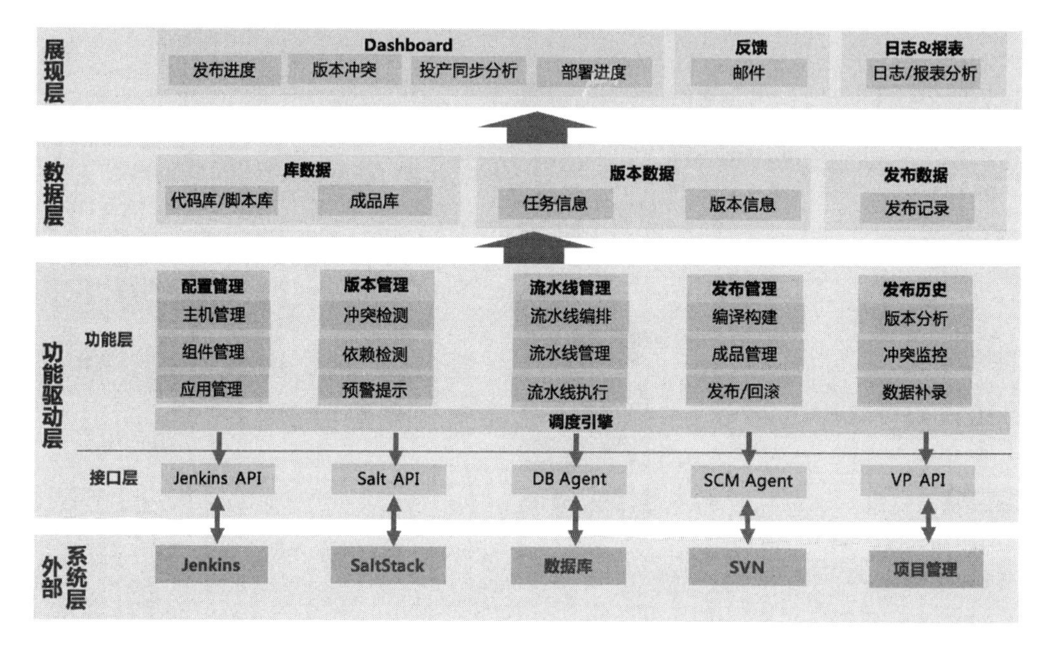

图 6-3 整体架构设计

- **数据层**：主要包含库数据（代码库/脚本库和成品库）、版本数据（任务信息和版本信息）、发布数据（发布记录）三类数据。库数据主要用于代码版本管理、编译构建及部署交付使用；版本数据和发布数据主要通过版本自动化平台日常应用发布的操作，记录系统、任务、版本、环境、基线等信息，为版本管理、统计分析等场景提供数据基础。整体来看，数据层主要为功能驱动层访问各种类型的数据源提供基础服务，为功能驱动层和外部系统层通过接口交互提供基础服务。数据层可以选择 JDBC 访问数据库，或者使用 Web Service 接口访问外部接口和其他自定义数据访问模式。数据访问组件将功能驱动层与特定数据存储解决方案的细节隔离开来。这种隔离具有许多优点：尽量减少因数据库提供方的更改所造成的影响；封装操作单个位置的特定数据项的所有代码等。数据层的引入极大地简化了测试过程和维护过程。

- **展现层：** 提供应用程序的用户界面，用户界面主要是 JSP（Java Server Pages，Java 服务器页面）技术（用于基于浏览器的交互）的使用。展现层实现统计数据及相关页面的呈现，页面呈现的数据来源和页面相关的业务组件/业务逻辑实现是通过调用功能驱动层的服务接口实现的；支持多种服务接口调用标准，包括 Spring Remoting、Web Service、JMS 等各种开放标准，同时提供基于不同用户策略的个性化门户定制。

6.3　案例及功能说明

本节将通过双模发布管理平台在某大型金融用户的建设案例来进行相关功能的说明。

6.3.1　案例背景介绍

1．IT 组织架构

IT 组织架构的一级部门主要包含项目管理部、架构部、开发中心、数据中心。开发中心下设应用开发部、配置管理部、测试部、应用运维部。每个二级部门按照业务应用划分小组，每个测试组按照功能测试、系统集成测试、用户验收测试等阶段进一步划分角色。数据中心下设基础设施运维部、网络部。本案例由配置管理部发起建设，该部门主要负责各应用待测代码的合并/撤版、编译、部署到测试环境，以及上线成品包的制作，上线成品包制作完成后交由应用运维部进行生产环境的变更发布。

2．开发模式

该用户主要以外包开发为主。大部分应用采用瀑布开发模式，上线成功后进入快速迭代开发模式，两周上线发布一次，测试环境的部署不限制发布次数，只根据实际情况进行部署；在个别应用开发过程中尝试敏捷开发模式。

3．代码配置管理

应用主要使用 SVN 作为代码版本管理工具。应用完成上线后，其代码配置管理纳入配置管理部管控范围内，日常的代码提测、测试阶段的代码版本流转、上线发布均严格按照配置管理计划有序进行。

4．编译构建

绝大部分应用采用 Ant 工具进行编译构建，以增量发布为主；部分应用采用 Maven

和 Gradle 工具进行编译构建；极少数应用采用全量发布方式。

5．应用及基础架构

大部分应用采用单体应用架构，使用商业的 WebLogic 作为应用容器，部分应用使用 Tomcat 容器；数据库主要使用 Oracle，也有少量 MySQL 数据库；操作系统以 Linux 为主，少量为 Windows；基础设施基本采用商用虚拟化平台。

6.3.2 痛点诊断及建设目标

1．痛点诊断

痛点诊断如下：

- 专业工具竖井化；在技术架构、功能上不能满足高压力、高频率的快速发布要求。
- 软件交付过程中存在大量的人工执行，效率不高且存在上线风险。
- 软件交付过程中各部门之间没有建立高效、自动化的协作模式。
- 缺乏涵盖整个运营体系跨部门的、支撑应用生命周期管理的持续交付系统。

2．建设目标

建设目标如下：

- 建立统一的代码配置管理、编译构建和自动化部署发布规范，通过自动化流水线的方式固化软件交付的生产工艺，消除人工误操作导致的风险，提高软件发布的成功率和回滚效率。
- 以需求为主线，打通项目管理、需求管理、代码配置管理、持续集成构建、自动化部署的全过程。
- 建设统一的成品库，实现测试成品和生产发版成品的统一管理。
- 实现需求、代码、成品、环境的全过程追溯。
- 建立软件交付过程的透明化和快速反馈机制，提升各类角色协同工作的效率。

6.3.3 功能说明

1．集成管理

集成管理主要通过界面配置方式，实现对各外部工具或平台的集成，如项目管理、需求管理、代码配置管理、持续集成、成品库、部署组件、统一身份认证的集成配置和管理。另外，每类工具都可以定义多个实例，实现水平方向的扩展，以适应各种规模及管理要求的场景，如图 6-4 所示。

操作▾　　　模糊搜索：

	名称	状态	OS	分类	类型	巡检	更新时间 ▾	描述	操作
	SALT			服务器管理引擎	SaltMaster	5分钟	2018-06-27 12:09:24		操作▾
	Jenkins_Master			持续集成引擎	jenkinsMaster	5分钟	2018-06-27 12:09:24		操作▾
	Scm_Agent			版本管理引擎	scm_agent	5分钟	2018-06-27 12:09:24		操作▾
	Comapre_Agent			比对代理引擎	compare_agent	5分钟	2018-06-27 12:09:24		操作▾
	SVN			代码仓库引擎	svn	5分钟	2018-06-27 12:09:24		操作▾

图 6-4　系统集成定义界面

2．资源配置管理

资源配置管理主要面向软件交付的数据消费场景，按照单体应用架构和微服务应用架构分别进行建模。

1）单体应用架构资源模型

单体应用架构资源模型如下。

- 业务应用层：主要描述业务模型，创建业务应用实例及其与应用组件实例的关系，主要是包含关系。
- 应用组件层：主要描述应用组件和集群模型，创建应用组件和集群实例，如 WebSphere、Oracle、WebLogic 集群等。
- 基础设施层：主要描述服务器模型，创建服务器实例。

2）微服务应用架构资源模型

微服务应用架构资源模型如下。

- 应用系统层：主要描述业务模型，创建业务应用实例及其与微服务实例的关系，主要是包含关系。
- 服务层：主要描述微服务模型，创建微服务实例等，主要是服务间的依赖关系。
- 基础设施层：主要描述服务器模型，创建服务器实例。

对于业务、应用组件、基础设施的模型、实例、关系的存放采用关系型数据库，将源代码、数据库脚本、构建和部署脚本、业务应用配置、应用组件配置、各环境操作系统配置、环境变量按照规范纳入 SVN/Git 版本管理，实现规范和标准的落地，并将上述配置信息与相应实例进行关联，为多种场景提供数据服务。

在模型管理模块中，灵活创建、修改资源对象模型，同时定义资源类之间的关系。

1）服务器管理

服务器管理模块通过集成 SaltStack 实现自动发现、纳管，如图 6-5 所示。在服务器或虚拟机操作系统上安装 Salt-minion，自动注册到 Salt-master，将服务器纳入资源池内。

操作▾ 模糊搜索:

IP	状态	OS	主机名	管理状态	巡检策略	操作
172.16.11.22			localhost.localdomain	已纳管	每5分钟	操作▾
172.16.11.24			localhost.localdomain	已纳管	每5分钟	操作▾
172.16.11.25			localhost.localdomain	已分配	每5分钟	操作▾
172.16.11.8			localhost.localdomain	已分配	每5分钟	操作▾
192.168.1.30			autochain	已纳管	每5分钟	操作▾
192.168.1.31			weblogic	已分配	每5分钟	操作▾

图 6-5　服务器管理模块

当定义完应用组件实例和下发完成相关脚本后，还可以通过服务器管理入口进行相关数据的消费，如图 6-6 所示。

图 6-6　服务器详情

2）应用组件管理

应用组件管理模块主要实现中间件组件和数据库组件的创建、删除和修改。由于用户测试资源都非常紧张，普遍存在多个业务应用实例在一套环境中运行的情况。因此，双模发布管理平台部署流水线是按照应用组件实例来定义部署目标的，而非服务器主机，这样就可以实现单台主机运行多个业务应用或多个应用组件实例的场景，更符合实际环境，如图 6-7 所示。

图 6-7　应用组件管理

3）业务应用管理

业务应用管理模块主要实现业务应用的创建、删除和修改，按照基本信息，如代码配置库类型、代码分支策略、工程信息、成品存放信息、构建参数与部署参数等顺序进行定义，实现对前序环节定义的系统集成组件实例、应用组件实例等数据的关联定义，如图 6-8 所示。

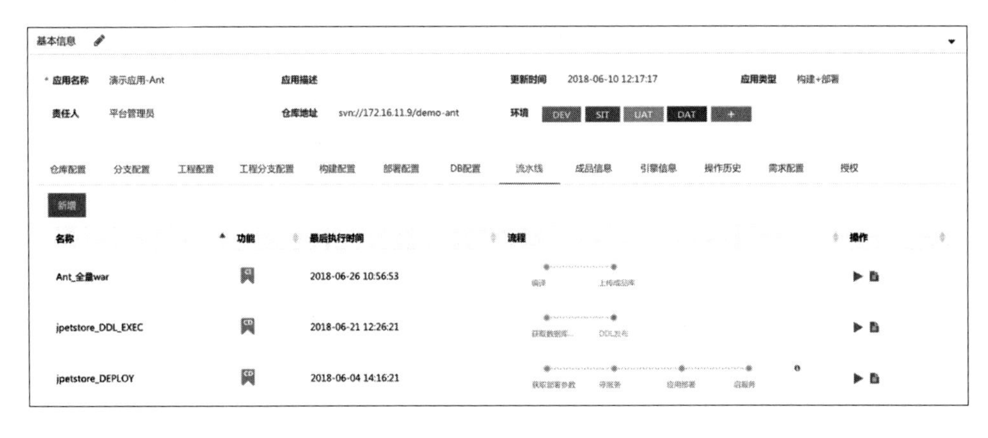

图 6-8　业务应用管理

4）脚本管理

脚本管理模块主要实现对应用发布过程中各类编译类、部署类脚本的集中管理，为后续流水线编排定义的原子操作打下基础。通过制定各类脚本的命名规范及存放路径规范，将脚本统一纳入代码版本管理中；通过平台实现脚本的导入、修改、下发、删除，为用户提供方便、快捷的一键式部署操作维护，同时也为部署编排和操作提供能力支撑，如图 6-9 和图 6-10 所示。

操作▾　　模糊搜索:

脚本名称	脚本类型	脚本功能	运行平台	脚本状态	版本号	更新时间	描述	操作
check_url.sh	部署脚本	检查应用状态	Linux	下发成功	3082	2018-06-11 20:26:43	检查应用状态	操作▾
weblogic_del_nohup.sh	部署脚本	清除日志	Linux	下发成功	3542	2018-06-11 20:23:41	bea6_1.31	操作▾
tomcat_start.sh	部署脚本	启动服务	Linux	下发成功	3476	2018-06-05 11:55:06	tomcat启服务器	操作▾
check_url.sh	部署脚本	检查应用状态	Linux	未下发	3442	2018-06-05 11:53:59	tomcat检查应用状态	操作▾

图 6-9　脚本概览

模糊搜索:

主机IP	版本号	下发地址	下发时间	脚本下发人
192.168.1.31	3082	/home/bea6/fabu_scripts/check_url.sh	2018-06-11 20:26:43	平台管理员
192.168.1.31	3082	/home/bea1/fabu_scripts/check_url.sh	2018-05-07 00:14:38	平台管理员
192.168.1.31	3082	/home/bea1/scripts/check_url.sh	2018-05-06 22:41:07	平台管理员
192.168.1.31	3082	/home/bea2/fabu_scripts/check_url.sh	2018-05-06 17:26:50	平台管理员
192.168.1.31	3082	/home/bea4/fabu_scripts/check_url.sh	2018-05-05 17:08:00	平台管理员

图 6-10　脚本下发记录

3．流水线管理

流水线管理实现持续集成、自动化部署等流水线的编排和定义，按照测试环境自动编译、构建、部署、生产上线一键发布等软件交付场景，灵活定义相关阶段、任务、步骤及参数，最终为发布管理提供流水线实例支撑，如图 6-11 所示。

4．代码版本管理

代码版本管理主要考虑和设计相关的代码分支策略，常见的分支策略包括按照特性、发布、修复等设计相关分支策略。但是，无论是复杂的分支策略还是简单的分支策略，都可以抽象为以下两种模式。

图 6-11　流水线管理

1）主干开发、分支发布模式

这种分支策略模式又称为不稳定主干模式，使用主干作为新功能开发主线，如果主干不能达到稳定的标准，则不可以进行发布；分支用于测试和发布；Bug 的修复需要在各个分支中进行合并。

优点：分支数量少，开发人员专注于主干开发，无须分支合并，因此较为简单。

缺点：不适用于较大规模研发团队和并行开发的模式。

2）分支开发、主干发布模式

这种分支策略模式又称为稳定主干模式，使用主干作为稳定版本的发布；新功能的开发与 Bug 的修复全部在分支上进行，分支间进行隔离，分支上的代码测试通过后才合并到主干上；主干每次发布成功后都做一个标签，用于标注生产代码基线。

优点：对并行开发场景的支持很好。

缺点：分支合并冲突概率大，解决成本高。

通过对上述分支策略模式的分析可以得出，没有哪种分支策略模式可以适用于所有场景，需要根据现实情况进行设计和选择。通过对用户代码版本管理的现状调研和需求分析，我们设计了以下两种代码分支策略。

1）敏态类应用代码分支策略

（1）适用场景。

- ❑ 参与型业务应用。
- ❑ 处于快速迭代及维护阶段。
- ❑ 敏捷开发模式，串行开发。
- ❑ 发布频率高。

❑ 开发、测试、运维等角色的差速协同工作场景。

敏态类应用代码分支策略如图 6-12 所示。

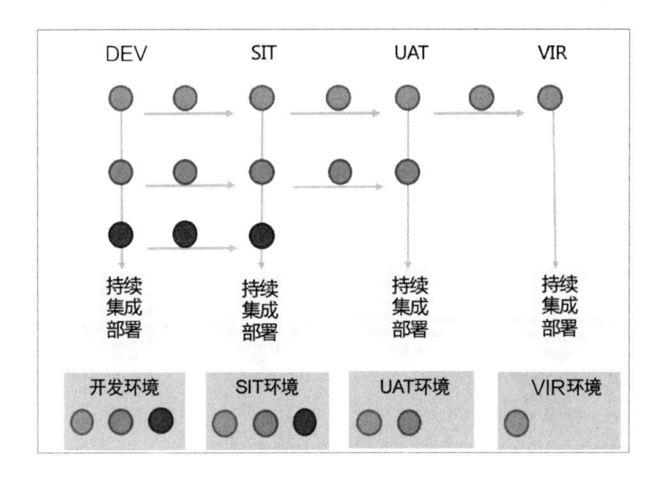

图 6-12　敏态类应用代码分支策略

（2）分支作用说明。

❑ DEV 分支——开发分支，用于新功能的开发。

❑ SIT 分支——系统集成测试分支，用于 SIT 提测的代码分支。

❑ UAT 分支——用户验收测试分支，用于 UAT 提测的代码分支。

❑ VIR 分支——准生产测试分支，用于准生产提测的代码分支。

（3）使用方式说明。

❑ 相关功能开发或缺陷修复的代码均提交到 DEV 分支。

❑ 研发人员完成自测后提测到 SIT 分支，将相关需求、功能、任务涉及的代码合并到 SIT 分支，进行 SIT。

❑ SIT 通过后，将相关需求、功能、任务涉及的代码从 SIT 分支合并到 UAT 分支，进行 UAT。

❑ UAT 通过后，将相关需求、功能、任务涉及的代码从 UAT 分支合并到 VIR 分支，进行准生产验证。验证通过后，在 VIR 分支上制作生产上线版本。

2）稳态类应用代码分支策略

（1）适用场景。

❑ 记录型业务应用。

❑ 处于建设阶段。

❑ 瀑布开发模式，并行开发。

❑ 发布频率低。

稳态类应用代码分支策略如图 6-13 所示。

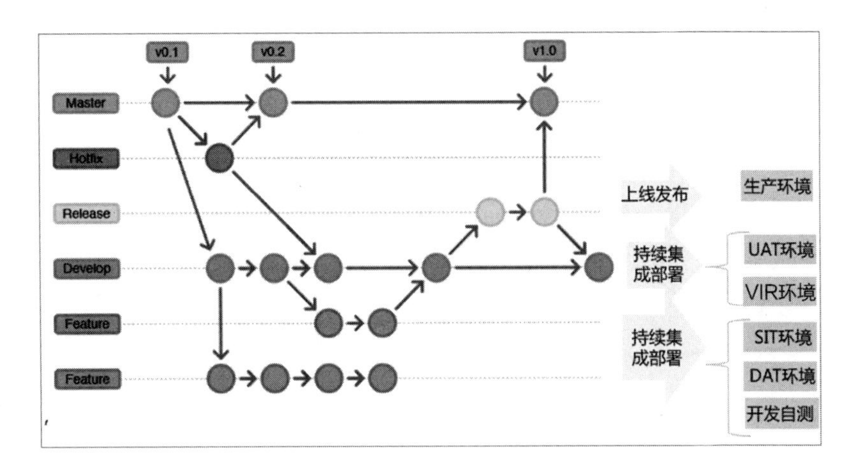

图 6-13　稳态类应用代码分支策略

（2）分支作用说明。

- Feature 分支：功能分支，用于新功能的开发。
- Develop 分支：开发分支、代码集成分支，用于多个 Feature 分支的合并集成。
- Release 分支：上线发布分支，用于上线发布的代码版本。
- Hotfix 分支：修复分支，用于上线缺陷修复的代码提交。
- Master 分支：主干分支，用于生产代码基线的标注。

（3）使用方式说明。

- 根据需求、功能开发或项目发布排期创建分支，必须从 Develop 分支拉出并创建新分支。
- 研发人员在开发分支上提交代码，完成自测后，进行 DAT 和 SIT。
- DAT 与 SIT 通过后，将相关功能分支合并到 Develop 分支上，进行 UAT 和 VIR 验证。
- VIR 验证通过后，将 Develop 分支合并到 Release 分支上进行生产发布。发布成功后，将 Release 分支合并到 Master 分支上并标注版本标签。
- 当需要修复缺陷时，从 Master 分支拉出 Hotfix 分支，提交完修复代码后，合并到 Develop 分支进行 UAT 和 VIR 验证，VIR 验证通过后将 Develop 分支合并到 Release 分支上。

5. 发布管理

1）敏态类应用发布过程说明

（1）代码合并。

通过集成项目管理、需求管理系统，按照敏态类应用代码分支策略，根据需求或功能提测状态实现代码有序合并。在代码合并过程中，首先进行代码冲突模拟检测，如果有冲突，则反馈给研发解决；如果没有冲突，则执行合并动作，如图 6-14～图 6-16 所示。

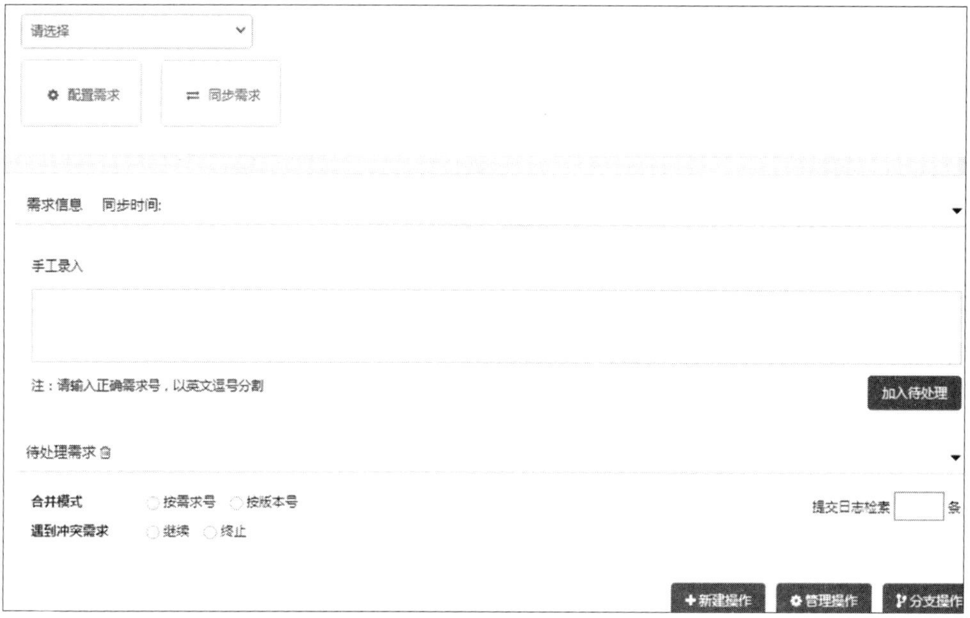

请选择
配置需求
同步需求
需求信息 同步时间:
手工录入
注：请输入正确需求号，以英文逗号分割
加入待处理
待处理需求
合并模式
按需求号
按版本号
遇到冲突需求
继续
终止
提交日志检索
条
新建操作
管理操作
分支操作

图 6-14 代码合并（1）

操作结果
代码撤版结果【待处理需求总数：2】
正常撤版需求数
0
撤版冲突需求数
1
未执行撤版需求数
1
无效需求数
0
模糊搜索:
需求编号
撤版结果
文件
版本号
TE-1
conflicted
svn://172.16.11.9/wmj/VMTSvn/DAT
101
显示第 1 至 1 项结果，共 1 项

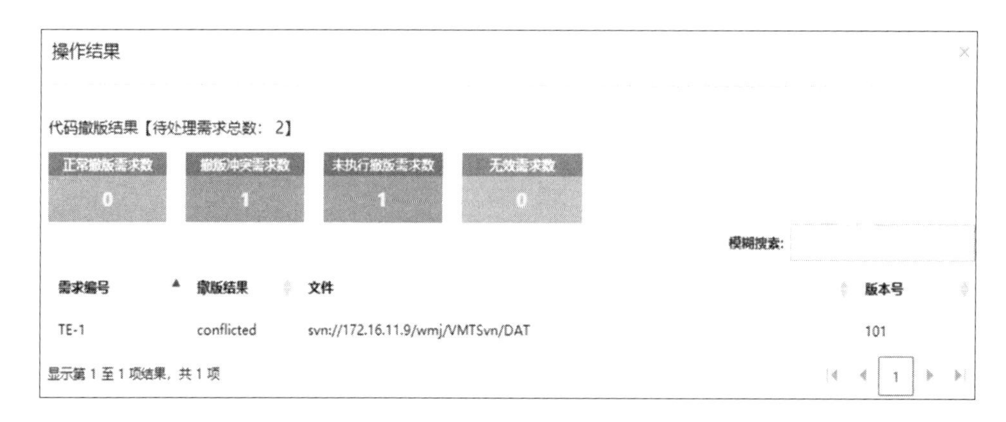

图 6-15 代码冲突模拟检测示意图

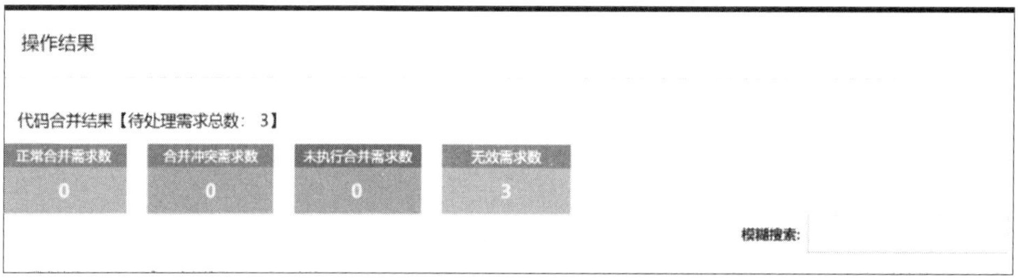

操作结果
代码合并结果【待处理需求总数：3】
正常合并需求数
0
合并冲突需求数
0
未执行合并需求数
0
无效需求数
3
模糊搜索:

图 6-16 代码合并示意图

（2）测试环境编译、构建、部署。

在完成代码合并后，执行相关流水线，一键完成编译、构建、上传成品、测试环境数据库脚本发布和应用部署，如图 6-17 所示。

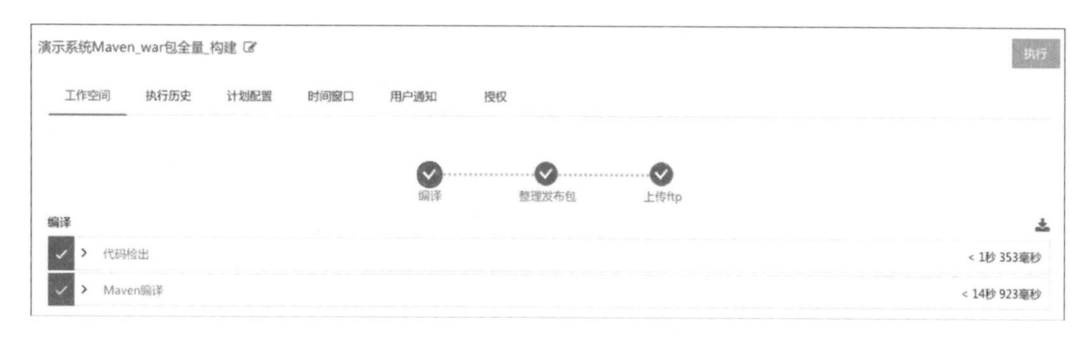

图 6-17　编译、构建、部署流水线

（3）生产环境一键发布/回滚。

① 传统架构发布方式说明。

与测试环境的流水线相比较，生产环境只有数据库脚本发布和应用部署发布的环节。生产成品包由 VIR 分支制作而成。另外，单独创建生产回滚流水线，实现快速回滚到上一版本的功能，如图 6-18 所示。

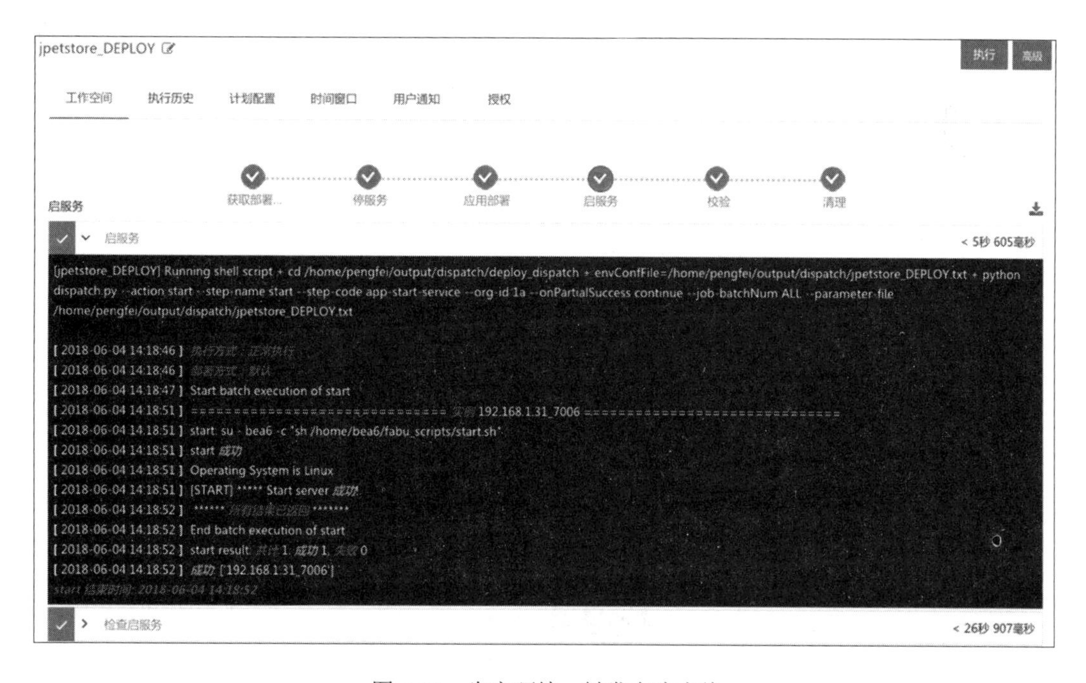

图 6-18　生产环境一键发布流水线

发布管理支持指定发布包发布（默认取最新版本进行发布），还支持多个版本包合版上线。通过设置分组、分批部署策略，支持蓝绿部署等发布场景，还支持对 DDL 和 DML 类数据库脚本执行顺序的调整，如图 6-19 所示。

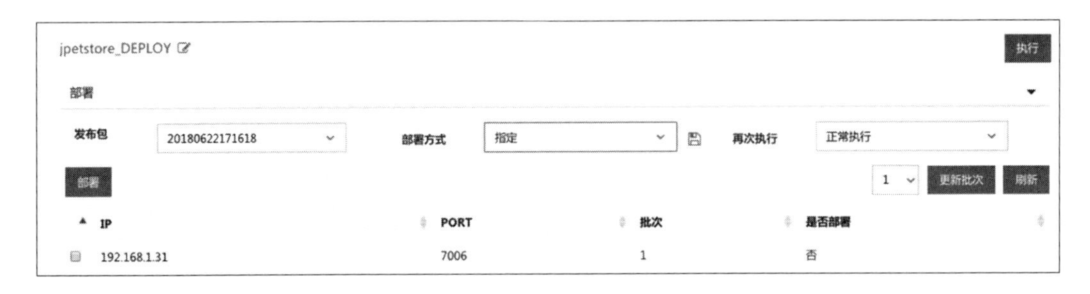

图 6-19　分组、分批部署策略设置

② 微服务架构基于容器技术的发布方式说明。

自 2013 年容器技术开源以来，因为具有易用性、高可移植性的特点，其在开源社区非常火热。容器技术将软件与其依赖环境打包起来，以镜像方式交付，让软件运行在标准环境中，加速本地开发和构建流程，使其更加高效、轻量化。开发人员可以构建、运行并分享容器，轻松地将其提交到测试环境中，并最终进入生产环境。

随着容器及容器集群调度和管理技术的成熟，越来越多的企业开始尝试并使用容器技术。虽然市场上主流的商用容器集群管理产品都包含了持续集成和部署的功能，但是考虑到传统企业的一般业务需求上线，需要多个应用系统按照一定的次序进行发布才能完成，有些应用系统是传统单体应用部署方式，有些应用系统是容器化部署方式，而容器厂商的产品还不能满足传统应用架构的部署及数据库脚本发布等需求，我们将双模发布管理平台与容器集群管理系统（如 Kubernates）进行集成，实现传统应用部署方式与容器化部署方式的混合发布，如图 6-20 所示。

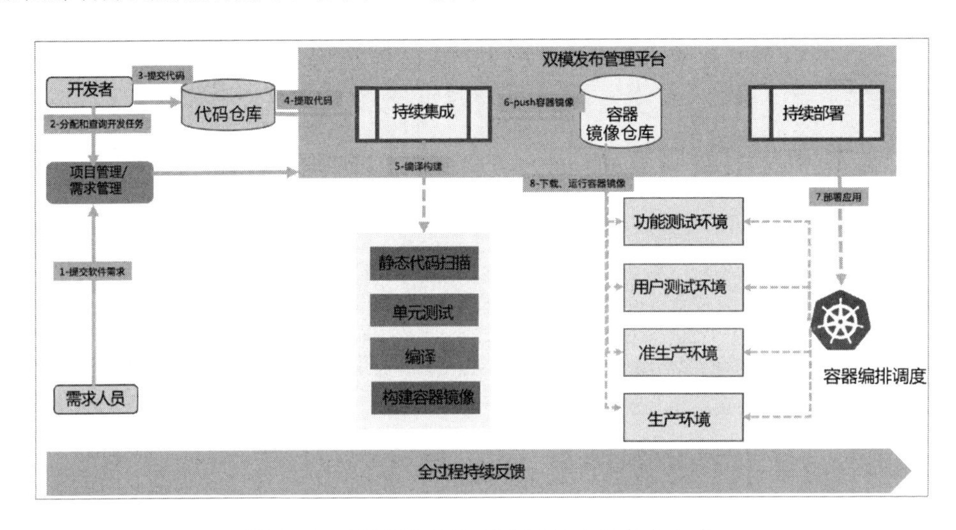

图 6-20　微服务架构基于容器技术的发布方式

③ 容器技术发布方式说明。

- 用户向代码仓库提交代码，代码中需要包含 Dockerfile。
- 用户在发布应用时需要先填写代码仓库地址和分支、服务类型、服务名称、资源数量、实例个数等，然后触发自动构建。
- 持续集成流水线自动编译代码，并打包成容器镜像推送到容器镜像仓库。
- 持续集成流水线中包括了自定义脚本，根据 Kubernates 的 YAML 模板，将其中的变量替换成用户输入的选项，生成应用的 Kubernates YAML 配置文件。
- 自动化部署流水线调用 Kubernates API，拉取相应的容器镜像，部署应用到 Kubernates 集群中。

2）稳态类应用发布过程说明

（1）代码合并。

通过集成项目管理、需求管理系统，按照分支策略，根据需求或功能分支实现代码有序合并，如图 6-21 所示。

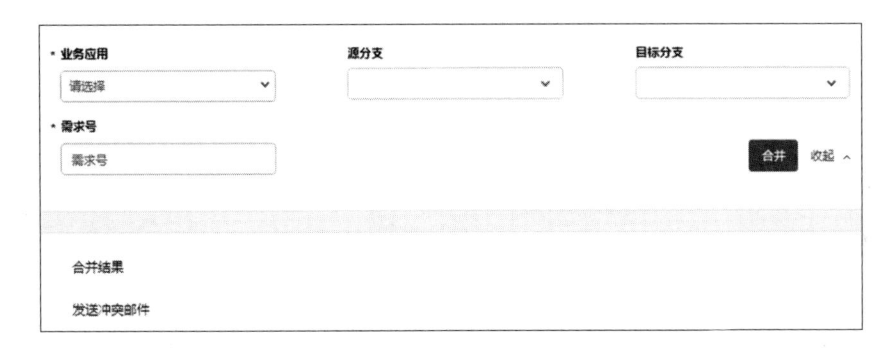

图 6-21　代码合并（2）

当完成开发自测与 SIT 后，选择源分支（需求/功能）和目标分支（Develop），在代码合并的过程中，首先进行代码冲突模拟检测，如果有冲突，则反馈给研发解决；如果没有冲突，则执行合并动作，如图 6-22 和图 6-23 所示。

图 6-22　分支合并

（2）测试环境编译、构建、部署。

由于稳态类应用代码分支策略中的功能开发分支是临时分支，而且部署环境目标可以是多个环境，因此在流水线执行前，需要进行代码分支和部署环境的选择。其他操作方式与敏态类应用代码分支策略中测试环境编译、构建、部署流水线一致，不再赘述。

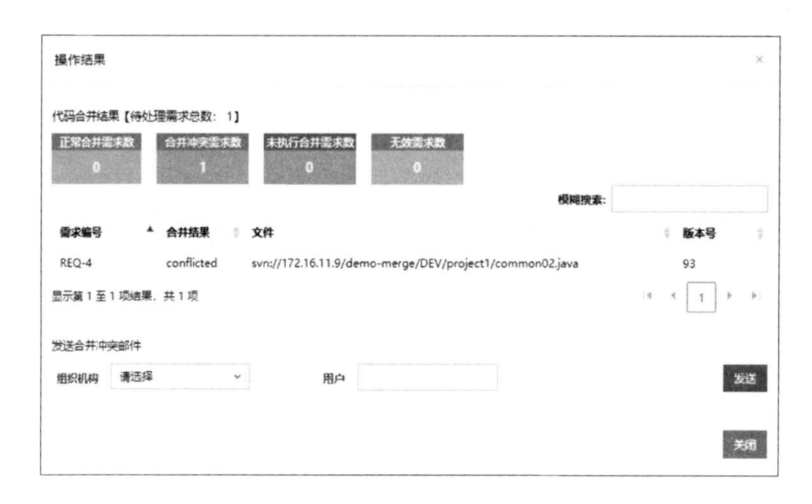

图 6-23　分支合并冲突检测及合并

（3）生产环境一键发布。

与测试环境的流水线相比，生产环境只有数据库脚本发布和应用部署发布的环节。生产成品包由 Release 分支制作而成。其他操作方式与敏态类应用代码分支策略中生产环境一键发布方式一致，不再赘述。

6. 成品库管理

成品库管理主要实现对增量和全量软件成品包的存储和管理。一方面，支持对编译构建流水线生成的成品进行管理；另一方面，对于源代码未纳入管理、更新频次低、只提供成品发布包等情况的应用系统，支持以人工上传成品的方式纳入管理，可以直接通过执行自动化部署流水线的方式进行部署发布。对于成品包审核的场景，可以通过下载成品包的方式进行审查，如图 6-24 所示。

+ 上传　　模糊搜索：

版本	业务应用	环境标签	来源类型	来源名称	更新日期	操作
20180626105653	演示应用-Ant	DAT	流水线上传	Ant_全量war	2018-06-26 10:56:44	操作
20180622171618	演示应用-Ant	UAT	流水线上传	演示编译加部署	2018-06-22 17:15:5	
20180621124328	演示应用-Ant	UAT	流水线上传	演示编译加部署	2018-06-21 12:43:0	
20180620154553	演示应用-Ant	DAT	流水线上传	Ant_全量war	2018-06-20 15:45:4	
20180508225250	演示应用-Ant	DEV	用户上传	user02	2018-06-14 22:01:16	操作
20180612155942	演示应用-Ant	UAT	流水线上传	演示编译加部署	2018-06-12 15:59:31	操作
20180611202426	演示应用-Ant	DAT	流水线上传		2018-06-11 20:24:29	操作

操作菜单：在线审核、审核状态、下载、删除、变更日志

图 6-24　成品库概览

第 7 章

API 全生命周期解决方案

DevOps 是一组敏捷的技术与流程的集合，也是一种提升协同效率的工作理念。它通过持续集成和持续交付缩短应用程序开发的生命周期，提高开发与运维的交付效率。

API 管理是通过对 API 进行设计、实现、测试、发布和监控，从而加快企业数字化转型步伐的重要工具之一。

如果能在企业中同时使用好这两者，就可以有效地提升企业开发运维的敏捷性。

API 管理是企业落实 DevOps 的重要连接工具之一，DevOps 也可以优化升级 API 管理，因此 API 管理和 DevOps 的落地是相辅相成的。在 DevOps 中，API 管理帮助团队更好地监督、管理、集成和公开应用程序，通过简化应用程序的使用和提高重用频率来帮助 DevOps 团队优化、改进持续集成和持续交付任务。简而言之，API 管理可以帮助 DevOps 在整个生命周期中更便捷地集成各种应用程序。

7.1 API 管理的发展趋势

AJAX 技术的出现，不仅允许客户端脚本发送 HTTP 请求，还支持局部刷新页面。这种突破性的创新使 Web 技术应用高速发展，Web 前端可以独立做出更加灵活多样，以及用户体验非常好的应用效果，而不需要考虑后端的具体实现方法。Web 前端通过调用后端接口实现前、后端分离，因此对后端的 API 封装、测试和管理的大量需求也随之出现。

进入移动互联时代之后，API 的应用场景也不仅仅局限于前、后端之间，随着应用越来复杂，不同应用与应用之间需要通信、连接、集成。例如，有的应用要接入地图，不可能自己开发，就需要接入第三方的地图 API；如果需要查询天气，就可以直接通过官方提供的天气查询 API 进行调用；对于业务复杂的公司，其内部也需要调用不同业务的 API。因此，API 在应用系统间集成管理方面的应用场景变得越来越多。

API 的应用场景包括：

- 作为系统内部数据传输的渠道。
- 作为系统之间获取数据和服务的渠道。
- 作为服务器与网站、App、嵌入式应用之间通信的渠道。
- 为用户/消费者提供服务。
- 为合作企业提供服务。
- 为大众提供服务。

在过去，许多研发团队并不注重研发过程中的 API 管理，认为 API 管理无非是管理一下 API 文档，只需要用 Word 文档或 Wiki 文档把 API 描述一下，等到需要进行团队协作的时候，再把 API 文档通过 Word 文档或 Wiki 文档的方式发送给前端和测试人员即可。但是，随着接口与日俱增和项目成员频繁变动，通过传统方式对 API 进行管理的效率已经变得非常低下了。

2021 年，全球新增 API 共 8.55 亿个，其中，中国占 15.2%，美国占 16.9%，印度占 13.8%，其他国家占 54.1%。

随着 API 需求不断增加，国外诞生了类似 Swagger、Postman 等工具，将开发与测试进一步结合，比如，通过代码注解生成 API 文档、基于 API 文档直接进行测试等，但是这类工具的设计基本是基于本地开发或仅被小型团队使用，在越来越高的迭代速度和质量要求下，这明显满足不了企业需求。

在 API 管理方面，大部分企业都存在流程不规范、工具较分散、安全考虑不周全等问题。因此，如何有效地对这些 API 进行全生命周期管理已经成为企业研发、运维管理的挑战之一。

下面重点介绍国产化 API 全生命周期管理平台 EoLink 如何解决上述问题。

7.2 API 工厂

7.2.1 基于数据源的 API 生成

传统的 API 开发都是研发部门编写代码开发各类接口。平台通过接口生成 API 工厂，帮助业务部门和数据部门像研发部门一样，拥有快速创建 API 的能力，并且能将数据以 API 的形式分享出去。

通过数据源管理选择对应企业内部的各种数据源（MySQL、Oracle、MongoDB 等），再通过简单的界面选择操作，或者编写数据库语句，即可生成可用的 RESTful 风格的 API，如图 7-1 所示。

企业数据及业务部门往往缺乏研发能力，通过 API 工厂的快速 API 生成能力，可以让数据在企业内部进行共享和复用，方便内部成员、第三方供应商或合作伙伴对接 API，提高研发效率，提供更加丰富的整合能力和集成应用场景。

图 7-1　API 工厂支持丰富的数据库类型

7.2.2　数据安全管理

平台为用户提供统一、集中的账号管理，支持管理数据库、项目权限等，不仅支持账号创建、删除及同步等账号管理生命周期所包含的基本功能，还支持通过平台进行账号密码测试、密码强度等设定，确保数据的安全性。

平台根据用户应用的实际需要，为用户提供不同强度的认证方式，既可以使用原有的静态口令认证方式，也可以提供高强度的鉴权认证方式。平台不仅可以实现用户认证的统一管理，而且可以提供统一的认证门户，实现企业信息资源访问的单点登录，如图 7-2 所示。

平台将用户所有的操作日志进行集中记录、管理和分析，不仅可以对用户行为进行监控和追溯，还可以通过集中审计数据进行数据挖掘分析。

图 7-2　平台支持设置访问黑名单

7.2.3　低代码 API 开发

在 API 开发的代码编写过程中，由于程序设计或代码不规范问题，数据泄露事件层出不穷。平台通过低代码方式开发 API，在规范操作的同时，也防止因为代码不规范或程序设计问题导致的漏洞，造成数据泄露。

基于 API 文档规范化、流程化的管理，可以将组织过程资产快速管理起来，关联后续的 API 开发和测试，加速 API 研发整体流程和迭代效率，如图 7-3 所示。

图 7-3　低代码生成 RESTful 风格的 API

7.3 API 管理与 API 测试

7.3.1 API 全生命周期管理

1．什么是 API 管理

根据 IBM 相关报告，早在 2014 年，全球在线 API 数量已经超过 100 亿个，预计这个数据每年将增长超过 30%，而且这个数据还不包括企业内部系统的 API。如果我们将视野缩小到一个企业内部，就会发现任何一个系统都会存在 API，并且随着公司规模不断扩大，API 的数量也会急剧增长。

在此之前，API 管理并未受到应有的重视。许多组织认为 API 管理就是对 API 信息进行管理，因此将 API 信息写在各种 Word 文档或 Wiki 文档中，随着时间推移，以及缺乏工程师的维护，这些文档逐渐成为一堆历史文档。

从目前成功的 API 管理实践来看，API 管理应该至少包含以下内容：

- API 文档管理。
- API 质量管理。
- API 研发过程管理。
- API 自动化测试管理。

只有至少实现了以上四点，API 管理才能够真正持续、有效地为企业研发效能服务。

2．API 管理面临的难题与挑战

API 是获取应用数据和服务最简单的方式，由于组织内部的 API 数量众多，其类型、数据、提供的服务等均不一样，不可能依靠传统的 Word、Excel 等方式进行管理。一旦 API 管理出现疏漏，就会给企业内部研发、产品质量、应用对接、外部合作等带来负面影响，常见的问题与挑战有以下六个方面。

1）API 信息管理难

在前后端分离架构、微服务架构下的应用，一般至少有上百个 API，对于稍微庞大一些的系统，包含数千个 API 也是很正常的事情。系统内部的 API 数量众多、种类不一、分布广泛。企业研发管理部门需要面临的首要问题是了解系统中到底包含了哪些 API，并且每个 API 当前的用途、状态、负责人等信息都需要被详细记录下来，否则后期维护项目时缺少 API 信息参考，维护成本非常大。

2）API 信息维护难

由于系统中拥有纷繁复杂的 API，对于 API 的开发者和使用者来说，在研发过程中可能因为疏漏而没能及时更新 API 信息，长此以往会导致 API 信息出现缺漏，逐渐失去参考价值。对于项目管理者来说，API 信息无法与测试、项目迭代进度等内容关联起来，并且信息更新不及时，无法了解项目的实际研发、测试和运行情况。

3）API 研发协作难

在 API 管理平台不统一的情况下，每个项目团队都有自己的使用习惯或历史遗留问题，平台不统一导致无法统一维护和协作。如果后端研发人员没有及时维护文档，当需要检查项目或进行工作交接时，就会发现看文档不如看代码，反而拖慢工作进度。后端开发修改代码和接口时习惯了口头沟通，而不是通过文档明确地指出修改的内容，导致后期在测试、对接过程中出现沟通成本高昂的问题。

4）API 测试难

测试人员需要先查看接口文档，再使用另外的工具进行测试，如果接口发生了变化，那么写好的测试也作废了，增加了重复工作量；每个测试人员都使用单机测试工具编写测试脚本，无法共享和协作。这些都导致测试总是排在最后进行，无法参与项目讨论，更无法进行快速、大范围的回归测试，甚至无法按时完成测试任务，导致项目延期或匆忙上线。

5）API 自动化测试难

测试人员需要学习编程语言去编写测试脚本，但是测试脚本由于更新不及时、编码不完善、不方便协作等原因导致使用成本较高，测试报告也不够清晰。测试人员希望通过界面的方式来实现 API 自动化测试。

6）API 质量管理难

测试团队及项目管理人员无法准确地了解整体测试效果和 API 质量，没有人可以说清楚昨天、今天、上周、这个月的测试情况如何，以及和之前对比有何改进；无法通过数据量化当前项目在 API 层面的质量。管理人员不可能通过代码了解团队开发进度，这样会导致无法回答以下问题：完成了什么需求？做得如何？是否通过了测试？是否已经正常发布和运行？……

3. 全生命周期的 API 管理模式

为了应对上述 API 管理面临的问题和挑战，需要新的 API 管理模式和技术支撑，例如，EoLink 倡导的“文档驱动 API 开发”和“测试驱动 API 开发”，需要全生命周期的 API 管理方法、技术和工具平台，如图 7-4 所示。

“文档驱动 API 开发”指的是在 API 开发之前先把文档写好，明确功能需求、入参/

出参定义、异常情况处理等之后再进行开发。这就好比我们在做题之前需要先清楚题目要求，不审题就下笔很容易导致最后返工。

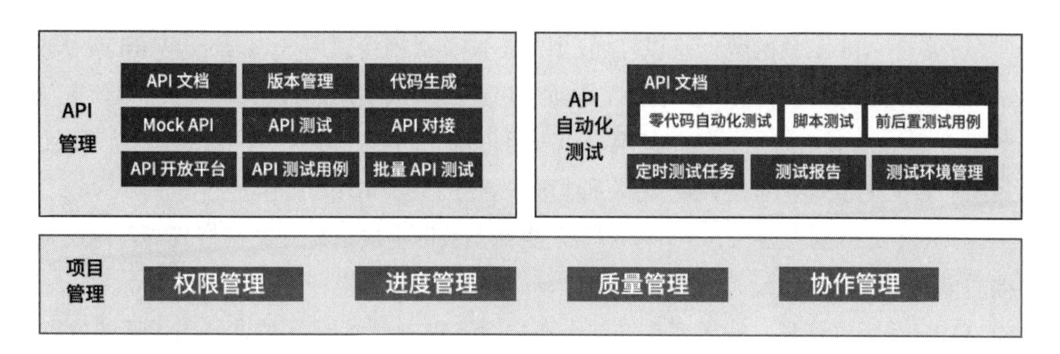

图 7-4　EoLink 解决之道

“测试驱动 API 开发”指的是在 API 开发之前测试人员先把测试方案/用例写好，这就好比我们在考试前会先了解通过的标准，否则就可能没有好结果。后续研发接口开发完成了，如果能够顺利跑通测试方案/用例，则不需要对接口进行改动；如果测试不通过，则持续进行改进，直到通过所有方案/用例。当接口切换到测试或提测环境的时候，这样做的好处是：可以减少出现 Bug 的概率，缩短大量、反复测试或提测的时间。

总而言之，要使用标准文档代替口头约定或笔记文档，让开发、测试、运维、协作有迹可循；使用测试结果快速推动开发进度，让团队沟通更充分、管理有事实依据，实现敏捷开发，如图 7-5 所示。

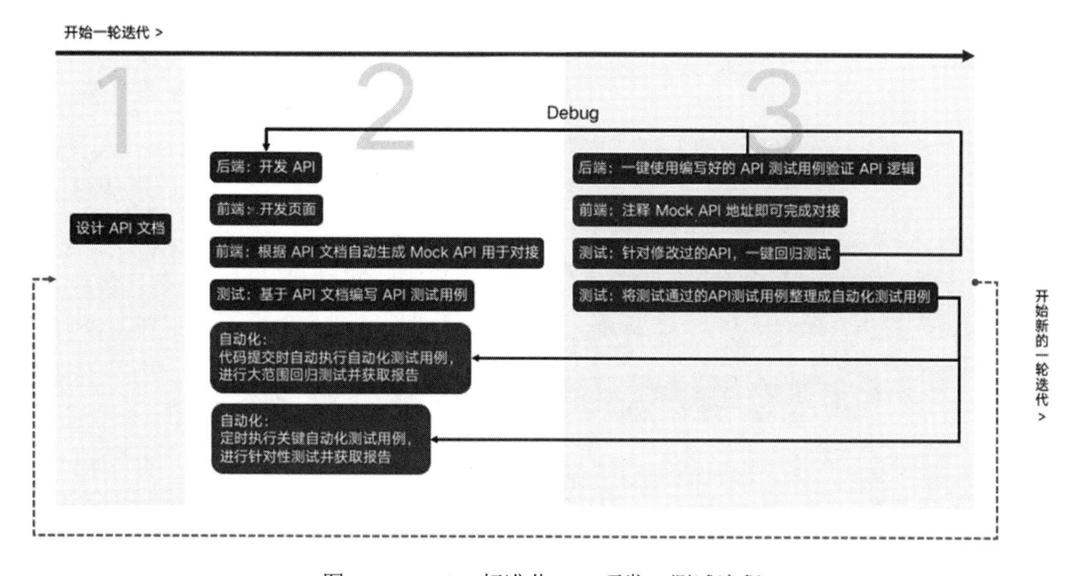

图 7-5　EoLink 标准化 API 研发、测试流程

7.3.2 统一的 API 协同管理平台

传统 API 开发和管理的工具存在以下问题。

（1）多个 API 工具的数据难以打通，比如，API 文档管理用 Swagger、Word 或 Wiki，测试用 Postman，Mock（Mock 对象就是真实对象在调试期间的代替品）自己写脚本，压力测试用 JMeter 或 Loadrunner，甚至一个项目内部同时存在多个 API 管理工具，而且工具之间的数据无法真正打通，不能高效地维护 API 信息和团队协作。

（2）API 文档编写烦琐、设计不规范、更新不及时、缺乏统一文档格式等，导致 API 文档的可读性很差，也没有办法做快速分享。

（3）没有版本管理，缺乏变更通知，不知道 API 在什么时候被谁修改了哪些内容，影响了哪个系统或模块。

（4）测试人员难以维护测试用例，大量使用脚本的方式写自动化测试，学习、编写和维护的成本都很高，导致团队协作低效，频繁出现问题。

为了解决上述问题，需要在企业内建设统一的 API 协同管理平台，如图 7-6 所示。在统一平台进行接口管理、测试、Mock 或压力测试等工作，产品、前端、后端和测试人员在同一个平台上进行协作。当 API 发生变化时，通过邮件和站内信自动通知相关成员，并显示变更内容，从而提升 API 整体研发效率。

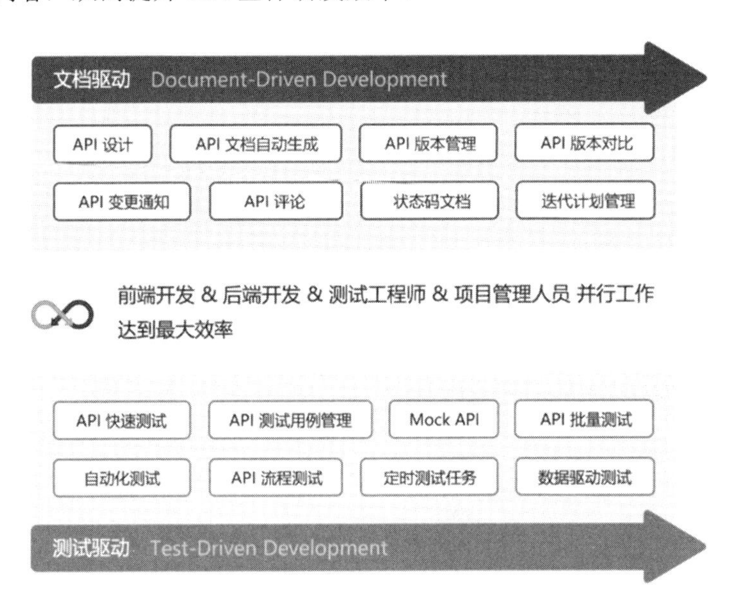

图 7-6　统一的 API 协同管理平台

7.3.3 零代码自动化测试

在接口自动化测试中，传统模式需要自己写脚本，明确数据流和业务流之后，把 N

个接口测试脚本串起来，再找一个运行平台（如 JMeter）进行测试。

运用零代码/低代码技术后，则是直接在接口自动化测试工具（如 EoLink）上导入接口文档，并且直接在界面上生成测试用例。例如，使用正交法生成测试用例，再设置一下测试流程的相关参数和返回值即可执行接口测试，如图 7-7 所示。

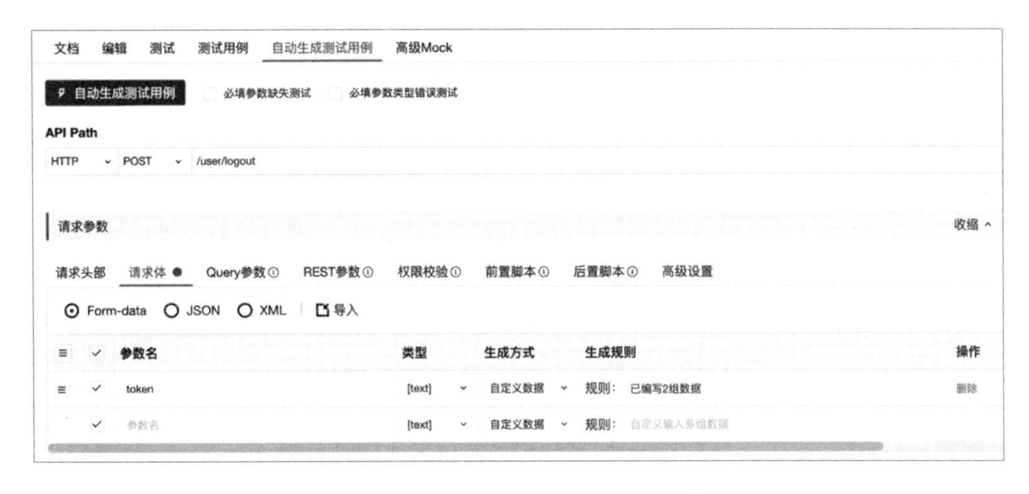

图 7-7　使用正交法自动生成测试用例

选择从文档添加接口，通过界面操作编辑接口的调用顺序和具体流程逻辑，便可以一键发起自动化测试，并实时得到测试结果，如图 7-8～图 7-10 所示。

图 7-8　纯界面操作：插入流程测试接口

顺序 ID	执行	锁定	绑定API	步骤类型	步骤名称	项目名称	URL
159942	✓		已绑定	API POST	用户登录	演示项目	/user/login/type?user...
159943	✓		已绑定	API POST	修改密码	演示项目	/user/resetPassword
159944	✓		已绑定	API POST	退出登录	演示项目	/user/logout

图 7-9　纯界面操作：通过拖曳实现自动化测试

图 7-10　一键发起测试，并获取返回报告和流程测试情况

通过以上方法可以快速开始简单的接口自动化测试，如果再结合以下方法，则可以支持更复杂的 API 测试自动化的实现。

（1）JavaScript 脚本模式：可以通过简单的脚本编写实现复杂的 API 测试用例，例如，实现自动化测试中复杂的流程跳转、数据加解密、验签等，如图 7-11 所示。

快捷方式　内置函数手册　整理格式　复制　搜索　替换

API 测试
从 API 文档导入
新 API 测试[Form-data]
新 API 测试[JSON]
新 API 测试[XML]
新 API 测试[Raw]
自定义全局变量
绑定参数
数据库操作
数据库操作
公共资源
插入自定义函数
异常处理 & 输出信息
输出信息并继续测试[?]

```
//定义需要测试的API
var formdata_api_demo_1 = {
    "url": "https://api.eolink.com", //[必填][string]请求地址,若不存在请求协议，默认http
    "name": "FORM-DATA API Demo", //[选填][string]，API名称，方便检索，不填则默认为系统生成API编
    "method": "POST", //[选填][string],请求方式,可能值有[GET/POST/PUT/PATCH/DELETE/HEAD/OPTION],
    "headers": {
        "Content-Type": "application/x-www-form-urlencoded"
    }, //[选填][object],请求头部
    "bodyType": "form-data", //[选填][string],请求体类型
    "body": { //[选填][object],请求参数
        "param_1": "value_1",
        "param_2": "value_2"
    },
    "timelimit": "follow" //[选填],超时限制,单位为ms,超过时间则判断为请求失败，默认为1000ms
};
//执行请求，返回格式为{time:"请求时间",code:"HTTP状态码",response:"返回结果",header:"返回头部"},
var formdata_api_demo_1_result = eo.execute(formdata_api_demo_1);
//判断返回结果
if (formdata_api_demo_1_result.response !== "") {
    eo.info("info_1"); //输出信息
} else {
    eo.info("info_2"); //输出信息
}
```

图 7-11　JavaScript 脚本模式：应对更多复杂场景

（2）API 之间参数传递：通过界面直接设置复杂的参数传递规则，如将注册后的 Token 传递给登录 API，将登录后的 Cookie 传递给后续 API 进行鉴权等。

（3）结果校验：无须编写脚本解析复杂的 JSON、XML 结果，利用工具自带的结果校验功能快速对数据进行校验。

（4）数据库操作：测试过程中直接对数据库进行操作，例如，在测试之前写入测试

数据、测试中校验数据、测试之后清空脏数据等。

（5）定时发起自动化测试：系统记录每次测试执行的 API 请求历史，可以看到详细的测试时间、请求及返回信息等。

（6）自动生成测试报告：每次测试都可以生成详细的测试报告，包括 API 的请求时间、请求参数、返回结果、校验结果、错误原因等信息，方便对 API 缺陷进行排查。

（7）API 文档变更自动同步测试用例：当 API 文档发生变更时，自动同步到测试用例中，减少维护测试用例的时间成本。

7.3.4　数据驱动 API 测试

1. 数据驱动测试

随着数据在测试中发挥越来越重要的作用，数据驱动测试便成了整个自动化流程中不可或缺的一部分。数据驱动测试就是用多个测试数据对应一个测试脚本（或者说对应于一个关键字的实现），然后使用不同的测试数据反复运行脚本（即每行数据的处理逻辑是一样的）。数据驱动测试可以减少测试重复劳动，降低准入门槛，易于修改和维护，一般由测试开发负责开发数据驱动的 API 测试脚本，手工测试人员负责准备测试数据和执行测试。测试数据集编写如图 7-12 所示。

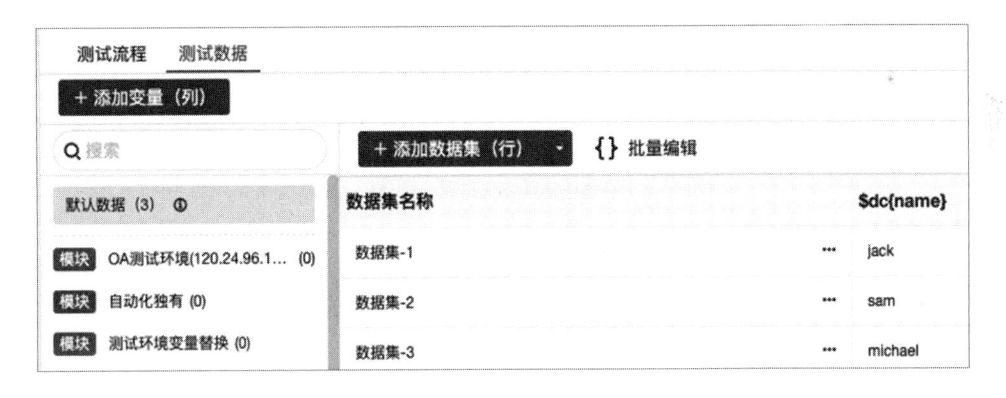

图 7-12　测试数据集编写

2. 定时任务

将测试用例加入定时任务，按照设定的时间节点跑批定时任务（见图 7-13），快速获取测试报告，并根据报告返回的内容快速定位解决问题。

3. 持续集成

将 API 测试集成到 DevOps 中，借助持续集成完成每个版本的 API 自动化测试，如图 7-14 所示。

图 7-13　定时任务跑批设置

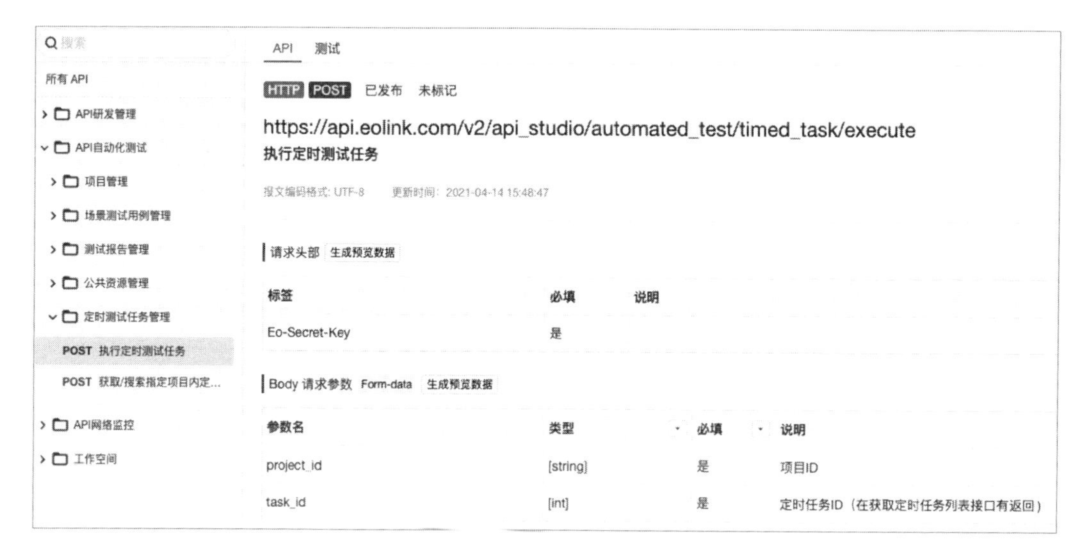

图 7-14　结合持续集成执行定时测试任务

7.4　API 运维：监控与网关

7.4.1　API 网络监控的价值

由于企业内部的 API 复杂且数量众多，一旦 API 运行出现异常，就会给企业内部研发、产品质量、应用对接、外部合作等带来极大的影响。

1．API 异常难以被发现

API 如果出现异常，并不会像网页异常或服务器异常一样明显，但是由于 API 管理所有的数据及服务，因此 API 异常一样会导致业务受损、用户体验下降等问题。

2. API 异常排查难

API 异常不仅可能与其本身有关，还可能与网络环境等外部因素相关。排查 API 异常首先要明确影响范围，其次是了解异常原因。但是在没有 API 监控的情况下是完全无法了解以上内容的，不能为项目的整体安全性和稳定性提供保障。

3. API 流程监控难

单一的 API 需要监控，涉及多个 API 的业务场景也需要进行监控。例如，单独测试用户登录 API 是正常的，但是将注册、登录、登录校验等一系列 API 组合之后，这个流程就不一定正常了。因此不仅需要对单一的 API 进行监控，还需要对重点的业务流程、场景进行监控，了解 API 关联参数之间的关系，方便及时进行正确排查。

4. API 异常统计难

每次 API 异常都需要手动记录异常原因及排查日志等信息，但是 API 异常的出现时间、错误次数、异常原因分析等信息却很难人工记录下来。

5. API 异常通知难

API 出现异常的时候无法马上通知相应的人员进行处理，如果是关键的 API 服务，比如支付、登录注册等 API 出现异常，会极大地影响业务的正常运行，带来不可预估的损失。

6. API 缺少数据分析，升级改造难

由于每个 API 的功能不一样，导致性能表现也不同。如果平时缺少对 API 进行的数据统计分析，就无法根据 API 请求的频次、地区等进行分析，并形成数据画像；也无法根据数据进行不同的请求策略，比如，减少高频次接口的负载，从而减少因服务器宕机而导致的 API 阻塞等。

通过 API 网络监控，对所有 API 进行异常监控、网络环境监控、异常原因分析、性能分析等。当 API 出现故障时及时通知相关负责人、随时查看 API 的运行情况、了解 API 的网络及性能表现、针对错误次数较多和响应缓慢的 API 及地区进行有针对性的升级改造。保障 API 的可用性及安全性，进而提高企业产品用户体验及竞争力。

例如，对项目内所有 API、流程场景进行监控，提示并统计当前异常的 API、流程场景，包括次数、原因等，统计并整理历史数据，输出趋势图，根据时间段、地区节点筛选报告，如图 7-15 所示。

通过项目监控可以直观地看到当前项目的正确率、失败情况统计，当项目出现异常时，能够及时了解异常 API 并排查问题。通过丰富的统计信息，如正确率、异常原因、

异常次数、响应速度、运行时间统计、正确率趋势、响应时间趋势等数据，方便运维团队及时了解、排查异常 API。通过实时监控单一 API 的运行情况，展现近期 API 在某个地区的正确率、正常运行时间、异常原因、响应性能等指标，帮助企业进一步优化产品用户体验和排查异常。

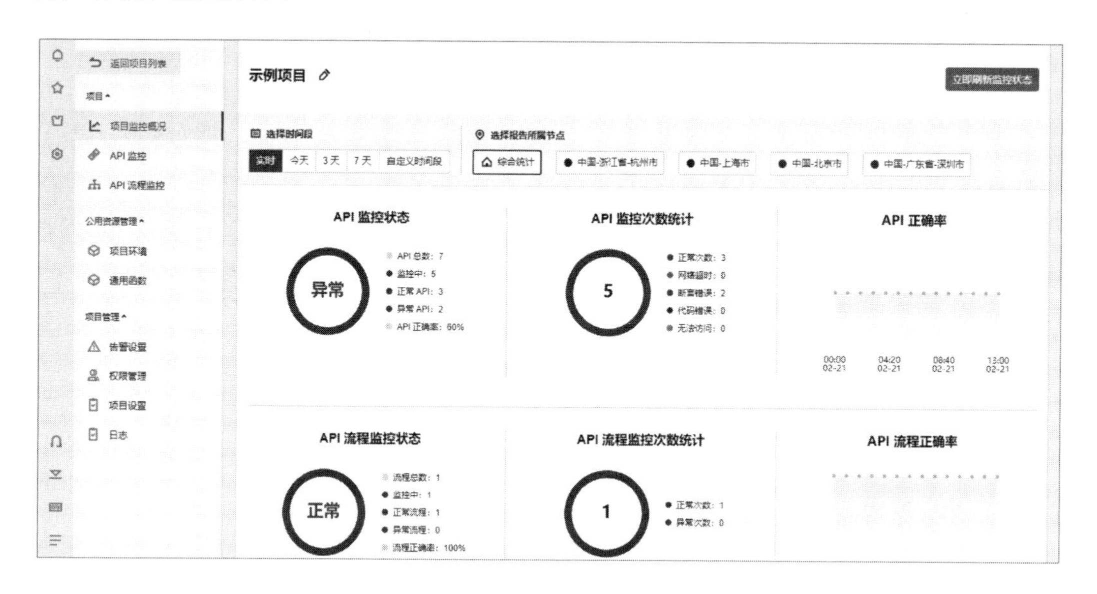

图 7-15　丰富的图表统计

7.4.2　API 网关的设计

API 网关是微服务架构和前后端分离架构中的重要组件，承担非常重要的数据输入/输出工作。API 网关的核心作用是对服务进行路由和数据转发，它是前后端交互及内外网交互的唯一数据进出口，也是整个分布式架构中对所有 API 服务进行统一管控的最佳控制点，因此适于进行服务鉴权、流量控制、服务降级、协议转换等操作。

网关的灵活性会决定整个分布式架构的灵活性，因此网关需要采用插件化的思路进行开发设计，通过可视化的配置插件对所有 API 服务进行控制。插件可以针对整个微应用，也可以针对某个细粒度的 API，避免出现因为某个 API 出现或异常就熔断整个微应用的情况。

网关节点运行应该不依赖其他组件，可以动态水平扩展， 配合 Docker 等容器技术应对突发大流量的情况，如图 7-16 所示。

不同语言、协议、返回数据类型的微服务统一将 API 发布到网关中，由网关将不同的协议及数据格式进行转换，对外输出为统一的 RESTful API，简化前端调用，如图 7-17 所示。

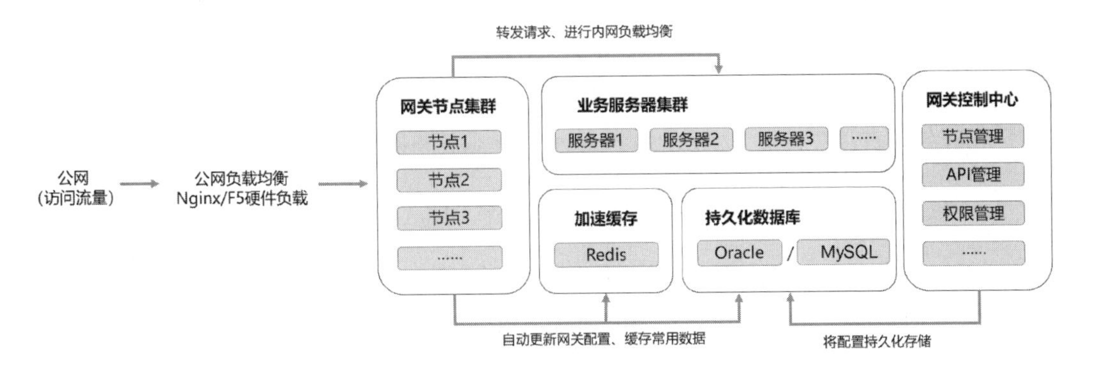

图 7-16　API 微服务网关系统架构图

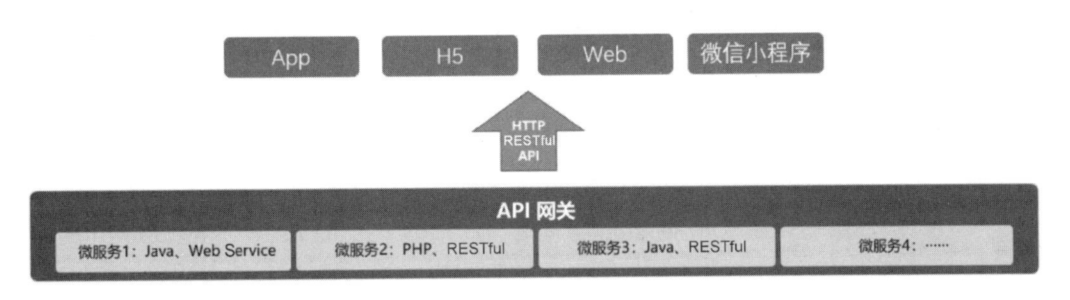

图 7-17　API 微服务网关统一协议和数据转换

7.4.3　API 网关的应用

API 网关将原有微服务中重复的功能提取出来，由网关统一对所有微服务进行权限校验、流量控制、熔断降级、数据缓存等，让微服务专注于自身业务，减少开发和运维成本，如图 7-18 所示。

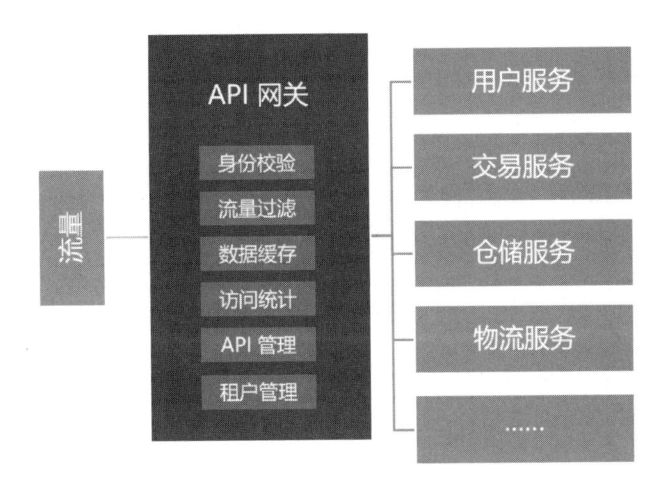

图 7-18　API 微服务网关作为能力复用的平台

1．企业开放 API 资源开发平台

企业自身应用与外部企业或合作伙伴由于访问 API 资源不同，可以由网关对不同的访问者进行访问权限控制，实现多租户管理，将企业的资源按需分配给需要的调用方。

2．第三方 API 的统一接入平台，整合内外部 API

可以将企业内部 API 及第三方 API 统一接入网关，由网关统一管理。当其他服务需要调用 API 时，统一由网关进行转发并监控 API 使用情况，如图 7-19 所示。

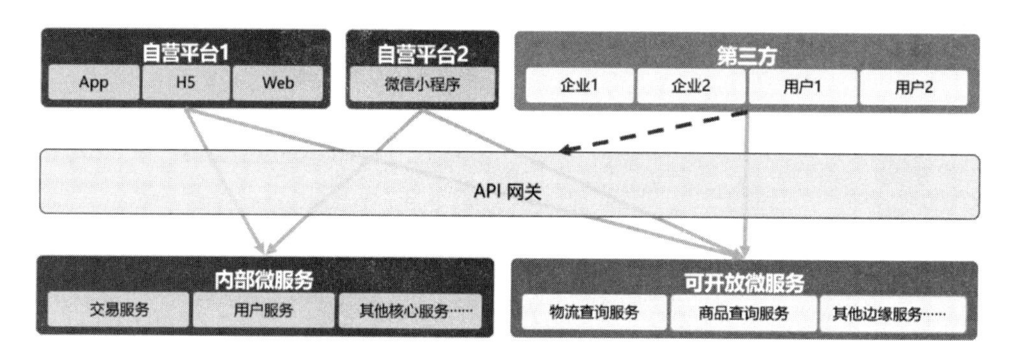

图 7-19　微服务网关内外部 API 整合

3．分布式集群、高可用容灾

API 网关支持分布式部署，具备高可用容灾架构，可应对突然流量大并发的访问情况，根据实际流量增加或删减节点，支持 Kubernetes、Docker 等容器部署方式。

4．路由

根据自定义 Header、Query 和 Location 进行路由，满足 Host、Cookie、IP 等头部路由条件，Location 支持全匹配、前缀匹配和正则匹配。

5．注册中心与负载检查

支持动静态注册服务，动态注册中心支持 Eureka、Consul、Nacos、Kubernetes 等。注册中心可以设置健康检查，转发时剔除异常后端。

6．API 访问控制

对 API 进行鉴权控制和流量控制，如 OAuth2 鉴权、JWT 鉴权等，可以对用户或 API 设置单位时间内的最大访问次数。

7．监控告警

针对全局或单一 API 设置告警规则和具体通知的人，对接企业内部告警系统支持邮

件和 WebHook 等告警方式。

8．插件化开发

所有 API 网关的过滤器采用插件化实现，用户可以自己开发插件，表 7-1 所示为 API 网关提供的常用用户开发插件。

表 7-1　API 网关提供的常用用户开发插件

插件名称	描　述
OAuth2 鉴权	网关自校验，属于动态 Token，由网关作为认证服务器来签发和校验 Token，不能通过认证的用户将无权访问接口
OAuth2 三方认证	属于动态 Token，网关转发 Token 到企业的认证服务器进行校验，校验通过后网关才会进行转发操作
JWT 鉴权	网关自校验，属于动态 Token，含签发者、生效时间和过期时间等信息
Apikey 鉴权	网关自校验，属于静态 Token
Basic 鉴权	网关自校验，属于静态 Token
IP 黑、白名单	IP 黑名单指除了黑名单的 IP 均可访问，IP 白名单指除了白名单的 IP 不能访问，网关通过 X-Real-IP 头判断客户端真实 IP
流量控制	设置用户单位时间内（每秒、每分钟、每小时、每天等）的最大访问次数，需要使用 Redis 数据库
防重放攻击	防重放插件通过 timestamp、nonce 参数及网关 Token 保证请求的唯一性
跨域问题	设置跨域的头部字段，实现跨域功能
默认返回	如果用户访问在网关上不存在的接口（链接错误），那么网关返回预设的内容。该插件的作用是在链接不存在的情况下，能够通过网关规定统一的返回信息给客户端
参数映射	实现表单或 json 参数的映射，访问 API 的参数 A 绑定到目标 API 的参数 B，映射位置包括 Header、Body、Query
额外参数	不需要用户传递某些参数，网关会在转发时自动带上这些参数，支持 Header、Body、Query 参数
API 流量控制	设置 API 单位时间内（每秒、每分钟、每小时、每天等）的最大访问次数，需要使用 Redis 数据库
熔断机制	根据状态码和错误次数判断 API 是否需要进行熔断，熔断后返回预设值
服务降级	根据状态码判断 API 是否需要进行服务降级，服务降级后返回预设值
请求大小限制	限定整个请求的大小，超过该限制则过滤请求
数据缓存	根据多个缓存条件缓存返回的数据，自定义缓存时长
格式转换	支持请求参数的 json 格式与 xml 格式互相转换

7.5　API 开放平台

7.5.1　API 能力开放

通过 API 全生命周期管理方法、技术和工具平台，可以帮助企业实现 API 设计、实现、测试、发布和监控的全流程管控，加快企业数字化转型，如图 7-20 所示。

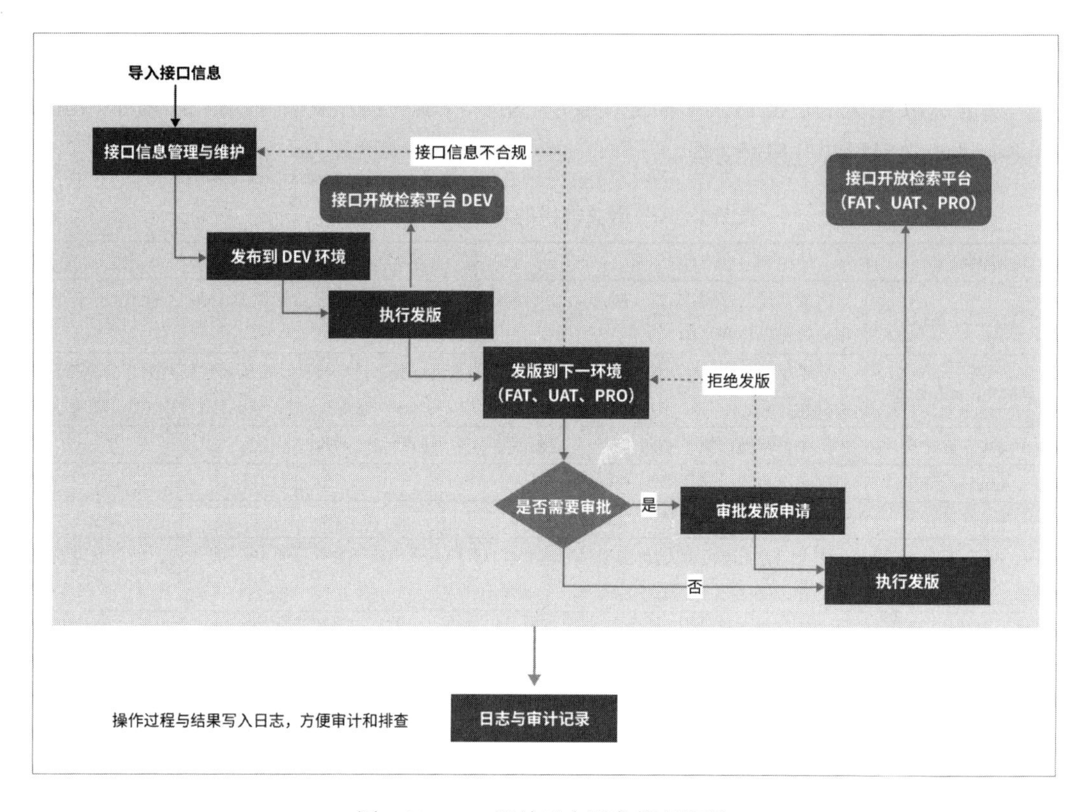

图 7-20　API 开放平台服务管理流程

API 开放平台则是在 API 全生命周期管理的基础上，将企业内部已有的数字资源进行梳理，并通过 API 暴露出来，方便企业内部各部门、团队直接使用现有的 API 服务来构造新业务，或者是对外提供统一的能力为企业服务。

API 开放平台统一管理、展示、托管企业提供的 API 服务，为 API 服务提供发布、申请、审核、下线、监控等管理能力。

服务的发布者（生产者）可以在开放平台上管理对外开放的 API 服务信息，设置 API 的转发规则、统一鉴权方式、安全防护与数据处理方式，并且能够了解服务的调用情况。

服务的订阅者（使用者）可以在开放平台上快速检索和申请使用 API 服务，申请需要经过服务的发布者审核后才能够正式开放调用。订阅者能够在开放平台上看到详细的 API 文档，以进行对接，并且可以直接在开放平台上进行 API 测试。

API 开放平台是帮助企业整合、开放数字资源与服务的关键，能够加速企业业务的建立及发展。

API 战略开放生态，让企业可以通过复用已有的能力来快速构建新业务与应用。

7.5.2 API 开放平台的应用

API 开放平台应用的典型场景如下。

1. 电商开放平台

海尔客服通过海尔的 CRM（Customer Relationship Management，客户关系管理系统）或 ERP（Enterprise Resource Planning，企业资源计划）处理一个在京东店铺或天猫店铺销售的家电的退货单子，但需要和京东店铺或天猫店铺的订单接口打通，这时候就使用到开放平台。京东店铺或天猫店铺提供的软件就满足不了这个需求，需要它们开放自己相关的电商接口给海尔，以和它们内部的 CRM 或 ERP 对接。海尔通过对接京东店铺或天猫店铺开放的接口来实现和内部系统的集成，通过集成外部稳定的接口来实现自己的需求。

2. 打车应用开放

中大型公司需要满足管理员工加班打车的需求，比如，员工每天工作满 10 个小时才能打车，每天打车的距离差距不能超过 5 千米，否则会有邮件提醒及部门领导审批。因为员工众多，如果让员工通过贴打车发票来走报销流程，那么在一个超过 1 万人的公司这是不可想象的工作量，会极大地增加人力成本。很多公司的解决方案是将滴滴出行的开放平台接入公司的 ERP，以管理员工的打车需求，这样打车管理和报销可以走自动化流程。通过平台去对接系统，不仅可以丰富自身的内部系统，还可以通过开放平台开放的接口减轻工作压力，提高工作效率。

3. AI（Artificial Intelligence，人工智能）能力开放

BAT、科大讯飞等很多 AI 技术领先的公司都有自己的 AI 开放平台，把自己在 AI 领域擅长的技术开放给第三方公司使用，如人脸识别、语音识别、图像识别、机器翻译等技术，让没有 AI 能力的第三方公司也可以很容易地开发出自己的 AI 应用场景。比如，一个做人脸识别打卡设备的公司有硬件制造优势，但没有人脸识别技术，它就可以通过接入有人脸识别技术优势的第三方公司来开发自己的产品。

4. 开放第三方登录

在个人计算机时代，登录不同的网站时，为了避免网站被攻击后导致数据泄露，用户可以将网站分类，不熟悉的网站使用密码 A，常用的网站使用密码 B，重要的网站使用密码 C，极其重要的几个网站单独使用密码等，但是记忆起来很费事。到了移动互联网时代，几大第三方平台几乎人手必备，特别是微信，简直可以将其当作移动互联网用户的身份证。产品接入了第三方登录后，用户跳转到第三方应用，直接在授权页面授权即可进入，免去了输入密码的环节，能提高登录的转化率。

第 8 章 云原生技术应用

8.1 功能架构

中移信息技术有限公司基于多年大规模生产环境业务运营运维过程中遇到的问题总结和梳理，结合新技术发展趋势，自主设计研发了磐基 PaaS 平台，提供操作简便的一键式服务自动化部署、统一配置管理、应用弹性扩缩容、微服务管控、DevOps 工具链、资源/服务/容器等多维度综合监控、安全管控等功能，并在此基础上持续发展 Serverless、AI、区块链等创新技术平台。

磐基 PaaS 平台基于微服务架构进行设计和开发，为管理员和租户提供统一的管理视图，为租户提供丰富的业务运营功能与运维能力。

磐基 PaaS 平台的主要功能模块如下。

- 统一运维门户：提供多维度监控手段和展示手段，对资源和服务进行综合监控；提供统一的服务管理门户；提供便捷的运维工具集。
- 微服务统一管控：提供全网微服务的配置管理、统一网关、策略管理、流量管控、灰度发布等功能，实现一点管理，全网互动，统一调配。
- 服务运行环境：提供常用基础技术服务，如数据库、中间件、消息队列、缓存、日志等服务；提供常用基础业务服务，包括鉴权类、查询类、订购类和金融类等服务。
- 资源管理与调度：包括对计算资源、网络资源、存储资源的统一管理，以及对 IaaS 平台的动态扩缩容管理。

- 标准流程规范：为租户向 PaaS 平台迁移提供指导手册和应用运营管理规范，包括安全管理规范、微服务开发规范、微服务运营管理规范、应用部署规范，PaaS 平台管理规范等。

8.2　核心能力

8.2.1　多租户管理

在多集群模式下，先为不同租户分配合适的资源，再由租户为其用户分配细化的资源分区，用于业务服务的部署，实现多租户隔离、多业务隔离、多环境隔离。在实现安全管控的前提下满足运营的灵活化管理。

租户管理：将与租户相关的配置统一集中管理，包括新租户的创建，对已经存在的租户的配置修改，以及对租户的删除，如图 8-1 所示。

图 8-1　租户管理

API 授权：给用户新增鉴权，对已经存在的鉴权进行修改及删除。

在线用户：查看当前系统有多少个用户是已登录的状态，显示在线用户总数、在线用户名称、源 IP 地址、在线时长。

证书管理：将设置证书、批量生成/更新所有用户证书、批量生成/更新当前用户证书集中展现，统一对证书进行管理，如图 8-2 所示。

RBAC（Role-Based Access Control，基于角色的权限访问控制）授权管理：对用户（User）或用户组（Group）针对每个 Kubernetes 集群中可以操作的资源进行 RBAC 授权。管理员可以直接管理每个 Kubernetes 集群中的所有 Role、RoleBinding、ClusterRole、

ClusterRoleBinding。为了便于为租户管理员进行分区批量授权，需要管理员在为租户分配完初始分区之后，先到“租户授权管理”标签页中对租户进行分区批量授权。管理员也可以到“用户授权管理”标签页中对用户或用户组进行批量的分区授权管理操作。通过这两个标签页对租户和用户的 RBAC 授权结果，都可以在 Role、RoleBinding、ClusterRole 中查询到设置的具体 RBAC 规则，如图 8-3 所示。

图 8-2　证书管理

图 8-3　RBAC 授权管理

8.2.2　资源调度管理

多集群资源管理：包括计算资源、网络资源、存储资源，将物理资源映射为逻辑资源，实现对租户集群资源的统一管理。屏蔽底层资源池管理单位不同、地域不同、设备和网络模式不同的差异，对上层应用提供统一的管理、部署、监控和高可用功能。而且，提供资源的统一编排、动态调度和按需弹性扩展。

端口管理：分为主机端口和服务端口，选择要查看的视角进行查看，也可以根据“租户”、“集群”和“分区”进行选择，如图 8-4 所示。

服务	资源分区	服务IP	端口	端口
admin-controller-588f7f97cf-xxmqb	admin-gw	10.248.15.126	1130	HostPort
admin-gateway-vrx7l	admin-gw	10.248.15.122	1131	HostNetWork
admin-gateway-vrx7l	admin-gw	10.248.15.122	1132	HostNetWork
admin-gateway-wfg6x	admin-gw	10.248.15.123	1131	HostNetWork
admin-gateway-wfg6x	admin-gw	10.248.15.123	1132	HostNetWork

图 8-4　端口管理

分区管理：对分区的增、删、改、查，分区名字即为 namespace，将集群上的 Node 分配到某个组，这个组就相当于一个分区。

主机管理：对主机的增、删、改、查等各个功能的实现。

资源导入：包括资源导入、IngressController 导入、Ingress 导入，主要导入 Service、Deployment、ReplicationController、StatefulSet、DaemonSet、Job、CronJob、Secret、Configmap、HorizontalPodAutoscaler 十种资源，如图 8-5 所示。

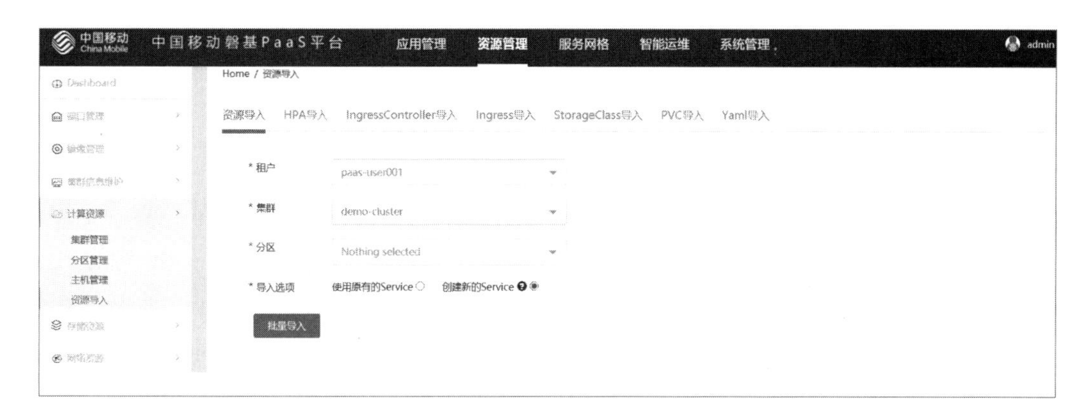

图 8-5　资源导入

网络配置：添加网络，发布网络，删除网络，查看网络，如图 8-6 所示。

图 8-6　网络配置

8.2.3　多集群管理

一键创建 Kubernetes 集群，实现对跨地域、跨资源池、跨系统多个集群的统一管理和调度；支持将应用服务发布到多个集群，以及对同一应用在不同集群下进行管理，实现应用的高可用功能；主要实现集群纳管，对未存在的集群进行创建，对已存在的集群进行查看/更新、删除等操作，如图 8-7 所示。

图 8-7　集群管理

8.2.4　镜像管理

通过提供海量统一镜像仓库实现所有集群应用镜像的全生命周期管理，支持镜像的全量同步和增量同步，通过应用统一部署管理实现所有集群应用的统一部署和应用版本升级；支持镜像托管、镜像安全扫描、镜像加速等功能，保障资产的存储及内容安全。

镜像仓库分为公共镜像仓库和普通镜像仓库两种。公共镜像仓库即总库，一个 Ku8 Manager 有且只有一个，可以上传镜像到公共镜像仓库；普通镜像仓库即纳管的其他集群的私有库，可以有多个普通镜像仓库，普通镜像仓库可以从公共镜像仓库上复制同步镜像。Ku8 Manager 管理多个集群时，考虑到不同集群所处的地理位置、网络等因素，每个集群都有自己的普通镜像，先将镜像推送到公共镜像仓库中，再从公共镜像仓库中将镜像同步到对应的普通镜像仓库中，部署的时候集群使用自己对应镜像仓库中的镜像，如图 8-8 所示。

图 8-8　镜像仓库

8.2.5　服务管理

服务管理主要包括对多租户安全集中管控、应用部署、应用配置统一管理、基础应用市场等功能。

PaaS 平台提供统一的服务配置管理中心，将应用需要使用的所有配置文件上传到服务配置中心，服务配置中心对所有配置文件进行统一的存储、变更、版本维护管理等操作。在进行应用部署时，运维人员就可以通过将应用配置与应用进行关联来完成部署工作，如图 8-9 和图 8-10 所示。

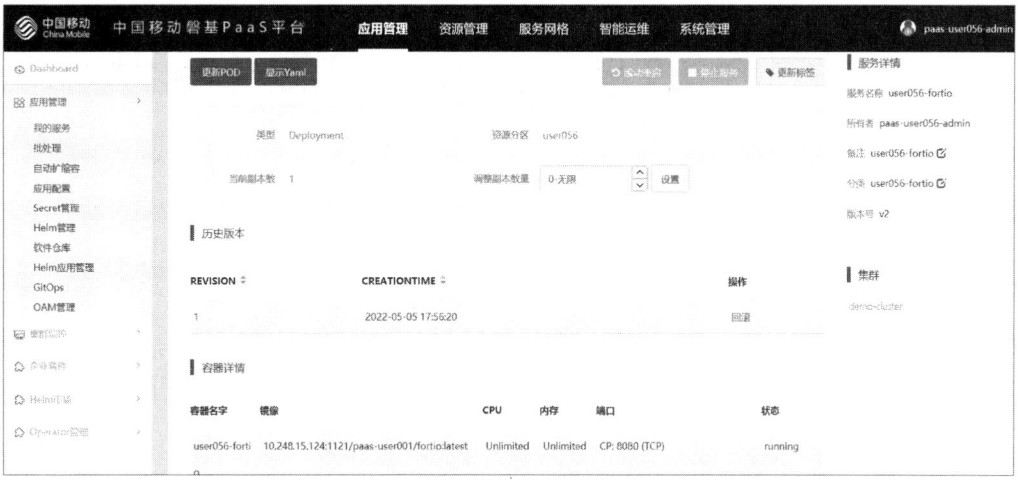

图 8-9　应用

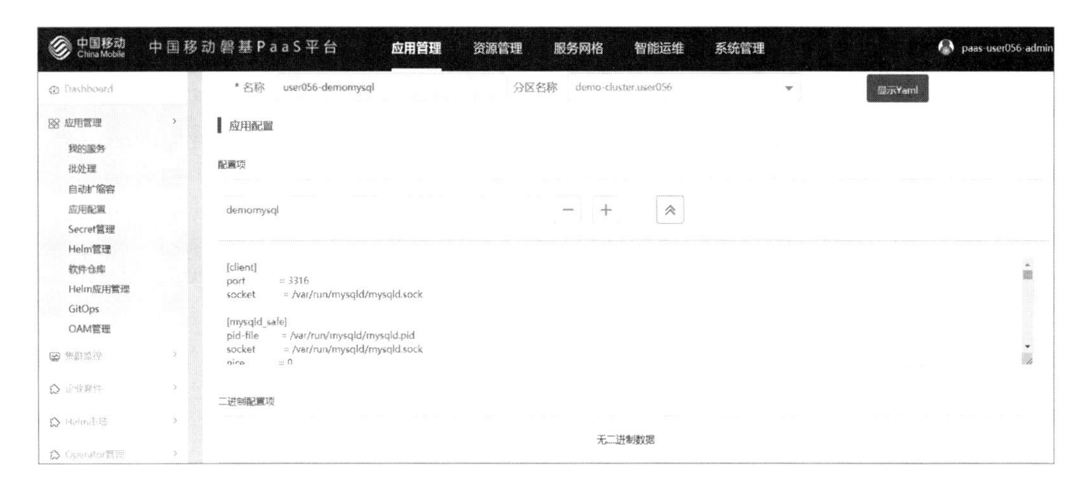

图 8-10　应用配置

8.2.6　微服务架构管理

微服务架构管理的总体思路是以 PaaS 平台为基础支撑，采用容器化技术进行微服务的封装、部署、管控。为不同类型的微服务提供差异化的管理策略，并通过能力平台进行服务设计、编排、授权、配置，以实现复杂应用场景的敏捷交付、独立快速部署、高可用、弹性扩展。

平台基于 Service Mesh 构建微服务的管控能力。每个租户可以在多个集群构建自己的管控中心（Control Plane），支持通过微服务网关和 Sidecar 模式对微服务之间的网络通信进行管理和控制。平台提供应用微服务的注册和发现，租户可以通过自定义策略实现集群内部服务的跨集群路由、网关、熔断、容错、跨集群容灾、灰度发布等，如图 8-11 所示。

图 8-11　服务管理

- 服务的定义与设计：进行服务 API 的设计，完成服务 API 开发测试后，将服务注册并发布到服务目录。
- 服务的测试：服务在测试环境持续集成和测试，包括测试用例设计、测试数据准确性，以及借助测试工具进行集成测试等。
- 服务的配置与部署：包括服务的注册和发现、服务配置、镜像包管理、服务部署等，并提供服务流程编排的能力。
- 服务的管控：实现服务的路由控制、负载均衡、黑/白名单、流量控制、断路器和基于 SLA 的质量管控等。
- 服务的安全控制：通过服务调度来调用 API 服务，并进行接入服务的安全控制和接入策略控制。
- 服务的运行与监控：提供服务日志监控、调用链、APM（Application Performance Management，应用性能管理）监控、异常告警等功能。

8.2.7　一体化开发交付管理

一体化开发交付管理平台支持的功能主要有敏捷开发管理、统一代码仓库托管/统一依赖仓库/制品仓库/镜像仓库、研发质量规范管理、云原生 CI/CD 流水线等，如图 8-12 所示。

图 8-12　一体化开发交付管理

1. CI/CD 流水线

通过构建 CI/CD 体系，实现软件生命周期的需求、设计、编码、测试、部署、发布等环节的自动化，提升业务需求交付效率，支持发布版本与敏捷研发需求、测试、迭代关联，版本号统一管理，如图 8-13 所示。

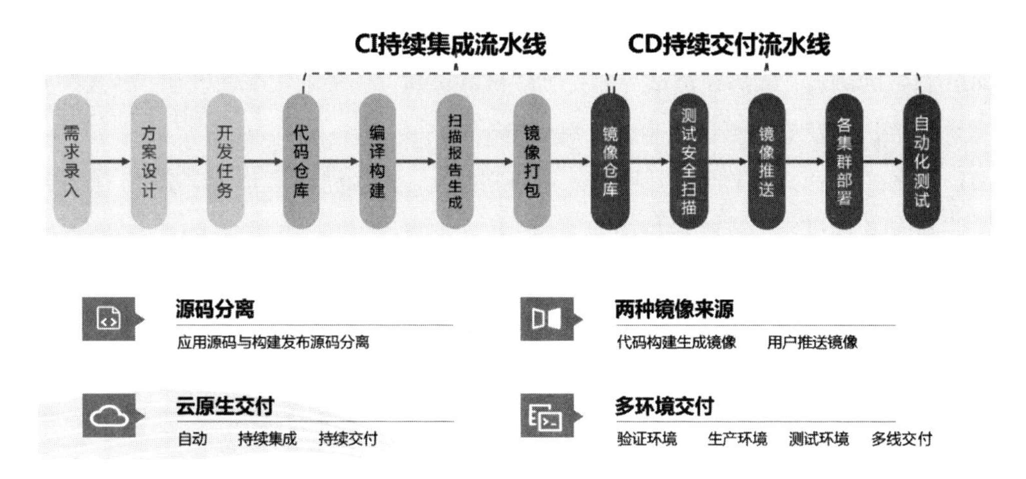

图 8-13　CI/CD 流水线

2. 敏捷研发

基于敏捷方法论，对开发过程和流程的标准化进行统一管理。

- 研发任务管理、缺陷管理，快速识别研发状态是否正常，有无逾期；提供研发工作量跟踪记录；研发任务与代码关联，方便后续发版追溯。
- 建立关键流程体系，实现对需求管理、敏捷开发、测试管理、发布管理及全生命周期变更管理流程的有效衔接。
- 提供敏捷团队合作日常功能，包括我的工作台、重点跟踪的需求一键关注、多人评论等。
- 打通需求、代码和部署发布，实现需求与代码发布的可追溯性。

3. 代码统一托管

平台提供统一代码仓库，实现核心代码掌控，确保技术资产沉淀。平台确保代码存放安全、运行安全，打造高可靠的云端代码托管服务。

- 平台支持在创建项目内按需创建多个仓库，多人共同协作、共同开发，支持使用模板进行初始化。
- 在页面中使用代码仓库管理、分支管理、代码提交、推送、比较、合并、操作日志跟踪等功能。
- 提供一致的云 IDE 开发环境，支持线上代码构建、运行及调试能力；开发人员本地直连云端代码，快速拉取、提交代码。

4. 代码扫描

代码扫描是对用户提交的代码进行质量和安全性能的扫描，协助用户分析代码中存在的缺陷，帮助用户更好地提高研发效率。平台提供代码行数、平均代码缺陷密度、扫描用时、代码质量风险统计趋势图和代码安全风险统计趋势图等数据展示和报告下载功能。对于代码安全信息部分，后续也将报告中展示的安全缺陷排名靠前的一些数据信息、SQL 注入检测信息展示到页面，形成代码质量安全门禁，单击可以显示详细信息供用户参考。

5．托管依赖仓库

在镜像构建过程中，无论是在个人电脑、测试环境中，还是在生产环境中，都会面临依赖共享与拉取的问题。如果几个环境使用的依赖不一致，那么可能导致功能逻辑上的问题，一般这种问题较难定位，维护几个环境的依赖保持一致也非常耗费精力。为了解决这个问题，平台提供了面向各个环境的统一依赖仓库。

- 提供公共的依赖仓库，缓存了 Maven、Gradle、Npm、Go、PyPI、Docker 等多种互联网公共依赖，保证研发、测试、生产环境的依赖一致。
- 提供各种类型语言的私有库，项目组创建后，可以在项目内部共享，符合主流开发方式。
- 在依赖仓库层面进行安全扫描，当出现漏洞等风险时，能够知晓风险影响范围，平台会以接口、告警、提醒等多种方式告知业务方，并告知可能的解决办法。统一制品仓库作为测试及生产部署的唯一可信制品来源，一点管控，可信分发。

6．镜像推送及同步

镜像仓库作为核心组件之一，负责镜像内容的存储和分发，在一个项目内可以创建多个集群环境、开通网络策略，解决研发在基础环境中浪费大量精力的问题，如图 8-14 所示。

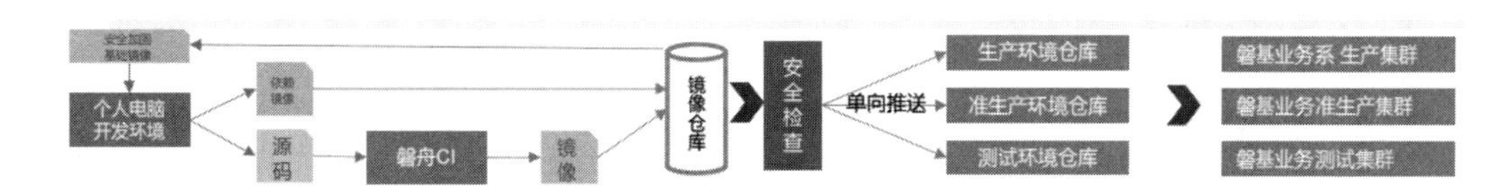

图 8-14　镜像推送及同步

- 自服务直接推送镜像：支持用户从个人电脑，通过 4A、OA 将镜像直接推送到平台，平台界面可以管理所有镜像。
- 提交源码平台构建镜像：由平台使用源码内的 Dockerfile 构建镜像，保持研发、运行行为一致。
- 通过上述两种方式生成的镜像，由平台经过安全扫描后，被按需单向推送到生产、准生产集群及测试域的开发环境中。

- 安全加固镜像、合规基础镜像共享：各业务系统使用合规镜像进行打包，提速生产上线漏洞检测、修复时间。

7. 双平面调度

平台提供统一的国产化 ARM 测试验证环境，平台级适配，一类应用一次调优，全网适用。一份应用代码同时上线双平面，混合调度，用户访问无感知，如图 8-15 所示。

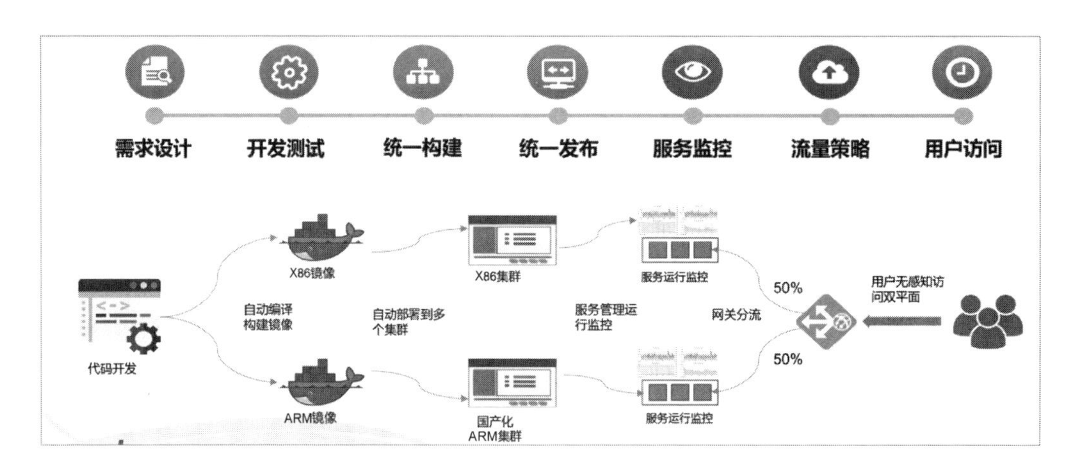

图 8-15 双平面调度

8.2.8 智能运维

1. 监控告警

监控告警实现硬件、分布式存储、集群服务到虚拟资源的全面监控和告警服务，并为用户提供完备的日志管理与告警自动化处理能力，实现云服务故障自愈。监控告警支持自定义业务指标、告警策略、监控周期等，监控结果支持多图形化展示，主要核心优势如下。

- 监控种类丰富：支持硬件类指标（磁盘 IO、CPU、内存等）和分布式存储、集群服务、技术组件指标的准实时监控；实时监控 10 个分类、1363 项监控条目，监控对象和监控指标如表 8-1 所示。
- 告警灵活可靠：按照告警级别不同，采用短信、微信、电话三种手段对租户进行故障通知，告警对象和通知手段可以由租户灵活定义；支持 6 个分类、92 项告警条目模板，可以由租户自行配置告警阈值、触发条件等选项。
- 可视化监控平台：多资源池、多集群一站式监控，提供可视化的监控平台；定制化仪表盘，满足租户个性化需求；监控指标支持深度历史追溯，复盘能力强。

表 8-1　监控对象和监控指标

监控对象	监控指标
DDS	使用 session（会话）数、session 池使用率、分配的连接数、异常程序数据库文件连接数、空闲连接数、连接池使用率；关键数据库脚本显示执行次数、执行成功率、平均响应时长
Kafka	入队消息数、出队消息数、积压消息数
ZK	统计周期内的收包数、发包数、平均延时、当前连接数、当前 watcher 数、znode 数、临时节点数
Redis	统计周期内的命令数、key 访问数、key 命中成功率
CPU、内存、磁盘 IO	CPU 使用率、内存使用率、磁盘 IO 值等

2．智能运维管理平台

智能运维管理平台引入人工智能/机器学习技术，实现异常检测、趋势预测、日志分析三项智能分析能力，优化运维预警能力和支撑效率。智能运维管理平台有效提升生产运维风险防范，做到故障预测预警，提前化解风险。主要创新点如下：

- 大规模、细粒度数据下的指标预测、异常检测算法。
- 异常点识别算法：基于分数的分级异常点识别。
- 断层点分析算法：针对箱型变化数据，自动识别断层点。

8.2.9　组件服务

平台提供集部署、使用、运维于一体的完整生产级云原生组件服务，如图 8-16 所示。

图 8-16　云原生组件服务

基础组件应用市场提供各种基础技术服务，满足租户应用的快速部署需求，并且达到电信级业务的高可用要求。

提供的基础服务包括：

- 数据库类基础服务（如 MySQL、PostgreSQL、MongoDB 等）：实现初始化脚本挂载、数据服务高可用和数据备份高可用等功能，如图 8-17 所示。

- 缓存类基础服务（如 Redis、Memcached 等）：实现初始化脚本挂载，保证 Master 应用服务高可用，并能够根据容量需求实现快速水平扩展。
- 消息中间件类基础服务（如 Kafka、RabbitMQ、ActiveMQ、RocketMQ 等）。
- 统一日志采集和查询类基础服务（如 ElasticSearch 等）：集成采集系统日志和应用日志，进行日志的统一存储和分析，并支持高可用。
- 大数据分析类基础服务（如 Spark 等）：实现海量数据的查询和分析。

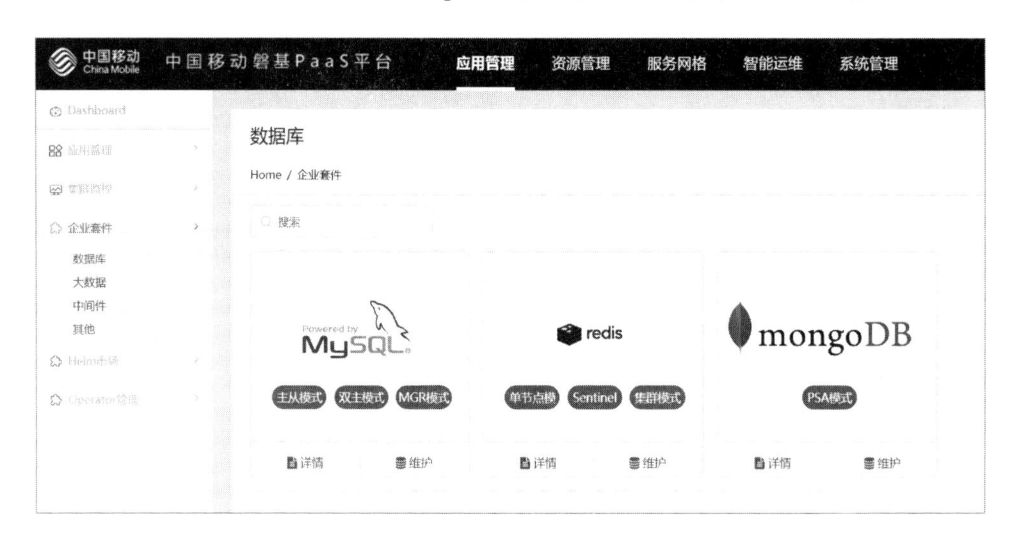

图 8-17　数据库服务

8.2.10　安全管理

安全管理提供 6 类 53 项服务，包括容器、基础环境、软件供应链、接口等安全能力，保障资产的存储及内容安全，如图 8-18 所示。

图 8-18　安全管理

8.2.11　混沌能力

磐基 PaaS 平台混沌能力借助故障注入对基础设施层、平台层和应用层进行混沌演练，依托平台的安全能力和自身的权限控制，做到在进行混沌实验的同时保障集群的安全可靠。通过对系统一场场的演练不断对混沌能力进行提升和完善，持续迭代，如图 8-19 所示。

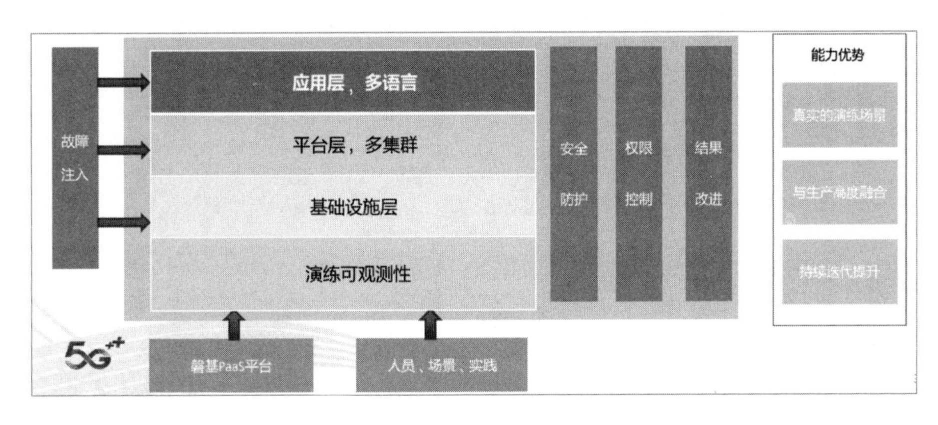

图 8-19　混沌能力

8.3　应用场景

1. 多活异地容灾

平台提供独占、混合、共享多种灵活部署方式，实现部署在不同数据中心的应用服务无感知快速切换，实现应用在云端或跨云端容灾双活，保障系统高可用，如图 8-20 所示。

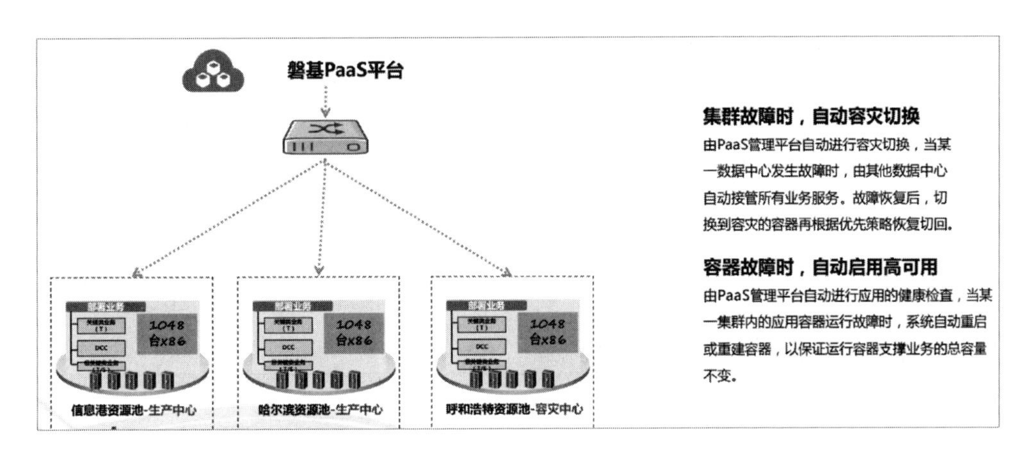

图 8-20　多活异地容灾

2．弹性扩缩容

大多数的动态高峰型业务对系统的弹性伸缩能力要求较高，需要实现资源的动态弹性扩展能力，平台可以根据配置的动态弹性扩展策略来实现服务的弹性扩展，如图 8-21 所示。

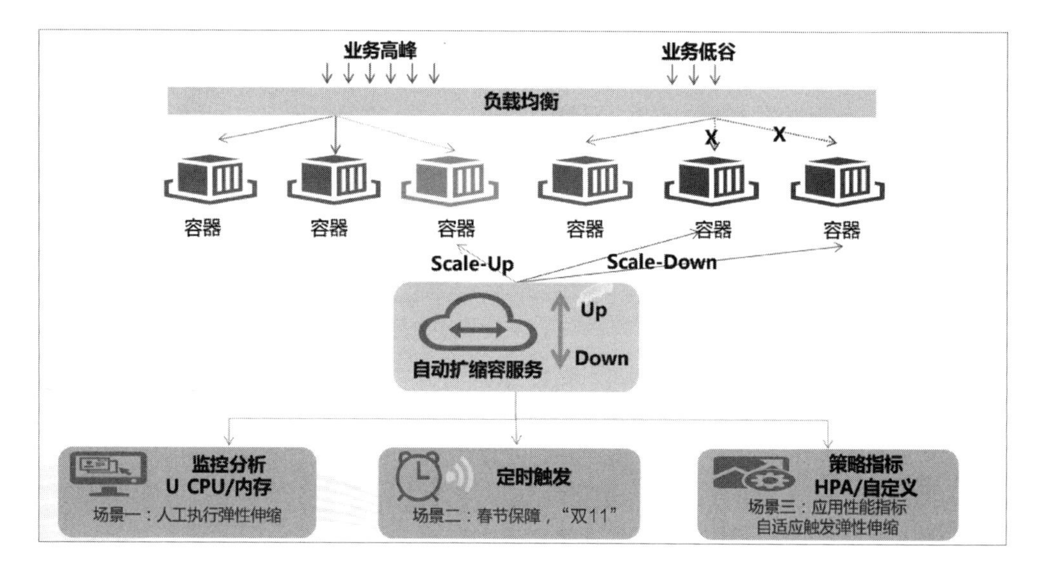

图 8-21　弹性扩缩容

3．灰度发布

平台提供灰度发布场景，采用流程驱动的方式实现业务的不中断在线升级、用户无感知的发布，如图 8-22 所示。

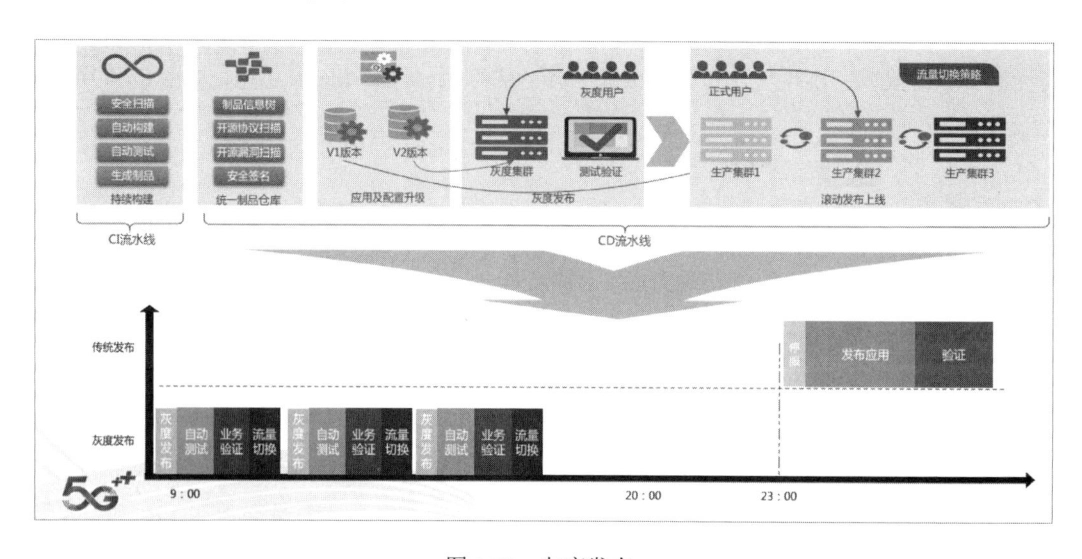

图 8-22　灰度发布

4．混沌演练

结合自身和租户的演练需求，平台混沌能力调用开源的 ChaosBlade 开源底层代码，加上自研的故障注入引擎，最终打造成平台自有的混沌能力，PaaS 演练场景基本全覆盖。我们已在 CMIOT、BBOSS、RPA、转售、EBOSS、区块链等多项目进行演练，协助各系统发现问题，提升健壮性，如图 8-23 所示。

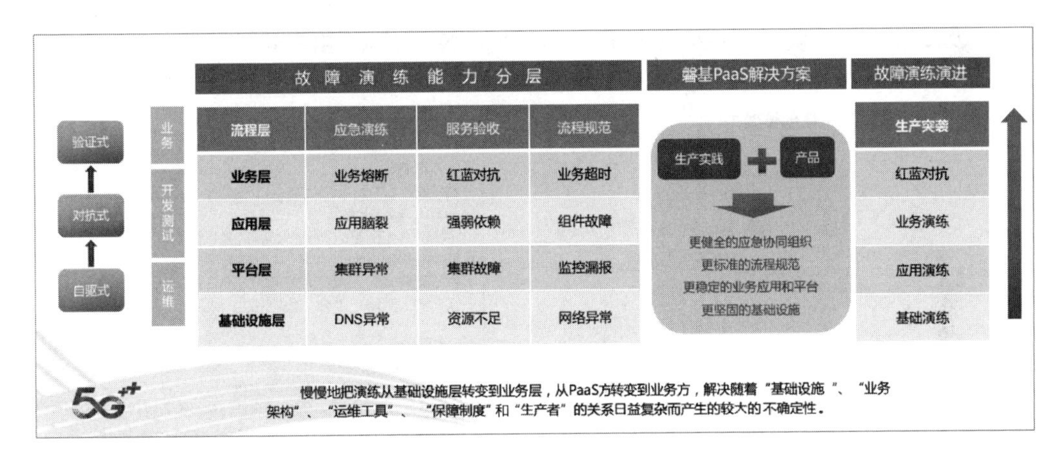

图 8-23　混沌演练

8.4　应用案例

1．中国移动网状网业务支撑系统

中国移动一级业务支撑系统作为中国移动的管理中心和全网业务的核心系统，有内容计费、网状网、BBOSS、统一电渠、一级营销、一级客服等系统，涵盖交易、计费、服务等各种移动核心业务模式，系统功能各异、复杂度高。

中国移动网状网业务支撑系统采用全国分布式部署、集中管控模式，支持多协议和业务类型，具备复杂业务结算能力。系统承载的交易量巨大，而且每年都有 30%～50% 的增长，系统规模也越来越大。全国有 200 多台小机和 1200 多台 X86 服务器组成巨大的计算集群，迫切需要实现系统弹性扩展和应用灵活部署，支撑业务快速上线。

基于磐基 PaaS 平台，中国移动网状网业务支撑系统目前实现了：

- 支撑业务：290 多个业务平台，700 多个业务。
- 联机业务交易量：207 亿笔/月；峰值交易量：75 万笔/分钟。
- 文件业务交易量：下载文件 3000 万个/月，上传文件 2500 万个/月。
- 电信级 DCC（Dial Control Center，拨号控制中心）业务：实时鉴权交易量约 40

亿笔/月（目前 8 个试点省份）。

- ❑ 月结算金额：约 60 亿元。

2. 一级电渠

一级电渠系统为公众提供互联网服务，依托磐基 PaaS 平台实现系统高可用和高弹性架构，目前统一认证系统已全部完成迁移，月初高峰期 1.7 亿次/日，商城服务、商城销售、一级搜索部分模块已完成入云迁移。一级电渠应用成效如图 8-24 所示。

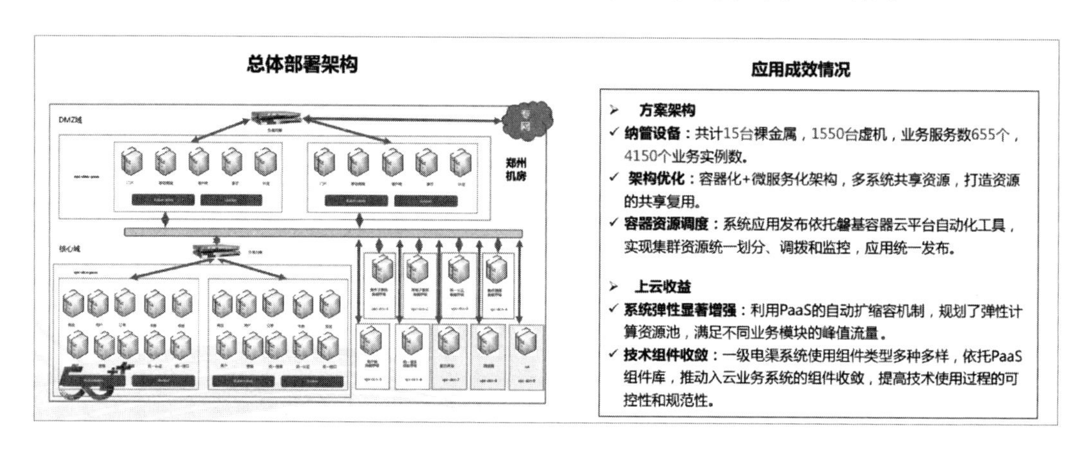

图 8-24　一级电渠应用成效

3. 山东移动融网格 App

山东移动融网格 App 是支撑中国移动全网营销作战地图和营销任务管理的重要工具，截至 2022 年 5 月底，全省累计使用系统开展有效义诊 2.4 万场，发送预热短信 552 万条，发展号卡、线盒、点播年包等业务 6.9 万笔。

磐基 PaaS 平台支撑山东移动融网格 App 项目应用落地，共计 28 个节点，使用磐基 PaaS 集群管理、容器调度、镜像管理等能力。山东移动融网格 App 应用成效如图 8-25 所示。

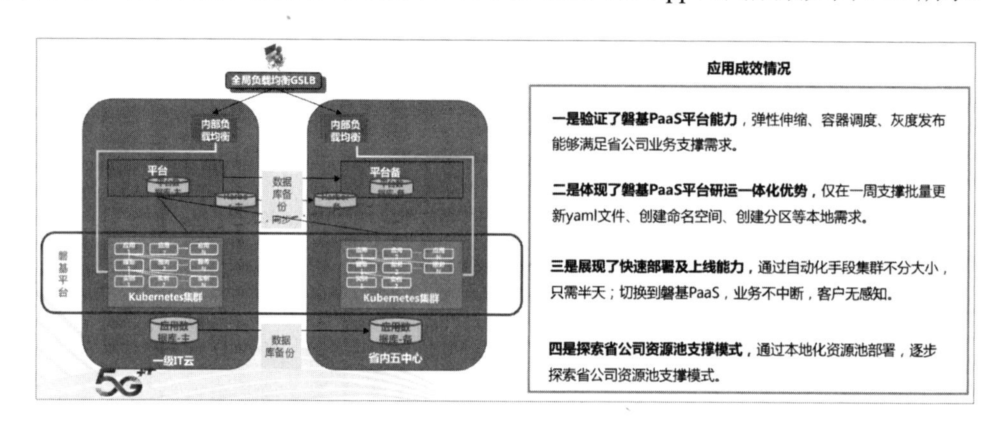

图 8-25　山东移动融网格 App 应用成效

第四部分

案例篇

第 9 章

持续集成实践案例

9.1 项目背景

深圳市某局在多年的 IT 系统建设过程中，积累了上百套大大小小的软件系统，经常维护、修改和新增业务需求的系统大概有 20 套，目前在开发阶段碰到的主要问题有以下几种。

（1）代码分散管理，管理模式不统一，出现线上故障后无法快速定位版本及对应的源代码问题。

（2）开发过程中的质量不透明，代码编写不够规范，代码复杂度缺乏控制，往往到上线交付前才发现大量功能不完善等问题。

（3）软件系统部署过程依赖人工执行，烦琐、易出错、无法回滚。

为了解决上述问题，需要引入业界成熟的持续集成最佳实践，帮助某局开发团队提高代码管理、版本质量管理、部署管理等方面的能力。

9.2 解决方案

9.2.1 持续集成简介

持续集成是一种软件开发实践，即团队开发成员经常集成它们的工作，每个成员每天至少集成一次，也就意味着每天可能会发生多次集成。每次集成都通过自动化构建（包括编译、发布、自动化测试）来验证，从而尽早地发现集成错误。

持续集成体系建设目标如图 9-1 所示。

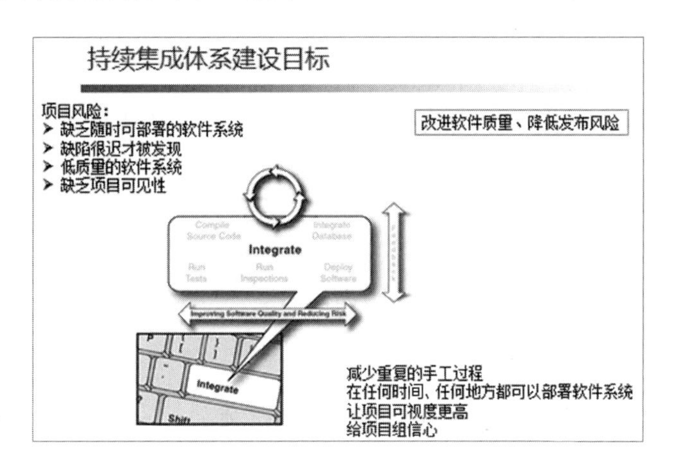

图 9-1　持续集成体系建设目标

1．减少风险

在一天中进行多次集成并做相应的测试，有利于检查缺陷，了解软件的健康状况，减少假定。

2．减少重复的手工过程

减少重复的手工过程可以减少时间、费用和工作量，但说起来简单做起来难。这些浪费时间的重复劳动可能在项目活动的任何一个环节发生，包括代码编译、数据库集成、测试、审查、部署及反馈。通过自动化的持续集成可以将这些重复的劳动都变成自动化的，无须太多人工干预，让人员把更多的时间投入到更有价值的事情上。

3．在任何时间、任何地点都可以生成可部署软件系统

持续集成可以让用户在任何时间发布可以部署的软件。从外界来看，这是持续集成最明显的好处。关于改进软件品质和减少风险我们说起来会滔滔不绝，但对于用户来说，可以部署的软件产品是最实际的资产。利用持续集成，用户可以经常对源代码进行一些小改动，并将这些改动和其他代码进行集成。如果出现问题，项目成员马上就会被通知到，问题会第一时间被修复。在不采用持续集成的情况下，这些问题有可能到交付前的集成测试的时候才被发现，有可能导致产品延迟发布。而且在急于修复这些缺陷的时候又可能引入新缺陷，最终可能导致项目失败。

4．让项目可视度更高

持续集成让我们能够注意到趋势并进行有效决策。如果没有真实或最新的数据提供

支持，项目就会遇到麻烦，每个人都会提出他最好的猜测。通常，项目成员通过手工收集这些信息，既增加了负担，又很耗时。持续集成可以带来以下两种积极效果。

（1）有效决策：持续集成系统及时为项目构建状态和品质指标提供了信息，有些持续集成系统可以报告功能完成度和缺陷率。

（2）注意到趋势：由于经常集成，我们可以看到一些趋势，如构建成功或失败、总体品质及其他项目信息。

5. 给项目组信心

持续集成可以建立项目组的信心，因为他们清楚每次构建的结果，知道对软件的改动造成了哪些影响及结果怎样。

9.2.2 应用持续集成解决某局的开发项目问题

1. 代码统一集中管理

（1）开发人员通过开发 PC 终端或开发工具 IDE 签入源代码到 SVN 源代码管理服务器，从 SVN 签出源代码到本地开发环境。

（2）各项目源代码按照规范进行代码分支管理，项目代码的依赖包由依赖包管理服务器 Nexus 集中管理。

（3）项目经理进行源代码的权限管控、分支管理、代码签入/签出行为规范检查、依赖包存取规范管理、代码基线变更记录和审计报告。

2. 代码质量管理

（1）项目经理与开发项目组成员一起针对各项目定义代码扫描规则及代码质量标准。

（2）通过代码签入时同步触发、代码上传触发、从 SVN 定时获取代码并触发等多种方式驱动代码质量检测平台 Sonar 进行代码自动化分析。

（3）获取到源代码后，整合驱动各类开源或商业工具（支持 Java、C#等编程语言）进行代码质量分析。

（4）反馈和展示各项目组代码质量的关键指标，例如，代码编程规范吻合度、代码缺陷率、代码复杂度、代码冗余度，以及代码统计分析功能（如代码行、文件数、注释量等）。

3. 代码版本自动部署

（1）开发人员签入代码，按版本打标签，由 Jenkins 执行代码签出（按版本标签）、编译构建和打包过程，建立版本源代码与版本构建出来的二进制包之间的关联关系。

（2）由 Jenkins 构建版本并调用部署脚本自动部署到各类测试环境，包括功能测试环境、性能测试环境等，建立构建版本与部署环境之间的关联关系。

（3）经过测试并满足要求的版本将被部署到生产环境，由 Jenkins 重用测试环境的自动化部署脚本实施生产环境部署，建立测试版本与生产部署版本之间的关联关系。

9.2.3　持续集成基础技术框架

按照目前比较流行的、业界成熟的做法，采用 Jenkins+Sonar 作为持续集成的基础技术框架。

1．技术框架概览

持续集成的整体框架包括五个核心环节：编译、代码检查、测试、部署、反馈。在持续集成框架下可以整合各类开源、商业工具，并将其应用到这五个核心环节中。例如，整合 Sonar 对代码质量进行管理，整合 Selenium 进行自动化验收测试，整合自动化部署脚本进行自动发布管理等，如图 9-2 所示。

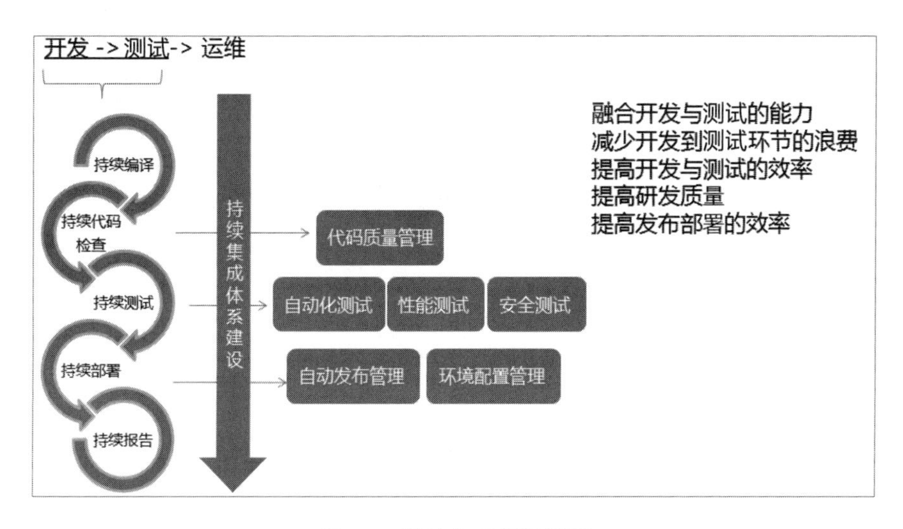

图 9-2　持续集成框架概览

根据某局开发项目的特点，建议分阶段实施持续集成框架，先制定基本构建流程，加强代码质量和版本管控，增强自动化部署能力。具体应用场景如下。

1）代码集中管理，统一编译构建打包

代码被修改后，需要先本地编译通过，然后提交到 SVN 时会自动通过 Jenkins 引擎进行编译构建操作，如图 9-3 所示。

2）代码质量自动检查分析

代码质量自动检查分析一般分为开发自查、Sonar 工具检查、CheckMarx 工具检查三种情况，如图 9-4 所示。

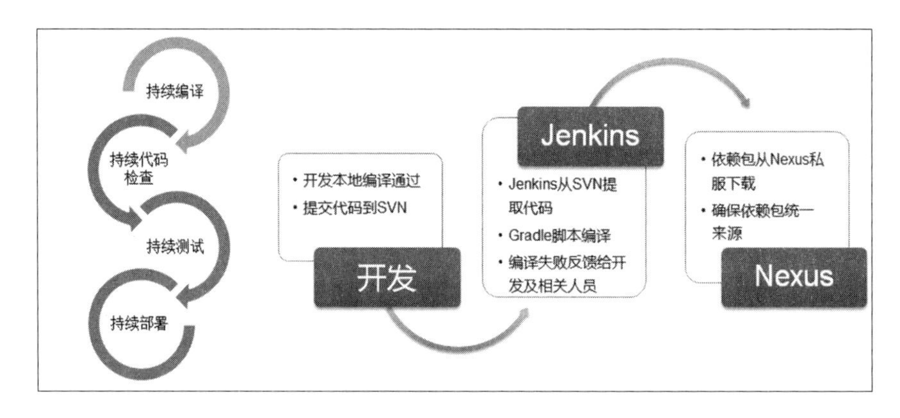

图 9-3　统一编译构建打包

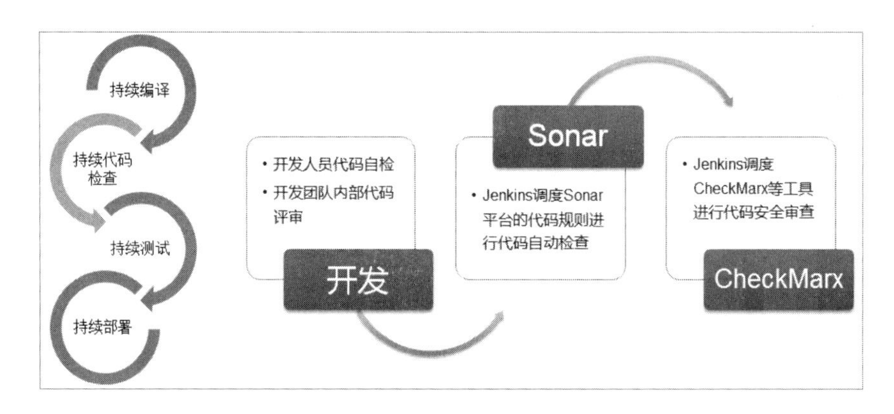

图 9-4　代码质量自动检查分析

3）代码版本自动部署

代码在持续集成之后，会通过 Jenkins 引擎自动将代码和配置信息等部署到开发环境、测试环境、准发布环境中，如图 9-5 所示。

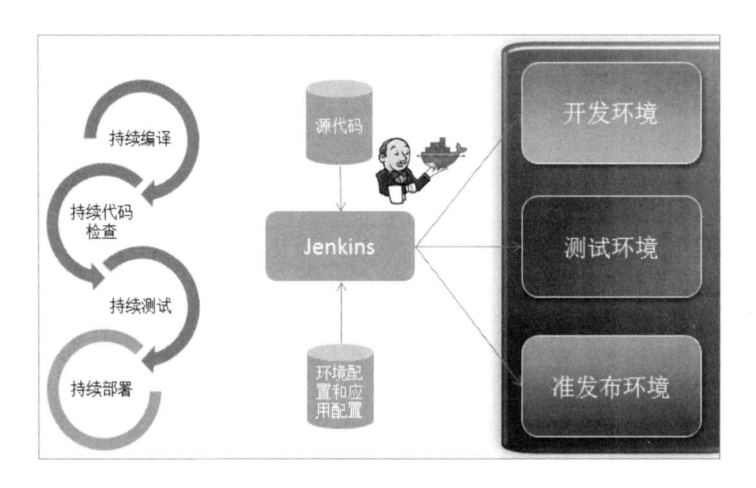

图 9-5　代码版本自动部署

2．持续集成工具——Jenkins

Jenkins 的前身是 Hudson，是一个可扩展的持续集成引擎。

Jenkins 主要用于：

（1）持续、自动地构建/测试软件项目。

（2）监控一些定时执行的任务。

目前业界广泛使用 Jenkins 做持续集成中的过程串联，从编译构建到调用代码扫描分析工具、测试工具、部署工具，实现持续集成的关键步骤。

3．代码质量分析工具——Sonar

Sonar 是一个用于代码质量管理的开源平台，用于管理源代码的质量，可以通过插件形式从七个维度检测代码质量，支持 Java、C#、C/C++、PL/SQL、Cobol、JavaScript、Groovy 等二十几种编程语言的代码质量管理与检测。

Sonar 可以检测代码中存在的以下七个问题。

1）糟糕的复杂度分布

如果文件、类、方法等复杂度过高将难以改变，这会使开发人员难以理解它们，而且如果没有自动化的单元测试，那么对于程序中的任何组件的改变都将导致全面的回归测试。

2）重复

若程序中包含大量复制粘贴的代码则质量是低下的，Sonar 可以展示源码中重复严重的地方。

3）缺乏单元测试

Sonar 可以很方便地统计并展示单元测试覆盖率。

4）没有代码标准

Sonar 可以通过 PMD、CheckStyle、FindBugs 等代码规则检测工具规范代码编写。

5）没有足够的注释或注释过多

没有注释将使代码可读性变差，特别是当不可避免地出现人员变动时，程序的可读性将大幅下降。但是，过多的注释又会使开发人员将精力过多地花费在阅读注释上，亦违背初衷。

6）潜在的 Bug

Sonar 可以通过 PMD、CheckStyle、FindBugs 等代码规则检测工具检测出潜在的 Bug。

7）糟糕的设计

通过 Sonar 可以找出循环，展示包与包、类与类之间的相互依赖关系，检测耦合。

4．持续集成规范实施

依托 Jenkins + Sonar 的基础技术框架，整合 SVN、编译构建脚本、自动部署脚本，实现代码从签入到构建、测试、部署的全过程自动化管理。

5. SVN 源代码管理规范

SVN 源代码管理规范包括以下内容：

（1）代码版本管理。

（2）代码分支管理。

（3）代码签入/签出管理。

（4）依赖包管理。

借助 SVN + Jenkins 持续集成框架，配套落实 SVN 源代码管理规范。

6. 代码质量管理规范

从代码的可维护性、性能、可移植性、可用性、可靠性等方面分别对代码编程规范进行规则定义，并且从 CheckStyle、PMD、FindBugs 等工具附带的规则包中筛选出相应规则，各项目组需要遵照这些规范进行编程开发。

结合 Sonar+Jenkins 持续集成框架，配套落实代码质量管理规范。

7. 部署规范

制定通用的部署规范作为模板，包括部署目录结构规范、配置文件规范、服务启停规范、回滚规范、部署脚本编写规范等内容。

各项目根据部署规范模板制定软件系统的部署自动化脚本，结合 Jenkins 持续集成框架，整合部署脚本实现部署环节的自动化。

9.2.4 方案优势

本方案从某局 IT 系统开发成熟度出发，选择业界相对成熟的持续集成最佳实践作为实施参考，结合某局具体项目特点（规模不大、变更频繁、开发过程不够透明等），使用轻量级开源工具作为基础技术框架，配合轻量级规范流程实施落地，具备低成本、可实施性强、框架可扩展性强等优点。

第 10 章

构建有价值的研发效能度量

在软件行业持续蓬勃、数字经济加速行业发展与人口红利逐渐见顶等多因素并行的背景下，许多企业希望借助精细管理，发现并改善以往粗放发展过程中积攒的低效点，实现开源节流。

然而由于软件研发专业化分工程度较高、复杂度较高，其评估在很大程度上依赖管理者的主观判断，既耗时费力，准确性也常受到置疑，导致组织范围内难以达成共识，研发提效实践难以推进。

研发效能度量致力于借助技术量化研发过程及结果，提高信息可见度，为实践改进提供客观的数据抓手。

近年来，研发效能度量的概念火热，但其有效性也引来很多置疑。那么问题出在哪里？为什么难以做好？怎样才能够做好？

10.1 研发效能度量，为什么难做好

1. 度量方法不可信，主观判断易失准

度量为效能提升提供了数据抓手，能够发现、证实问题，进而引出相应的提效实践。

然而，软件研发是相当复杂的系统工程，参与其中的团队成员可能对各自负责的局部非常熟悉，但全局视角相对模糊；管理者则需要聚合下属们转达的各局部信息，借助主观判断来聚合并做出决策。当团队达到一定规模时，信息量超过负载，软件研发过程及产出逐渐变成不可见的黑盒，曾经有效的主观判断可能会开始失准。

许多团队因此采用各种度量指标来量化效能表现，然而显著不合理的指标容易受噪声影响，在研发团队内引发博弈。效能度量的置信度降低，从根本上动摇了效能提升实

践的根基。

2. 数据散乱，整合治理成本高

研发数据指的是 DevOps 实施过程中产生的项目管理数据、代码、测试数据、构建和交付数据等。

这些数据一般分布在多种 DevOps 工具中。DevOps 工具可以分为很多类型，例如，以 Jira、TAPD、Trello 为代表的项目管理工具；以 Git、SVN 为代表的代码托管工具；以 GitLab、GitHub、Phabricator 为代表的代码评审工具；以 JMeter、Selenium 为代表的测试工具；以 SonarQube 为代表的静态代码检测工具；以 Jenkins、GitLabCI、ArgoCI/CD 为代表的 CI/CD 工具等。

数据散乱体现在以下多个层面：

在基础层面上，如果数据根本不做汇集，那么想查看总体研发数据的用户需要频繁切换工具，记住各种访问地址、用户名、密码等，非常麻烦。

接下来，即使数据汇集在一起，但原始数据存在不全、大量非结构化等问题，给后续分析造成不便。

更进一步，跨不同环节的研发数据分析同样需要治理成本。如果技术主管想了解代码在新增功能、优化功能、优化 Bug、代码重构等各种分类事务上的比例；或者分析某个团队或个人修复的 Bug 数量、代码提交量、会议时长等，那么这些都需要将工具间的数据关联、账号整合后才能做到。

当用户使用的 DevOps 工具为自研工具时，则上述汇集、结构化处理、关联整合等工作都需要自主完成，成本会更高。

3. 效能指标定义不清，度量落地困难

在分析研发数据前，首先需要将数据转化为有意义的效能度量指标。这就需要团队内部先对齐指标的计算方法和统计口径。

一方面，一旦指标定义不一致，数据收集不全、不准，导致统计结果不可信，或各部门数据对不上，就需要花费更大的成本清洗或重新收集数据。

另一方面，指标定义和计算规则模糊不清，使用者不清楚指标背后的逻辑，就容易对指标可靠性产生置疑，导致效能度量整体推行困难。

同时，市面上的研发效能分析工具或 DevOps 工具一般只提供标准统计功能，效能指标定义缺乏灵活性，因此用户如果需要根据自身流程和业务情况自定义指标，那么门槛就更高。

4. 难以与实践结合，价值感低

研发效能领域的另一个常见问题：组织投入资源建设了效能度量，也报以极高期望，

但一线研发团队拿到了几十个乃至几百个度量指标数据，却反馈“感觉没有用”。以下是效能度量价值感低的两个关键原因。

1）简单陈列数据

这可能是由于团队还没有清晰定义“为什么要做度量”并达成共识，导致用户只能漫无目的地查看度量指标，但看到的仅仅是数字的高低。

还可能是用户得到的是大量意义不明的度量指标，而不是经过分析处理、可直观理解的信息。用户大概率是没有时间去浏览各个环节的研发效能数据，自己去做分析和解读的，大量信息冗余造成极高的理解成本，效能度量自然被打入冷宫。

要使度量指标可以洞见，首先需要将 DevOps 数据指标可视化；其次，分析时需要支持跳转、下钻等操作，让用户可以从总体看到细节；最后，用户可能希望数据分析能够自动帮助他们定位重点关注项，避免精力分散。这些都需要投入开发或分析师资源。

2）度量未能服务于不同角色、场景下的实践

数据看板罗列了大量信息，而不能根据某个场景、某个角色的需要做裁剪，导致洞察不明确，价值感缺失。

举个例子，首席技术官级别的研发管理者可能更关注研发团队整体的效能和成本，以及研发团队是否与业务发展战略协同，而对于某个团队、某个环节的研发实践相对不那么关注。如果不对角色和场景做区分，那么用户同样会得到大量价值较低的数据，进而对研发效能度量整体的价值产生置疑。

10.2　合理可信的度量方法

10.2.1　重新理解效能度量

在许多人的理解中，理想的效能度量就像一把标尺，可以用一个数值绝对准确地反映团队乃至个人表现。准确的度量当然是可信的，然而很可惜，由于软件研发系统工程的复杂性，这样一把理想的标尺并不存在。

可信的度量是否必须是百分之百准确的呢？并不是。研发效能度量不能也不需要在单项指标上追求绝对精准。

相比于标尺所代表的物理度量，效能度量更接近统计度量：只要度量体系设计足够科学，能体现数据的共性规律和趋势且误差在可接受范围内，度量就是有效且可信的。在此基础上进行分析和调研，就能够挖掘出有价值的信息。

如何科学地设计一套统计度量体系？需要参考以下两个关键要素。

1．健壮的单点指标

当度量指标的调整成本相对较低时，工程师们往往很有动力进行粉饰。这种工程师与度量体系的博弈不仅浪费精力与成本，有时还会造成负面影响。因此，在单点指标的选择上，应当关注其是否足够健壮，是否能抵御粉饰行为带来的影响。

例如，在编码工作量的统计中，可以使用代码当量指标代替代码行数指标。

以代码行数为例的传统指标，往往容易受到代码风格、换行、注释、脚手架等噪声的干扰，无法识别出对代码的实际修改，复制、粘贴、移动代码块等会产生大量的行数增删变化。

而代码当量是基于深度代码分析技术，先将源代码解析成抽象语法树，再分析工作量，能够更好地体现代码语法结构、语义逻辑和相互依赖关系，如图 10-1 所示，极大地降低了传统度量中的噪声。

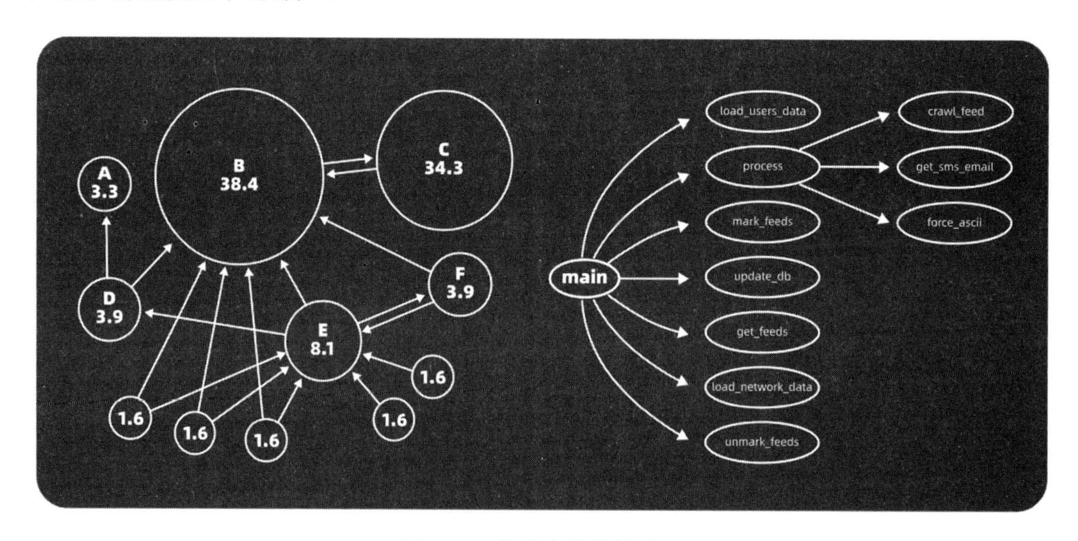

图 10-1　代码当量分析技术

如果没有抗噪声的指标设计，必然有人无法抵制走捷径的诱惑，导致度量失去可信度。而当与系统博弈的成本大于通过正确行为获益的成本时，理性的人都会自发回归到正确行为。

2．基于系统思维的度量体系

在复杂体系的度量中，任何单点指标被过度宽泛地解读、被过度简化地归因、被过度粗暴地使用，甚至削足适履，都是危险的，很可能使团队陷入教条主义，造成效能“血案”。

在关注某些北极星指标的同时，留意制衡指标的设计，避免团队顾此失彼。例如，急功近利，快、糙、猛地完成交付，反而留下隐患，造成更高的技术债务偿还成本。

通过度量体系的整体设计，进一步提高指标粉饰的门槛，避免单点指标造成负向牵引。

在建设前期，代码当量这类基于代码的分析指标，非常适合作为度量体系的起点。

这类指标只关注编码环节，能够从代码仓库中直接提取效能数据。相比任务数、需求前置时间等流程行为指标，这类指标对研发流程规范程度的要求更低，不要求实践调整，更易于落地；同时也避免了统计口径不一、数据不及时、数据不全面等因素对置信度的影响。

获得编码这一关键环节的效能数据后，可以继续以这些数据为基准，优化研发实践，避免数据不全、不准、不及时等情况，保障流程行为指标的有效性，带动度量体系逐步落地。

举个例子，使用代码当量指标，观察已完成需求的粒度大小的分布，并与预估的故事点数进行校准，能够帮助研发团队评估当前的需求拆分是否合理，估点是否可靠。在此基础上，需求交付数量、故事点交付数量等指标才能够真正传递有价值的信号。

10.2.2　面向场景设计效能度量

前面提到，效能度量如果不符合使用者需求、未指向明确结论，则难以产生价值，也不可能争取到内部成员支持。要解决这一问题，研发度量就不能止步于数据，而需要面向各角色、各场景提供开箱可用的效能度量平台。

建议从效能度量平台的设计环节起，就以终为始，从第一步就调研并明确用户需求，服务于研发团队最关注、改进意愿最强烈的场景。

1．度量“目标—问题—指标”，层层递进地拆解场景需求

既然效能度量需要面向场景展开，那么如何理解场景、如何拆解场景下的度量需求、如何划定度量的边界就十分重要。可以以学术界的 GQM（Goal-Question-Metric，目标－问题－指标）模型作为参考，如图 10-2 所示。

GQM 模型最早是由 Basili 提出的，它当初是为软件工程研究中的数据收集和分析而设计的。GQM 模型的基本思想如下：

- 数据的收集和分析一定要聚焦于清晰、具体的目标，每个目标划归为一组可量化回答的问题，每个问题通过若干特定的指标来回答。
- 依据指标收集到的数据，通过分析产生对问题的回答，进而达成定义的目标。

首先，通过梳理度量目标的以下属性，来保障充分理解场景与需求：

- 背景：为什么做度量，这里的驱动力可能来自业务方要求产研环节加强交付支持，或者来自研发团队本身的改进需求。

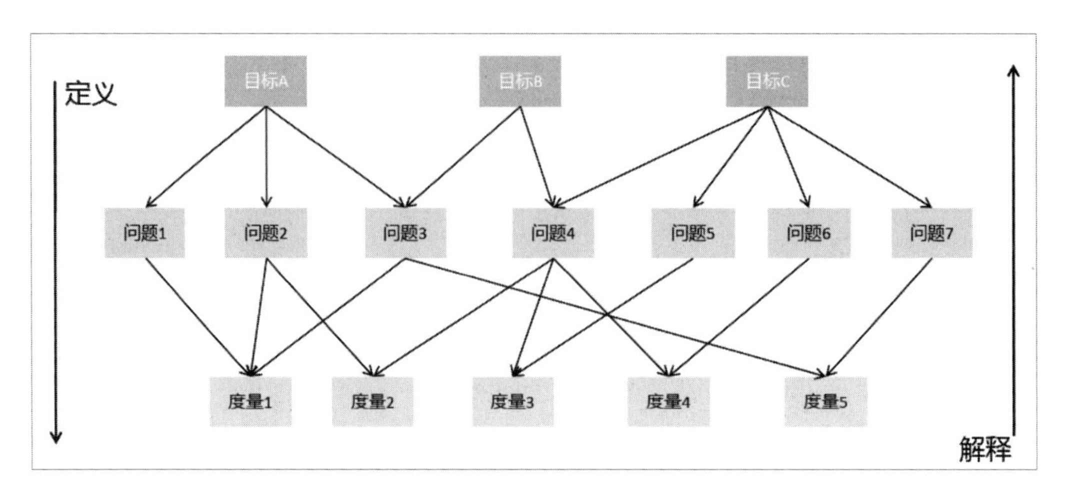

图 10-2　度量“目标—问题—指标”

- 角色：研发团队中哪个角色关注该目标，这决定了度量的结构（组织级、团队级、项目级）。
- 对象：包括研发的产物（如代码/文档/测试用例/制品）、过程（如需求分析/设计/测试）、参与者（如部门/团队）等。
- 目的：包括了解、评价、改进、控制和预测等。
- 维度：可能是对象的效率、质量、成本、价值、能力等属性。

其次，通过提问来拆解目标。问题作为目标和指标的中间环节，能够帮助我们建立和表达隐式模型，解决研发效能度量中难以定义数学模型的困难。提问环节需要注意以下两点：

- 先做加法：尽可能多地提出问题，使模型尽量全面、充分、有效，避免数据收集后才发现遗漏，或者做无用功；完备的问题列表不仅可以根据实际需要做裁剪，还可以提供多种模型可支持度量结果的交叉验证。
- 从实际出发：在提问环节，需要以研发团队的特征与实践情况为前提。例如，采用敏捷模式和采用瀑布模式的团队，在效率维度下的提问可能会有不同侧重，如表 10-1 所示。

表 10-1　瀑布模式和敏捷模式在效率维度下的提问

目　的	当前对象	组成部分	历史周期	同类对象
了解	现状如何	各部分现状如何	历史如何	同类如何
评价	现状如何	各部分对比如何	与历史对比如何	与同类对比如何
改进	现状如何	各部分影响如何	什么影响历史	什么影响同类差距
控制	现状如何	各部分有无异常	与历史对比有无异常	与同类对比有无异常
预测	现状如何	基于各部分，将如何	基于历史，将如何	基于同类，将如何

不同目的和范围的典型问题如下：

- 是否明确对指标进行了定义？
- 是否需要对抗性指标？
- 指标的获取成本是否大于收益？

一个问题可能需要多个指标共同回答，此时可以采用一个技巧：先将问题转化为一个假设，然后思考要证实或证伪这个假设。最关键的是确定还需要哪些指标作为支撑、哪些指标作为制衡，以保障度量的有效性。

在这一步要将指标成本纳入考量，谨慎做减法。只有当度量的潜在收益高于成本时，才有可能争取到相关方的支持。

从目标梳理到提问建模，再到设计指标体系的做法，能够避免度量设计时盲目求大求全、堆砌指标、度量成本过高等问题，使每个指标都是为了服务具体场景而存在，也能真正产生有价值的信息。

将问题拆分为指标后，需要梳理原始研发数据，从技术层面保障指标可信、可用，且获取成本可接受。

2．利用 MVP（Minimum Viable Product，最小可行产品）方法，构建最小可行效能度量实例

上述 GQM 模型，能够帮助我们梳理出一套相对全面的效能度量体系。但是否要等到效能体系建设完备，才能开始落地使用呢？

一方面，效能度量是为场景服务，场景和需求会随时间推移而变化，度量体系也不会一成不变；另一方面，效能度量建设是需要成本和时间的，如果不能及时产生成果，那么很难说服研发组织持续投入，如图 10-3 所示。

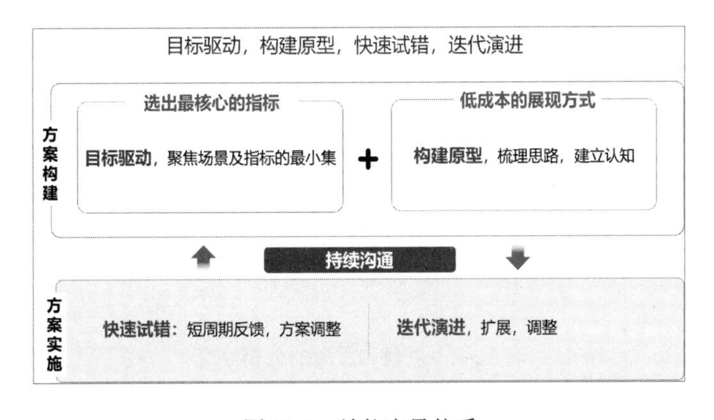

图 10-3　效能度量体系

因此，在效能度量平台的建设早期，建议采用最小可行产品的构建思路，让效能度量的建设能够迅速交付成果，达成速赢。

- ❑ 方案构建方面：在全面的模型上做减法，选取可产生较可信结果的指标最小集，低成本地构建出原型。
- ❑ 方案实施方面：选取典型的一线研发团队作为试点深度参与，与用户持续沟通，快速获取反馈，持续迭代演进。

10.3 效能度量及提升案例

10.3.1 案例 1

基于开源的研发数据平台 Apache DevLake（DevLake 是开源的研发效能数据平台，它提供了自动化、一站式的数据集成、分析及可视化能力，帮助研发团队快速构建效能数据面板，挖掘关键瓶颈与提效机会），我们帮助 PingCAP/TiDB 进行版本和模块质量分析。

这个案例主要反映从具体目标出发，定义效能度量体系到数据收集治理的完整过程，以及在标准可视化看板基础上的深入分析思路。

1. 明确度量分析的目标和问题

1）目标

TiDB 已经有多个版本，需要了解近期发布的 v5.x.x 各版本的用户使用体验，指导测试资源分配并为架构演进提供方向。

2）问题

- ❑ 各版本质量如何？
- ❑ 哪些模块的质量更需要重视？哪些模块的质量缺陷密度高，需要投入更多的测试和重构资源？
- ❑ 哪些函数与文件是质量关注的重点，可以考虑代码重构？

2. 确定基础指标和分析维度

基础指标主要分为质量和贡献两部分，通过两者的交叉分析，达到分析目标，如表 10-2 所示。

表 10-2　质量和贡献的分析维度

指标分类	指标名	定　义	分析维度	备　注
质量	版本上线前发现的 Bug 数	某个版本上线前的测试阶段发现的 Bug 数	版本/模块/严重等级/状态/上线前修复状态	需要通过模块区分 Bug 当前的状态和上线前的修复状态

续表

指标分类	指标名	定　义	分析维度	备　注
质量	版本上线后发现的 Bug 数	某个版本上线后，内部发现或用户上报的 Bug 数	版本/模块/严重等级/状态/	
	版本修复的 Bug 数	一个版本基于最近的一个版本修复的 Bug 数	版本/模块/严重等级	
	Bug 修复时长	Bug 从创建到关闭的时长（单位：天）	版本/模块/严重等级	
	函数的关联 Bug 数	修复 Bug 的 Commit 改动了多少个函数	版本/模块	
	圈复杂度	一个函数的圈复杂度	版本/模块	
贡献	版本间的代码增量	一个版本基于另一个版本的代码增量。支持三种定义，均基于 Commit 计算，供用户选择。 定义一：累计代码行数(insertions+deletions)。 定义二：提交数。 定义三：代码当量	版本/模块	需要消除 Cherrypick PR 下的 Commit 对统计的影响。 作为衡量代码量的指标，一般，提交数比累计代码行数更准确。 代码当量需要接入 MericoAE 才能获取
	修复 Bug 的代码量	修复 Bug 所用的代码量	版本/模块	如何找到修复 Bug 的 Commit? 将 Bug 直接关联到 Commit，或者将 Bug 关联到 PR/MR，然后获取 Commit

3. 根据指标收集数据

安装、配置 Apache DevLake，通过 GitHub 插件收集 Issues（包含 Bugs）和 PRs；通过 GitExtractor 插件收集 Repos/Refs/Commits 数据；通过 RefDiff 插件收集版本间的对比数据（Commit Diff、Issue Diff 等），并获取 PR 和 Cherrypick PR 间的关系。

其中，GitExtractor 插件通过直接解析代码仓库，获取原生 Git 实体及其关系。RefDiff 插件实现了类似 GitHub 的版本间 Commit 差集的功能，并在此基础上提供了批量化的计算方式；同时能够将版本间的 Commit 差集与 PR、Issue 关联做后置计算，实现了版本间的 PR 差集和修复的 Issue 等数据的获取，帮助用户更快地从版本维度去分析研发过程。

在收集到数据后，需要对数据的可靠性进行校验。如果存在缺失部分，那么可能需要基于现有数据设计变通替代方式。

4. 指标可视化

Apache DevLake 提供预置面板，将上述指标可视化。用户可以查看上述指标，并对单点指标下钻分析。比如，用户可以查看最近 5 个版本修复的 Bug 数，并进一步下钻，查看这些版本修复 Bug 的严重等级分布，查看 critical（致命）和 major（严重）这两类严重 Bug 的数量。此时，用户可以将不同严重等级的 Bug 与解决时长关联，查看其是否更快地响应了更严重的 Bug。

在此案例中，我们对 TiDB v5.x.x 修复和未修复的 Bug 进行了下钻分析，发现未修复 Bug 中 major Bug 的存活时间的中位数远高于已修复的 minor（少数）+ moderate（中等）的 Bug，由此判断研发资源未被用于修复最重要的 Bug，存在改进空间，如图 10-4 所示。

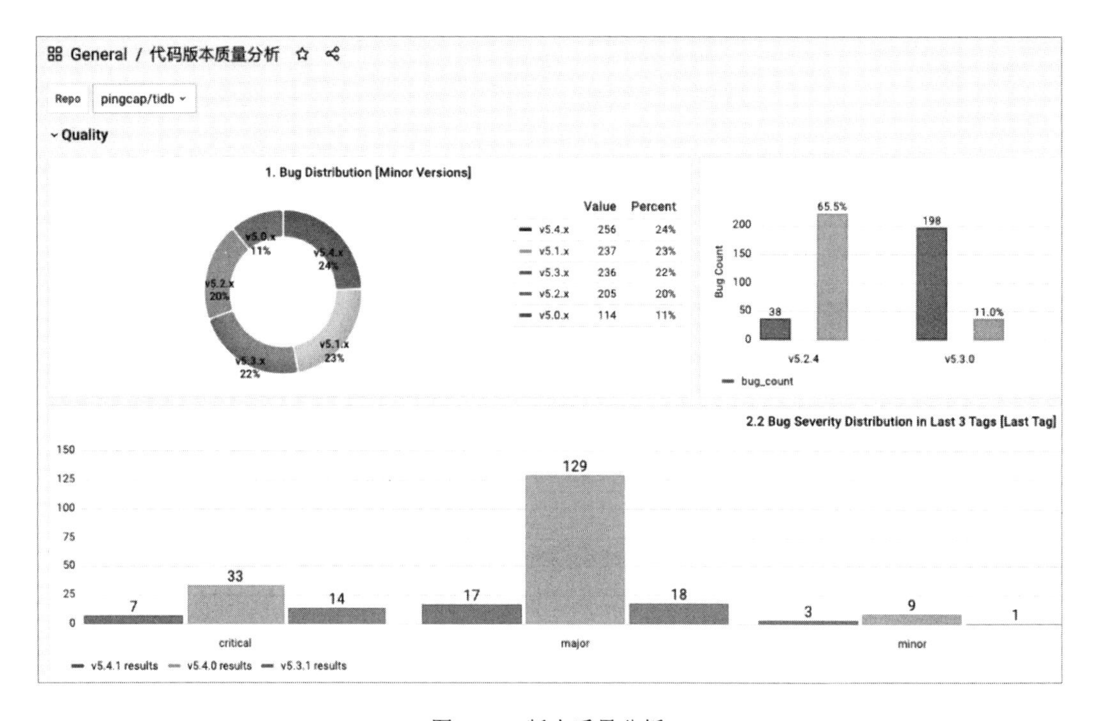

图 10-4　版本质量分析

5. 指标分析和改进建议

只依靠数据大盘和基础指标获得的洞见有限，因此在上述版本质量数据的基础上，TiDB v5.x.x 版本进行了更深入的模块级别分析。

首先，我们对几十个模块进行了模块质量分析，发现其中 4 个模块关联的 critical Bug 最多，Bug 修复成本高，可能的原因是原先代码耦合高、遇到不支持的新情况等。

其次，我们还统计了各模块修复 Bug 时会同时受影响的多个其他模块，由此得到了如图 10-5 所示的热力图，颜色越深说明在模块之间修复 Bug 时的相关性越强。关联紧密需要同时改动的模块，往往也反映了模块之间可能存在的不合理依赖。

	bindinfo	br	cmd	ddl	distsql	domain	dumpling	errno	executor	expression	infoschema	kv	lock	metrics	parser	planner	privilege	server	session	sessionctx	sessiontxn	statistics	store	structure	table	tablecodec	telemetry	tidb-server	tools	types	util
bindinfo	NA	0	0	3	0	3	0	0	5	3	0	0	0	0	1	7	0	0	5	0	0	3	0	0	0	0	3	0	0	1	5
br	0	NA	0	2	0	0	0	0	1	0	0	0	0	0	0	0	0	0	0	0	0	0	0	0	0	0	0	0	0	0	0
cmd	0	0	NA	0	0	0	0	0	0	0	0	0	0	0	0	1	0	0	0	0	0	0	0	0	0	0	0	0	0	0	0
ddl	3	2	0	NA	2	7	0	1	14	8	3	0	0	0	2	6	0	1	7	3	0	3	4	0	2	1	3	0	0	4	6
distsql	0	0	0	2	NA	0	0	0	4	0	0	1	0	0	0	0	0	1	2	2	0	0	1	0	0	0	0	0	0	0	2
domain	3	0	0	7	0	NA	0	0	5	3	1	0	0	0	0	3	0	2	6	3	0	3	1	0	1	0	3	0	0	0	4
dumpling	0	0	0	0	0	0	NA	0	0	0	0	0	0	0	0	0	0	0	0	0	0	0	0	0	0	0	0	0	0	0	0
errno	0	0	0	1	0	0	0	NA	4	2	0	0	0	0	3	3	0	1	1	3	0	1	0	0	1	0	0	0	0	2	1
executor	5	1	0	14	4	5	0	4	NA	7	6	3	0	2	4	[illegible]	2	6	15	14	2	9	6	0	11	2	3	0	0	10	19
expression	3	0	0	8	0	3	0	2	7	NA	1	0	0	0	4	17	0	4	3	8	0	4	0	0	2	0	3	0	0	11	14
infoschema	0	0	0	3	0	1	0	0	6	1	NA	0	0	0	0	1	0	0	0	0	0	1	1	0	2	0	0	0	0	0	2
kv	0	0	0	0	1	0	0	0	3	0	0	NA	0	0	0	0	0	0	0	0	0	0	1	0	1	1	0	0	0	0	1
lock	0	0	0	0	0	0	0	0	0	0	0	0	NA	0	0	1	0	0	0	0	0	0	0	0	0	0	0	0	0	0	0
metrics	0	0	0	0	0	0	0	0	2	0	0	0	0	NA	0	1	0	1	1	1	0	0	0	0	1	0	0	1	0	0	1
parser	1	0	0	2	0	0	0	3	4	4	0	0	0	0	NA	6	1	3	1	4	0	1	0	0	2	0	0	0	0	2	3
planner	7	0	1	6	0	3	0	3	[illegible]	17	1	0	1	1	6	NA	0	3	8	12	1	5	1	0	5	1	2	0	0	7	13
privilege	0	0	0	0	0	0	0	0	2	0	0	0	0	0	1	0	NA	0	0	0	0	0	0	0	0	0	0	0	0	0	0
server	0	0	0	1	1	2	0	1	6	4	0	0	0	1	3	3	0	NA	5	3	0	0	1	0	1	0	0	1	0	3	4
session	5	0	0	7	2	6	0	1	15	3	0	0	0	1	1	8	0	5	NA	6	2	5	1	0	5	0	3	0	0	1	8
sessionctx	0	0	0	3	2	3	0	3	14	8	0	0	0	1	4	12	0	3	6	NA	1	1	0	0	2	0	0	0	0	6	5
sessiontxn	0	0	0	0	0	0	0	0	2	0	0	0	0	0	0	1	0	0	2	1	NA	0	0	0	0	0	0	0	0	0	0
statistics	3	0	0	3	0	3	0	1	9	4	1	0	0	0	1	5	0	0	5	1	0	NA	0	0	0	0	3	0	0	1	5
store	0	0	0	4	1	1	0	0	6	0	1	1	0	0	0	1	0	1	1	0	0	0	NA	0	2	1	0	0	0	0	2
structure	0	0	0	0	0	0	0	0	0	0	0	0	0	0	0	0	0	0	0	0	0	0	0	NA	0	0	0	0	0	0	0
table	0	0	0	2	0	1	0	1	11	2	2	1	0	1	2	5	0	1	5	2	0	0	2	0	NA	2	0	0	0	4	3
tablecodec	0	0	0	1	0	0	0	0	2	0	0	1	0	0	0	1	0	0	0	0	0	0	1	0	2	NA	0	0	0	0	0
telemetry	3	0	0	3	0	3	0	0	3	3	0	0	0	0	0	2	0	0	3	0	0	3	0	0	0	0	NA	0	0	0	3
tidb-server	0	0	0	0	0	0	0	0	0	0	0	0	0	1	0	0	0	1	0	0	0	0	0	0	0	0	0	NA	0	0	2
tools	0	0	0	0	0	0	0	0	0	0	0	0	0	0	0	0	0	0	0	0	0	0	0	0	0	0	0	0	NA	0	0
types	1	0	0	4	0	0	0	2	10	11	0	0	0	0	2	7	0	3	1	6	0	1	0	0	4	0	0	0	0	NA	8
util	5	0	0	6	2	4	0	1	19	14	2	1	0	1	3	13	0	4	8	5	0	5	2	0	3	0	3	2	0	8	NA

图 10-5　模块相关性分析

根据分析数据，修复涉及面最广的 Bug 关联 10 个模块，共有 11 个 Bug 关联至少 5 个模块。在 Bug 修复中与其他模块关联紧密的模块依次是 executor、planner、util、expression、session 等。planner 和 executor 模块之间关联紧密，有 39 个 Bug 同时涉及这两个模块。

对修复成本高的 Bug，以及修复 Bug 时需要同时做改动的模块进行复盘，有助于找出模块设计的问题，为重构指引方向。

最后，我们分析了函数与质量的关系，发现：

（1）易出错的函数（关联 Bug 数> 40 个）集中在两个文件。

（2）在关联 Bug 数多的函数中，有少数函数入度非常高，即一旦出错，则影响范围会很广。

（3）函数圈复杂度与函数关联 Bug 数、Bugfix 的工作量占比（以代码当量度量）皆呈高度正相关。当圈复杂度< 15 时和 Bugfix 工作量占比的线性拟合优度达 0.95 时，也就是说，函数越复杂，需要投入在 Bugfix 上的当量占比越大。

简化复杂逻辑，修改歧义代码，增加检测代码、文档和单元测试等来降低这些函数发生 Bug 的可能性，能有效提升代码的质量。

通过深度代码分析，我们帮助 TiDB 找到了关键的少数文件。关联 Bug 数多、影响范围广、圈复杂度高的函数较多聚集在少数文件中，如图 10-6 所示（由于客户敏感信息，故隐去函数文件名），重点提升这些文件的质量，可以达到事半功倍的效果。

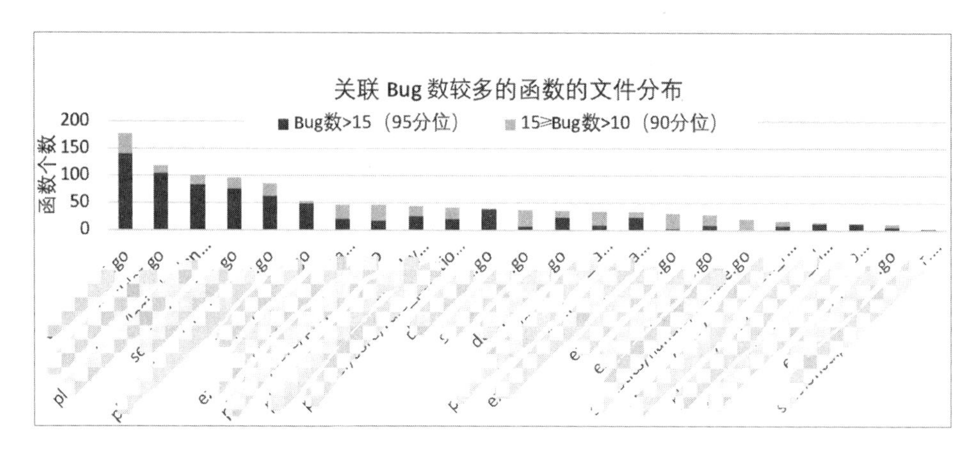

图 10-6　关联 Bug 数较多的函数的文件分布

10.3.2　案例 2

本案例我们重点帮助某中大型企业实现需求交付效率分析与改进。

这个案例主要反映从具体目标出发定义效能度量体系后，通过调研定位关键点，并以此为切入点，一方面持续建设度量体系，另一方面快速开启研发实践改进的思路。

1．明确度量分析的目标、问题和指标

某企业研发团队近期收到业务侧需求，希望产研环节加快交付效率，以支持业务侧应对快速变化的市场需求。在此背景下，团队管理者希望能客观、全面地了解、评价当前研发效率，进而识别效率提高方向。

经过 GQM 分析，将目标拆分为多个问题与多个指标，如图 10-7 所示。

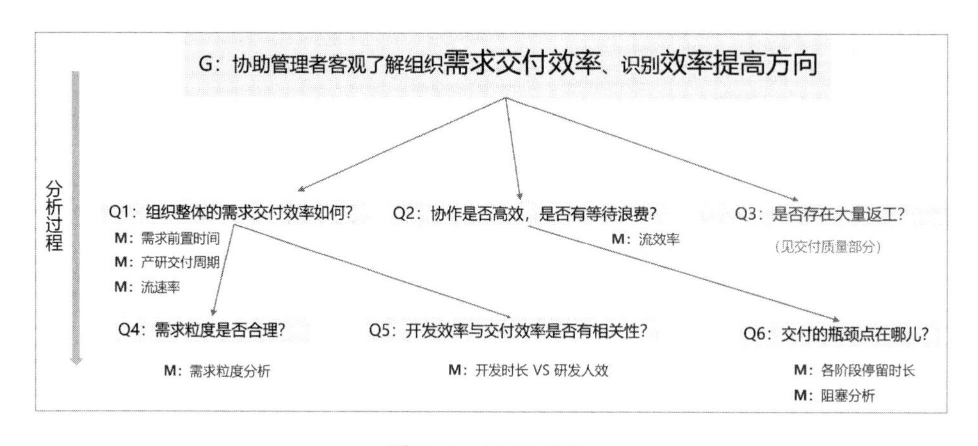

图 10-7　GQM 分析

2．基于调研，识别度量体系中的关键点

与一线研发人员进行调研后，该团队认为产研各环节间的过长等待可能是影响研发效率的主要原因。因此，该团队选取反映“协作是否高效，是否有等待浪费”的流效率指标为关键指标，构建效能度量 MVP。

流效率指从需求创建后到需求关闭时间内，活动时间与总时间的比值：

流效率=活动时间/（活动时间+等待时间）

3．指标分析与改进建议

首先，观察当前的流效率数值，显示当前需求到交付的总时间中，活动时间占比 57%。

其次，下钻看各阶段（包括活动时间与等待时间）的平均停留时间，结合经验评估停留时间是否合理，如图 10-8 所示。

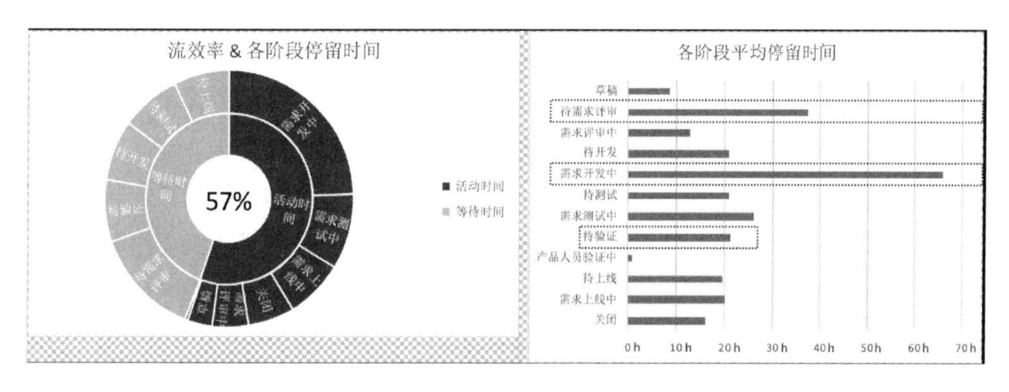

图 10-8　各阶段平均停留时间

再次，基于历史数据观察流效率指标变化趋势，识别峰值和波谷，如图 10-9 所示，分析流效率较低时段的影响因素。

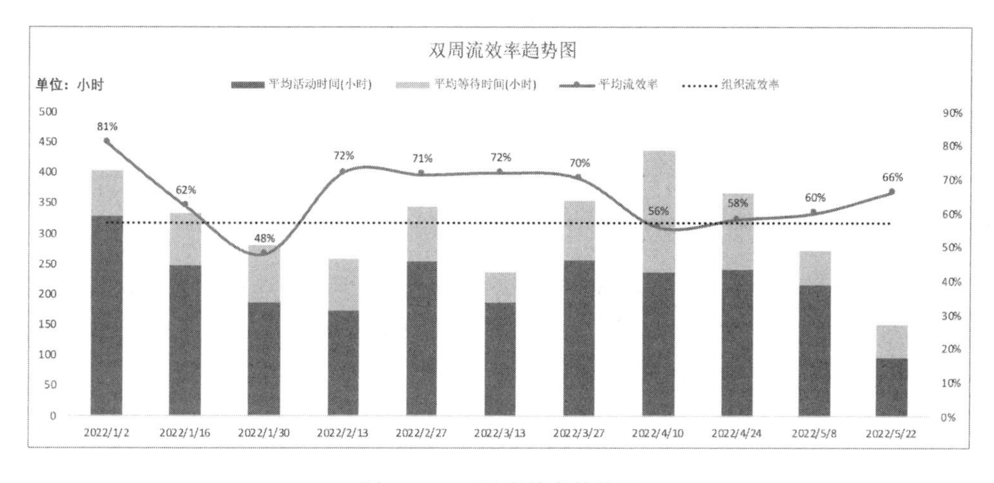

图 10-9　双周流效率趋势图

由于需求待评审阶段的停留时间偏长，根据调研回顾，重点分析该阶段的阻塞原因，查看各类原因的分布，如图 10-10 所示，进而判断某些环节是否存在资源配置紧张、优先级不合理、多任务并行、协作流程不规范的情况。

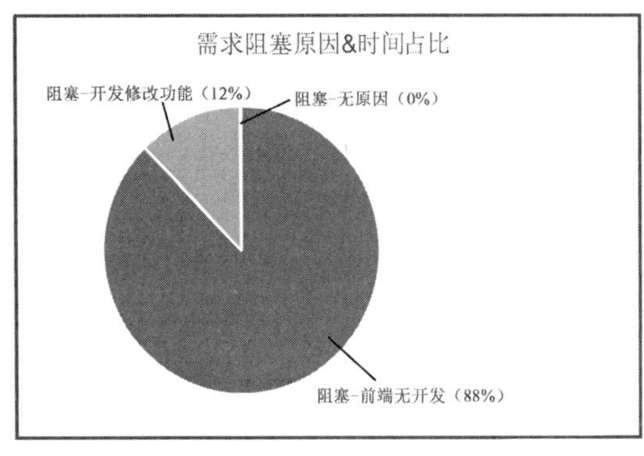

需求ID	产品线ID	阻塞+原因	阻塞停留时间（小时）
1169726472001057192	69726472	阻塞-前端无开发	168.7
1150328292001054499	50328292	阻塞-开发修改功能	23.8
1166500229001050788	66500229	阻塞	0.1
1134070266001049945	34070266	阻塞	0
1150328292001054499	50328292	阻塞	0
1169726472001057192	69726472	阻塞	0

图 10-10　需求阻塞原因&时间占比

最后，该团队将继续度量编码环节效率，以及组织和各产品线的需求交付效率，并评估流效率（等待与阻塞）、编码环节效率、需求交付效率之间的相关性。

这些不同切面的效率数据之间的关联，也能提示研发质量相关的信息。例如，编码环节产出很多，开发环节的用时占比也很长，导致需求前置时间显著高于合理区间，那么可能存在需求质量不佳（定义不清、多次修改导致返工，或拆分粒度过大），或者研发环节质量不佳（测试不通过导致返工）的情况。

10.4　总结

本章内容重点分析研发效能度量价值不明确的两个关键原因：度量本身缺乏可信度，以及度量未能匹配到具体明确的场景需求。

针对度量缺乏可信度，可以从单点指标的健壮性、度量体系的系统性两方面入手，并以基于深度代码分析的代码当量指标为例，介绍如何建立统计意义上可信赖的度量，避免片面的度量对研发团队造成负向牵引。

针对度量未匹配场景需求，可以采用 GQM 框架，充分理解并拆分场景需求，先自上而下地面向场景设计出效能度量的全景模型，再采用敏捷思路，自下而上地快速构建最小可行的效能度量实例，持续迭代。

反侵权盗版声明

电子工业出版社依法对本作品享有专有出版权。任何未经权利人书面许可，复制、销售或通过信息网络传播本作品的行为；歪曲、篡改、剽窃本作品的行为，均违反《中华人民共和国著作权法》，其行为人应承担相应的民事责任和行政责任，构成犯罪的，将被依法追究刑事责任。

为了维护市场秩序，保护权利人的合法权益，我社将依法查处和打击侵权盗版的单位和个人。欢迎社会各界人士积极举报侵权盗版行为，本社将奖励举报有功人员，并保证举报人的信息不被泄露。

举报电话：（010）88254396；（010）88258888

传　　真：（010）88254397

E-mail：dbqq@phei.com.cn

通信地址：北京市万寿路 173 信箱

电子工业出版社总编办公室

邮　　编：100036